PHYSIKALISCHE GESELLSCHAFT
IN DER DEUTSCHEN DEMOKRATISCHEN REPUBLIK

PROBLEME DES PLASMAS IN PHYSIK UND ASTRONOMIE

TAGUNG DER PHYSIKALISCHEN GESELLSCHAFT
IN DER DEUTSCHEN DEMOKRATISCHEN REPUBLIK
VOM 8.—11. OKTOBER 1956 IN LEIPZIG

AKADEMIE-VERLAG · BERLIN
1958

Herausgegeben im Auftrag der Physikalischen Gesellschaft
in der Deutschen Demokratischen Republik

VERANTWORTLICHER REDAKTEUR:
*Dipl.-Phys. H. Wolff, Institut f. Strahlungsquellen
der Deutschen Akademie der Wissenschaften zu Berlin*

Erschienen im Akademie-Verlag GmbH., Berlin W 8, Mohrenstraße 39
Lizenz-Nr. 202 · 100/262/58
Satz und Druck: Druckhaus „Maxim Gorki", Altenburg
Bestell- und Verlags-Nr.: 5269
Printed in Germany

INHALTSVERZEICHNIS

Der physikalische Zustand in den planetarischen Nebeln

von K. Wurm, Hamburg — Bergedorf

I. Einleitung

Die planetarischen Nebel bilden den Typ eines kosmischen Plasmas, welcher von den Astrophysikern bis heute am besten erforscht worden ist und durch dessen Studium die Erforschung anderer kosmischer Plasmen vorbereitet wurde. Die physikalischen Verhältnisse sind in den planetarischen Nebelhüllen vergleichsweise etwas einfacher als in den ionisierten Gebieten der interstellaren Materie, von denen in einem späteren Vortrage die Rede sein wird. Dies einmal deshalb, weil dem planetarischen Nebelgas kein Staub beigemischt ist. Zur Kondensation fester Teilchen kann es hier darum nicht kommen, weil ein intensiveres Strahlungsfeld mit einem hohen Ultraviolettanteil die Gase in einem Zustand starker Ionisation hält.

Jeder planetarische Nebel ist — ganz im Gegensatz zu den diffusen Nebeln der interstellaren Materie — eine im Raum für sich isoliert existierende Gasatmosphäre. Einer der schönsten und der am häufigsten abgebildeten planetarischen Nebel ist der Ringnebel in der Leier, den sie in der Abb. 1 sehen können. Die Nebelgase sind bei dem Ringnebel räumlich in einer ellipsoidischen Schale angeordnet, wodurch in der Projektion auf den Himmelshintergrund die Ringform zustande kommt. Die Ionisation und Anregung der Nebelgase wird durch die UV-Strahlung des Sternes bewirkt, der im Zentrum der Nebelhülle liegt. Der zweite Stern im Innern des Ringes ist ein Vordergrundobjekt, das sich zufällig neben den Zentralstern projeziert. Die Dimension des Nebels kann nur angenähert angegeben werden, da seine Distanz nicht genau bekannt ist. Der gesamte Nebeldurchmesser wird ungefähr 1 parsec betragen, also etwa 3,26 Lichtjahre oder 3,08 10^{18} cm. Die Ringform ist bei den planetarischen Nebeln sehr häufig. Vielfach reicht die Nebelmaterie aber auch näher an den Zentralstern heran, so daß der Nebel in der Projektion die Gestalt einer ellipsenförmigen oder kreisrunden Scheibe hat. Einen scheibenförmigen planetarischen Nebel sehen sie im zweiten Bilde (Abb. 2). Dieser, der sogenannte Eulennebel wie der Ringnebel, gehören zu den Objekten großer Gesamthelligkeiten, ihre Flächenhelligkeiten sind aber nicht hoch. Für die leichtere oder schwierigere Erfassung der Nebel im Bilde oder im Spektrum sind die Flächenhelligkeiten maßgeblich. Die Nebelhüllen sind zweifellos das Produkt einer Abstoßung von Materie durch den

Zentralstern. Sie befinden sich, wie man spektrometrisch feststellen kann, im Zustand einer Expansion. Die Expansionsgeschwindigkeiten liegen durchweg unter 50 km pro Sekunde. Die Expansion wird direkt erkenntlich an einer Aufspaltung der Nebelemissionslinien in zwei Komponenten. Die langwellige Komponente wird von den uns abgewandten Hüllenteilen emittiert. Die Sichtbarkeit dieser Komponente zeigt, daß die Hüllen optisch dünn und durchsichtig sind. Die Erkennbarkeit des Zentralsterns besagt dasselbe. Die Analyse des Nebelleuchtens ergibt aber, daß die Nebelhüllen im ferneren UV Gebiet optisch dick werden. Die Durchsichtigkeit der Hüllen endet im Lymanbereich des Wasserstoffs. Hier erfolgt durch Absorption der Zentralstrahlung die Aufnahme der Energie, die zur Ionisation und Anregung der Nebelgase führt. Die Anregungsprozesse wirken in der Weise, daß ein großer Prozentsatz der im UV Gebiet absorbierten Sternstrahlung bei der Reemission im sichtbaren Spektralbereich ausgestrahlt wird.

II. Dichte, chemische Zusammensetzung und Ionisation im Nebelgase

Die Höhe der Ionisation in einem Nebel läßt sich direkt aus dem Spektrum ablesen. Die maximale Ionisation, die man bei diesem Nebeltyp überhaupt beobachtet, liegt bei rund 100 eV. Eine Energie von dieser Höhe ist erforderlich, um die Ionen Ne V und Fe VII zu erzeugen. Linien von Ne V werden in vielen Objekten als sehr kräftige Emissionen beobachtet. Bei manchen Nebeln überschreitet die Ionisation aber kaum 50 eV oder liegt selbst noch unter diesem Wert. Bei größeren Nebeln, die sich als ausgedehnte Objekte auf dem Spektrographenspalt abbilden, läßt sich im Spektrum erkennen, daß die Ionisation in der Hülle geschichtet ist. Die Linien der höheren Ionisationsstufen wie die Emissionen von Ne V und He II treten nur in den mehr inneren Partien, die Linien der tiefen Ionisationsstufen wie die von O II und O I nur am äußeren Rande des Nebels auf. Das Balmer-Spektrum wird über den ganzen Nebel hinweg beobachtet, was sich einfach dadurch erklärt, daß das H-Atom entweder nur im neutralen Zustande oder einfach ionisiert existieren kann. Der Wasserstoff ist in den Nebeln meist bis zum Nebelrand hoch ionisiert. Die Balmer-Emission verdankt ihr Entstehen der Rekombination der Protonen und Elektronen. *Fluoreszenzvorgänge* sind bedeutungslos. Dasselbe gilt auch in bezug auf die Balmer-Linien von der Stoßanregung durch die freien Elektronen. Eine genaue quantitative Analyse der Elementhäufigkeiten aus dem Spektrum stößt auf nicht geringe Schwierigkeiten, die in der Hauptsache von der vorhandenen Ionisationsschichtung herrühren. Es besteht jedoch kein Zweifel, daß die relative Häufigkeit der Elemente von der allgemeinen kosmischen Häufigkeitsverteilung nicht stark abweichen kann. Wenn Abweichungen von dieser Verteilung überhaupt vorliegen, so sind sie jedenfalls nur geringfügig. Die bekannte überwiegende Häufigkeit der Elemente Wasserstoff und Helium bewirkt, daß die Absorption der Sternstrahlung vornehmlich durch die Ionen H I, He I und He II bewerkstelligt wird. Übergänge aus den angeregten Termen dieser Ionen tragen aber nichts zur Absorption bei, da diese Terme eine verschwindend kleine Besetzung haben. Die ganz allgemein geringe Besetzung von angeregten Termen ist eine Folge der extremen Verdünnung der anregenden Sternstrahlung am Ort der Nebelhülle. Die Nebelmasse ist in einer Distanz vom Stern gelagert, die den Sternradius um Faktoren der Größenordnung 10^7 bis 10^8 übertrifft. An einem einzelnen Atom erfolgt dementsprechend ein Anregungsprozeß sehr selten, in Abständen von Wochen und Monaten. Daß sich die Nebelmaterie trotzdem in einem Zustand starker Ionisation hält, erklärt sich auf Grund der extrem geringen Dichten, die in der Höhe von 10^3 bis 10^4 Teilchen pro cm^3 liegen. Die Dichtebestimmungen erfolgen aus der Gesamtemission des Nebels im BALMER-Spektrum, die proportional ist dem Quadrat der Elektronendichte und dem Volumen des Nebels. Die Proportionalität zum Quadrat der Elektronendichte ergibt sich aus der überwiegenden Häufigkeit des Wasserstoffs und der vollständigen Ionisation desselben. Die nur approximativ bekannten Distanzen gestatten keine genaue Bestimmung der absoluten Emission, so daß auch die ermittelten Dichten immer mit einer gewissen Ungenauigkeit behaftet bleiben. Neuerdings hat man aber einen zweiten Weg zur Dichtebestimmung aufgefunden, dessen Vorteil es ist, daß die Kenntnis der Nebeldistanz überflüssig wird und im wesentlichen nur die Ausmessung der relativen Stärke der zwei Komponenten eines Liniendubletts verlangt. Das Sauerstoff-Ion O II besitzt in den Linien $\lambda\lambda$ 3729, 3726 einen verbotenen Dublettübergang, der in fast allen planetarischen Nebelspektren mit großer oder mittlerer Stärke aufzufinden ist. Die Dublettstruktur der Linie rührt von der Zweifachheit des angeregten Termes her, der 3,3 eV über dem Grundzustand liegt. Tiefliegende Übergänge und insbesondere metastabile Übergänge werden in den Nebeln praktisch allein durch Elektronenstoß anregt. Es zeigt sich nun, daß die relative Anregungsstärke der beiden Terme des O II Dubletts in einem gewissen Dichtebereich stark von der Dichte der anregenden Elektronen abhängt. Dieser Dichtebereich liegt zwischen 10^5 und 10^2 Elektronen pro cm^3. Derselbe bedeutet ein Übergangsintervall zwischen einer Gleichgewichtsbesetzung der Dubletterme entsprechend der Temperatur T_e der Elektronen ($N_e \geqq 10^5$) und einer relativen Besetzung, die nur von den Stoßquerschnitten abhängt ($N_e \leqq 10^2$). In der folgenden Abb. 3 zeige ich Ihnen das genannte Dublett für zwei verschiedene Partien des Orionnebels. Im ersten Spektrum, aufgenommen nahe dem Stern Θ_1 Orionis A, ist das Intensitätsverhältnis von $\lambda\lambda$ 3726 zu λ 3729 gleich 1,5, im zweiten Spektrum, von einem Teil des Nebels nahe einem Stern von Θ_2 Orionis, beträgt das Intensitätsverhältnis 1,0. Die den Verhältnissen entsprechenden Dichten betragen $2 \cdot 10^4$ und $2 \cdot 10^3$ Elektronen pro cm^3. Der Orionnebel, an dem ich Ihnen hier die Variabilität der relativen Stärke der Linien des O II Dubletts demonstriere, ist zwar kein planetarischer Nebel, doch gilt in diesem Punkte der Dichteabhängigkeit der relativen Stärke der beiden Linien dasselbe für beide Nebeltypen. Der Orionnebel ist der Prototyp der diffusen Nebel, der aufgehellten Teile der interstellaren Materie.

III. Elektronentemperaturen, Nebelkontinua, Dichtefluktuationen

Die Elektronentemperaturen können prinzipiell aus dem Intensitätsverlauf im BALMER-Kontinuum bestimmt werden, das in allen planetarischen Nebeln beobachtbar ist. Praktisch ergibt sich jedoch eine Schwierigkeit, die darin besteht, daß man das BALMER-Kontinuum selten ganz störungsfrei ausmessen kann. Abgesehen von vorhandenen Linien überlagert sich zusätzlich ein fremdes Kontinuum, dessen Ursprung noch nicht aufgeklärt ist. Dies letztere erreicht zwar nicht ganz die Stärke des BALMER-Kontinuums, macht sich aber doch sehr störend bemerkbar. Eine zweite Methode zur Bestimmung der Elektronentemperaturen, die heute als der ersten überlegen betrachtet werden kaun, basiert wiederum auf der relativen Intensität zweier verbotener Übergänge eines und desselben Ions. Benutzt werden zwei Linien des zweifach ionisierten Sauerstoffs O III, die eine Anregungsdifferenz von einigen eVolt haben, im Spektum aber nur um 650 A getrennt sind. Die auf diese Weise bestimmten Elektronentemperaturen bewegen sich zwischen etwa 9000 und 16000 Grad. Dieselben sind wesentlich geringer als die Temperaturen der anregenden Zentralsterne, deren Oberflächentemperaturen zwischen 40000 und 200000 Grad liegen. Entscheidend für die Höhe der Elektronentemperatur ist weniger die Energieverteilung in der Strahlung des anregenden Sternes als vielmehr die Existenz oder Nichtexistenz von solchen Ionen in der Hüllenatmosphäre, die imstande sind, von den Elektronen leicht Energie aufzunehmen und dann abzustrahlen. Dazu eignen sich gerade die ersten Ionisationsstufen der mittelschweren Elemente wie insbesondere die Ionen von Sauerstoff, Stickstoff und Neon. Diese Ionen besitzen tiefliegende Terme. Die Metastabilität der Terme erweist sich bei den niedrigen Dichten kaum noch als ein Hemmnis für eine intensive Übernahme und Ausstrahlung der Energie der Elektronen. Die Ausstrahlung über einen Term wird bei den extrem geringen Dichten nicht mehr in erster Linie durch die zugehörigen Übergangswahrscheinlichkeiten zu tieferen Niveaus, sondern durch die zugehörige Anregungshäufigkeit bestimmt. Niedrig liegende Terme mit großen Anregungsquerschnitten wirken sich also besonders stark in Hinsicht auf eine Erniedrigung der Elektronentemperatur aus. Bei Wasserstoff und Helium fehlen bekanntlich solche Niveaus.

Wie bereits erwähnt wurde, zeigen die planetarischen Nebel ein noch ungedeutetes Kontinuum. Dasselbe erstreckt sich vom noch beobachtbaren Ultraviolett bis weit ins photographische Infrarot. Die Intensität desselben schwankt von Nebel zu Nebel. In einigen Objekten erreicht dasselbe nahezu 50% der Intensität des BALMER-Kontinuums an der BALMER-Kante. Von einigen Autoren ist darauf hingewiesen worden, daß eine Ansammlung von H-Atomen in dem metastabilen 2^2S Zustand des H-Atoms zur Ausstrahlung eines Kontinuums im langwelligen Spektralbereich führt. Wenn Stöße durch Elektronen oder Ionen diese Ansammlung nicht verhindern, so erfolgt mit einer Übergangswahrscheinlichkeit der Ordnung 10^1 ein spontaner Sprung des Elektrons in den Grundzustand 1^2S unter Aufteilung der Energie in zwei Quanten. Eine Ansammlung von H-Atomen in dem 2^2S Zustand scheint in den planetarischen Nebelhüllen durchaus möglich. Beobachtung und Theorie haben gegenwärtig noch nicht die Zuverlässigkeit erlangt, um für oder gegen die $2^2S \rightarrow 1^2S$ Hypothese des Kontinuums endgültig Stellung nehmen zu können. Für die diffusen Nebel, die zum Teil ein sehr kräftiges Kontinuum aufweisen, wurde kürzlich von einigen Autoren ebenfalls eine Deutung dieser Strahlung als $2^2S \rightarrow 1^2S$ Sprünge befürwortet. Nach Filteraufnahmen im Wasserstofflicht ($H\alpha$, $H\beta$) und im kontinuierlichen Licht (λ 5100—λ 5400) des Orionnebels und bei einigen anderen diffusen Nebeln wird diese Erklärung jedoch ganz zweifelhaft. Die Struktur des Orionnebels ist beispielsweise im kontinuierlichen Licht nicht identisch mit der Struktur im Wasserstofflicht, was man jedoch unter den Dichten in diesem Nebel bei einer $2^2S \rightarrow 1^2S$ Ausstrahlung erwarten sollte. Diese Beobachtung schließt eine Deutung des Kontinuums bei den planetarischen Nebeln als Wasserstoffstrahlung jedoch nicht aus. Die kontinuierliche Strahlung hat im Orionnebel im Vergleich zur Linienemission desselben eine wesentlich höhere Stärke als in den planetarischen Nebeln. Es ist durchaus möglich, daß in den diffusen Nebeln eine schwächere kontinuierliche Komponente vorliegt, die der Stärke des Kontinuums in den planetarischen Nebeln entspricht und die als H $2^2S \rightarrow 1^2S$ Sprung gedeutet werden muß. Die Elektronendichten sind im Orionnebel von etwa derselben Höhe wie in den planetarischen Nebeln. Hier wie dort sollte die H $2^2S \rightarrow 1^2S$ Ausstrahlung ungestört vor sich gehen können. Beim Orionnebel trägt wahrscheinlich eine Streuung von Sternlicht an Staubteilchen erheblich zur Erhöhung der kontinuierlichen Strahlung bei. Ob man bei den planetarischen Nebeln zur Deutung des Kontinuums schließlich denselben Prozeß wird heranziehen müssen, der im Crabnebel für das kontinuierliche Licht verantwortlich ist, bleibt vorläufig noch unentschieden. Jedenfalls muß es als eine wichtige Aufgabe betrachtet werden, dem Ursprung dieser kontinuierlichen Strahlung nachzugehen.

Die Dichtverteilung in der Hülle eines planetarischen Nebels ist im allgemeinen weit davon entfernt, homogen zu sein. In dieser Beziehung haben insbesondere neuere Aufnahmen der näheren Nebel mit dem 5 m Mt. Palomarspiegel manchen Aufschluß gebracht. Auf den mit diesem Instrumente gewonnenen Bildern erkennt man am inneren Rand des in der Abb. 4 gezeigten Nebels NGC 7293 eine Unmenge, im Bilde sehr kleiner, kometenschweifähnlicher Kondensationen. Es ist nicht leicht verständlich, wie solche Kondensationen, die sicherlich Gebiete erhöhter Gasdichte darstellen, ihre Stabilität bewahren bzw. sich überhaupt haben ausbilden können. Filteraufnahmen und Spektrogramme zeigen, daß die Kondensationen gegenüber ihrer Umgebung eine verminderte Ionisationshöhe zeigen, wie man erwarten wird. Vermutlich bewirkt die erhöhte Dichte in den Verdichtungen eine verstärkte Ausstrahlung in den verbotenen Linien und somit eine Verminderung der mittleren Elektronengeschwindigkeiten, so daß die Kondensationen mit ihrer Umgebung doch im Gleichgewicht stehen.

Ionisation durch Meteore

von C. Hoffmeister, Sonneberg

Die mit Lichtausstrahlung verbundene Erscheinung der Meteore wird dadurch verursacht, daß ein rasch bewegter Festkörper, der Meteorit, in Wechselbeziehung tritt mit den Gasen der Erdatmosphäre. Dabei wird im Regelfalle der Meteorit durch Zerstäubung oder auf dem Umweg über Schmelzvorgänge aufgelöst, und die atmosphärischen Gase werden erhitzt und zum Teil ionisiert. Die für diese Vorgänge erforderliche Energie steht in Form der kinetischen Energie der Meteorite zur Verfügung, die sich mit Geschwindigkeiten von 10 bis 70 km · sec^{-1} relativ zu den atmosphärischen Gasen bewegen. Für das Verständnis der Vorgänge ist wesentlich, daß die thermischen Geschwindigkeiten der Gasmoleküle dagegen als klein anzusehen sind.

Normale Meteore werden verursacht durch Körper vom Durchmesser 10^0 bis 10^{-2} cm, Mikrometeore von solchen mit Durchmessern $< 10^{-2}$ cm. Der Vorgang der Reaktion mit den Luftmolekülen ist in beiden Fällen grundsätzlich verschieden. Die Höhe des Verdampfens der normalen Meteore liegt meist zwischen 70 und 120 km über der Erdoberfläche und stimmt ungefähr überein mit der Höhe der E-Schicht der Ionosphäre, womit die Frage aktuell wird, welche Bedeutung das Meteorphänomen etwa für den Energiehaushalt der E-Schicht besitzt. Denn wenn auch die Aufrechterhaltung der Ionisation der E-Schicht, ebenso wie die der F-Schicht, im wesentlichen durch Sonnenstrahlung bewirkt wird, so muß die Möglichkeit meteorischer Einflüsse doch ernstlich in Betracht gezogen werden.

Der Mechanismus der Reaktion zwischen Festkörper und Luft wird wesentlich mitbestimmt durch die physikalischen Verhältnisse in den in Betracht kommenden Höhen. Die Luftdichte im Bereich der E-Schicht ist von der Größenordnung 10^{-7} bis 10^{-6} derjenigen an der Erdoberfläche. Die freie Weglänge der Moleküle bzw. Atome der Luft ist bei der Höhe 120 km etwa 130 cm, bei der Höhe 70 km etwa 1 mm. Nur im unteren Bereich der Höhenschicht also ist die freie Weglänge von der Größenordnung der Meteoritenradien, im Normalfall ist sie größer als diese, zum Teil sehr erheblich größer. Endlich möge noch erwähnt werden, daß die E-Schicht den Bereich der Dissoziationssphäre des Sauerstoffs einschließt. Unterhalb von 100 km überwiegt molekularer Sauerstoff O_2, oberhalb der durch Absorption der Sonnenstrahlung dissoziierte Sauerstoff: $O_2 \rightarrow O + O$.

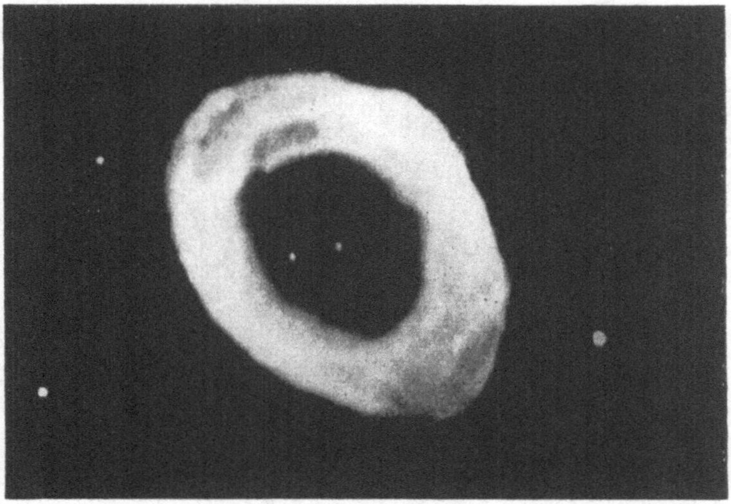

Abb. 1. Ringnebel in der Leier (Aufnahme Hale-Reflektor, Mt. Palomar)

Abb. 2. Eulennebel (Aufnahme 60 inch Reflektor, Mt. Wilson)

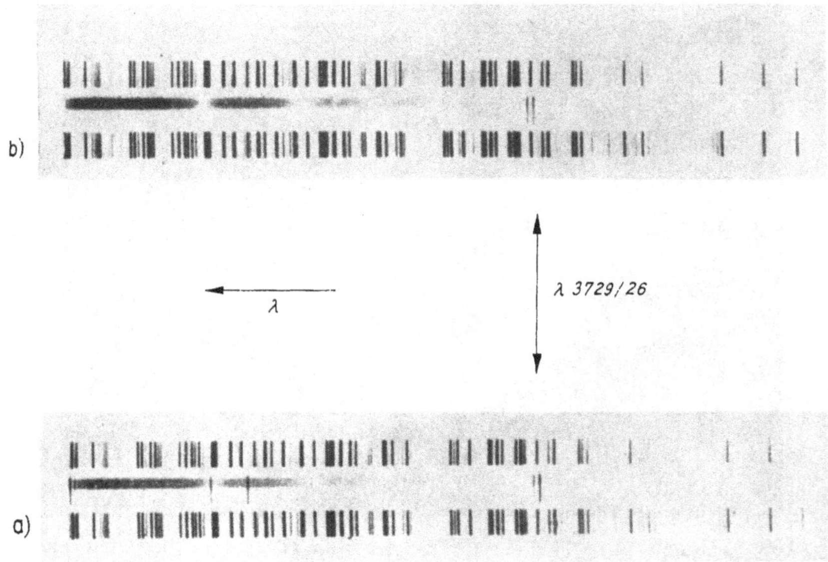

Abb. 3. Das (OII) Dublett $\lambda\lambda$ 3726/29 im Orionnebel: a (unten) nahe dem Trapez (Θ_1 Orionis). b (oben) nahe Θ_2 Orionis. (Aufnahmen: Asiogo 120-cm-Reflektor)

Abb. 4. $H\alpha$ Aufnahme von NGC 7293 (Aufnahme 60-cm-Reflektor Lojano-Bologna)

Als Ursachen der Ionisation kommen in Betracht: 1. Stöße, 2. Thermische Energie, 3. UV-Strahlung. Dabei ist die erste Ursache die bei weitem wirksamste.

Beim Zusammenstoß des Meteoriten mit den Korpuskeln der Luft sind folgende Vorgänge möglich:

1. Ein Teil der Korpuskeln wird elastisch zurückgeworfen, d. h. bei vollelastischem Stoß auf die zweifache Geschwindigkeit des Meteoriten beschleunigt.

2. Ein Teil der Korpuskeln bleibt im Kristallgitter der Meteoritenoberfläche hängen; der Zusammenstoß erfolgt also unelastisch.

Die Geschwindigkeit der elastisch reflektierten Teilchen ist groß genug, um Ionisation hervorzubringen. Bei den unelastischen Stößen wird die Energie der relativen Bewegung des Teilchens im vollen Umfang auf den Meteroiten übertragen. Die Folgen sind Erhitzung, Schmelzen, Verdampfen. Die Moleküle des Meteoriten verlassen diesen mit thermischen Geschwindigkeiten, und es bildet sich eine Gashülle, innerhalb welcher Zusammenstöße in großer Zahl stattfinden; dabei werden die Moleküle angeregt und auch zum kleineren Teil ionisiert. Jedenfalls ist diese Gashülle, wie das Spektrum zeigt, im wesentlichen die Ausgangsstelle der zu beobachtenden Strahlung. Im Spektrum nachgewiesen sind die folgenden ionisierten Elemente, wobei die Ionisationspotentiale mit angeführt sind: Ca II 6,1 eV, Mg II 7,6 eV, Fe II 7,9 eV, Si II 8,1 eV. Es sind also nur die niedrigsten Ionisationsstufen vertreten. Das höchste beobachtete Anregungspotential, bei N I, wird mit etwa 14 eV angegeben.

Diese Vorgänge bilden den Anlaß, daß mit dem Durchgang des Meteors fast augenblicklich, innerhalb von 0,01 sec, ein primärer Kanal ionisierter Gase entsteht, dessen effektiver Radius durch die freie Weglänge bestimmt wird, also von der Luftdichte und damit von der Höhe abhängig ist. Dieses Gebilde ist es, daß die Wellen eines Radiosenders zu reflektieren vermag, und das somit die elektrophysikalische Beobachtung der Meteore ermöglicht. Das Radioecho eines Meteors dauert meist nur kurze Zeit und zeigt die Erscheinung des Abklingens. Die Wolke ionisierter Gase wird unwirksam gemacht durch drei Effekte: 1. Rekombination, 2. Anlagerung, 3. Expansion. Die nähere Betrachtung zeigt, daß im Regelfalle der dritte Effekt der weitaus wirksamste ist, so daß man die anderen vernachlässigen kann. Der Durchmesser des primären Kanals ist von der Größenordnung cm oder m. Für die Expansionsgeschwindigkeit wird unter mittleren Verhältnissen 4 m $\cdot$ sec^{-1} angegeben; sie hängt ebenfalls von der Luftdichte und damit von der Höhe ab.

Die Theorie dieser Vorgänge ist von einer Reihe von Autoren behandelt worden. Übereinstimmung besteht darin, daß nur ein geringer Anteil der Energie für Ionisation aufgewandt wird. Die relativen Anteile werden wie folgt angegeben:

	Wärme	Licht	Ionisation
HERLOFSON 1948	10^4	10^2	1
GREENHOW & HAWKINS 1952	10^4	10^2	10 für helle Meteore
	10^4	10	10 für schwache Meteore

Demnach neigt man jetzt dazu, die Ausbeute an ionisierten Atomen größer anzunehmen als vordem.

Dies kommt auch in den Zahlen zum Ausdruck, die verschiedene Theoretiker für die Gesamtzahl α der erzeugten freien Elektronen angeben. Man bemißt diese Zahl meist je cm Weglänge des Meteors und nicht nach cm^3, weil, nach vorausgegangenen Erklärungen, die Zahl durch Rekombination und Anlagerung im Regelfalle nur wenig abnimmt, die Expansion jedoch eine sehr rasche Vergrößerung des Volumens und Verminderung der räumlichen Dichte bewirkt. Ältere Autoren geben $\alpha = 10^9$ bis 10^{11} je cm Weglänge für ein Meteor „mittlerer Masse"; nach neueren Bestimmungen ist $\alpha = 10^{11}$ bis 10^{13}. In der jüngsten Literatur wird 10^{12} als Norm für ein Meteor 5. Größe angenommen.

Erhebliche Widersprüche zwischen verschiedenen Theorien bestehen hinsichtlich der Abhängigkeit des Wertes α von der geozentrischen Geschwindigkeit v bei gleicher Masse. Setzt man $\alpha \sim v^n$, so findet man für den Exponenten n Werte zwischen 0,5 und etwa 3 angegeben.

Insgesamt kann festgestellt werden, daß die Radar-Methode in den 10 Jahren ihrer Anwendung auf die Meteore eine erdrückende Fülle neuen Erfahrungsmaterials erbracht hat, daß die Theorie der Ionisation durch Meteore qualitativ gut begründet ist, daß quantitativ jedoch noch starke Widersprüche zwischen verschiedenen Ansätzen bestehen.

Letzteres ist verständlich. Man muß beachten, daß das Problem der Wechselwirkungen zwischen atmosphärischem Plasma und eindringendem Festkörper fast nur Unbekannte enthält. Sicher bestimmt ist eigentlich nur die Geschwindigkeit. Die Unbekannten sind die Masse des Meteoriten, seine Dichte, in gewissem Grade auch noch Dichte und physikalischer Zustand des Plasmas, die Verteilung der umgesetzten kinetischen Energie auf andere Energieformen, wobei das Verhältnis der Anzahl elastischer zur Anzahl unelastischer Stöße von entscheidender Bedeutung ist, endlich der Wirkungsquerschnitt des Meteoriten mit seiner Atmosphäre eigenen Gases und der Wirkungsquerschnitt der stoßenden Teilchen.

Für die Theorie der elektrophysikalischen Beobachtung der Meteore ergeben sich aus den neueren Erkenntnissen einige nicht unwichtige Folgerungen. Der Verfasser hat vor einiger Zeit darauf hingewiesen, daß das „Radio-Meteor" sich möglicherweise etwas langsamer bewege als das Lichtmeteor. Die Theoretiker haben bisher angenommen, daß der primäre Kanal ionisierten Gases elektrisch durchsichtig sei, das heißt, daß vom ersten Augenblick des Entstehens jedes freie Elektron an dem durch die einfallende Senderwelle induzierten Wechselfeld aktiv beteiligt sei. Ist dies nicht der Fall, werden also die Wellen im Kanal absorbiert, ehe sie die auf der abgelegenen Seite befindlichen Elektronen erreicht haben, dann erlangt der Kanal seine volle reflektierende Wirkung erst, wenn sich die Elektronendichte durch Expansion so weit vermindert hat, daß alle Elektronen zur Wirkung gelangen. Da der Effekt von der Luftdichte abhängt, ergibt sich eine zunehmende Verzögerung des Eintritts dieses Optimums, wenn das Meteor von größerer zu geringerer Höhe absteigt (Naturwissenschaften 42,458, 1955). Wenn jetzt die primäre Elektronendichte etwa 100mal so groß angenommen wird wie vor einigen Jahren, so steigt die Wahrscheinlichkeit, daß ein solcher Effekt wirksam ist.

Überhaupt kann festgestellt werden, daß sich gegenüber den Ergebnissen der Radar-Beobachtungen, die man noch vor wenigen Jahren als praktisch frei von systematischen Fehlern ansah, eine etwas kritischere Einstellung bemerkbar macht, besonders auf Grund der Vergleichung elektrophysikalischer Beobachtungen mit visuellen und photographischen Beobachtungen. So hat man gefunden, daß die Radar-Methode verminderte Empfindlichkeit gegenüber sehr raschen und sehr langsamen Meteoren besitzt. Dieser Effekt erklärt sich ebenfalls aus den Verhältnissen der Ionisation durch das Meteor und des Plasmas der Atmosphäre. Ein rasches Meteor leuchtet in großer Höhe auf; die freie Weglänge ist so groß, daß der Kanal ionisierter Gase sofort einen großen Durchmesser hat und durch rasche Expansion fast im Augenblick des Entstehens unwirksam wird. Ein sehr langsames Meteor kommt erst in geringer Höhe bei großer Luftdichte zum Aufleuchten, und hier ist, abweichend vom Regelfall, die Rekombination der wirksamste Effekt bei der Auslöschung des reflektierenden Plasmakörpers.

Über die Möglichkeit einer Wirkung der meteorischen Komponente auf die E-Schicht der Ionosphäre liegen mehrere neuere Arbeiten vor. Rechnungen über die Elektronenerzeugung einerseits, die Geschwindigkeit der Rekombination andererseits führten zu dem Ergebnis, daß zwischen 105 und 120 km Höhe ein permanenter Beitrag zur E-Schicht zustande kommt, wogegen in tieferen Schichten nur isolierte Wolken unregelmäßiger Natur entstehen sollen, die in der Ionosphärenforschung als „abnormal E" bekannt sind und die meist auf solare Einflüsse, z. B. bei Polarlichtern, zurückgeführt werden. Es ist zu bezweifeln, ob die Voraussetzung wolkenartiger Einbrüche meteoritischer Materie, wie sie hierfür nötig wären, in der Natur erfüllt ist.

Völlig unzureichend berücksichtigt ist nach Ansicht des Vortragenden die Wirkung des meteoritischen Staubes auf das hochatmosphärische Plasma, und zwar sowohl des Staubes, der durch die Auflösung größerer Körper entsteht, als auch jenes Staubes, der als „Mikrometeorite" eindringt und schon in Höhen von etwa 200 km gehemmt wird, ohne daß es zum Aufleuchten teleskopischer Meteore kommt. Die Wirkung kann einerseits in der Einführung leicht ionisierbarer Stoffe wie Ca, Na, Mg bestehen, andererseits in einer Herabsetzung der Elektronendichte durch Anlagerung, zumal der mikrometeoritische Staub Träger einer positiven Ladung infolge des lichtelektrischen Effekts sein wird. Ferner bewirkt der Staub sehr wahrscheinlich eine Intensivierung des Nachthimmelleuchtens, indem er als neutraler Stoßpartner die Abgabe der gespeicherten Dissoziationsenergie beschleunigt. Die Erfahrung hat eine Reihe von Belegen für Wirkungen dieser Art aufgezeigt (vgl. Ergebnisse der exakten Naturw. Bd. 24 p. 1, 1951). Daß sie weniger deutlich in Erscheinung treten als die solaren Einflüsse, berechtigt nicht zu ihrer Vernachlässigung.

Literaturverzeichnis

[1] Kaiser, T. R., Meteors. Proceedings of a Symposium on Meteor Physics. London — New York 1954. Sammlung von 39 Aufsätzen, daselbst zahlreiche weitere Hinweise.

Die galaktische Radiofrequenzstrahlung bei 200 MHz

von F. Dröge und W. Priester

(vorgetragen von W. Priester)

Aus Messungen der allgemeinen, d. h. galaktischen und extragalaktischen Radiofrequenz-Strahlung bei 200 MHz mit der Kieler Radioantenne in den Jahren 1954/55 wurde eine Isophotenkarte der Sphäre im Deklinationsbereich $-20° \leqq \delta \leqq +90°$ gewonnen. Durch Vereinigung mit den Messungen von C. W. Allen und C. S. Gum am südlichen Himmel entstand eine Isophotenkarte der gesamten Sphäre.

Die Beobachtungen waren so angelegt, daß eine kreuzweise Verankerung aller Meßergebnisse entstand. Die Antennentemperaturen an allen Netzpunkten sind Mittelwerte aus 8 bis 10 voneinander unabhängigen Messungen. Die Entzerrung der Isophoten wegen des endlichen Auflösungsvermögens der Antenne führte die Antennentemperaturen in Strahlungstemperaturen der Sphäre über. Hierbei wurde ein kombiniertes Verfahren angewendet, das für einige Testprofile Voigt-Funktionen, im übrigen ein 3-Spitzenverfahren benutzt.

Ein Vergleich der 200 MHz-Isophoten mit den Messungen von J. G. Bolton und K. C. Westfold bei 100 MHz sowie R. X. McGee, O. B. Slee und G. Y. Stanley bei 400 MHz lieferte Angaben über die Frequenzabhängigkeit der Strahlungstemperaturen zwischen 100, 200 und 400 MHz sowie über die im allgemeinen sehr problematische Festlegung der Nullpunkte der T_s-Skalen. Durch relativ geringe Korrektur von $-25°$ an den 200 MHz-Strahlungstemperaturen erhalten die drei Durchmusterungen einen gemeinsamen Nullpunkt. Als Frequenzabhängigkeit ergab sich zwischen 100 und 200 MHz:

$$T_S \sim \nu^{-2,35},$$

zwischen 200 und 400 MHz:

$$T_S \sim \nu^{-2,61}.$$

Die Arbeit erscheint unter dem Titel: Durchmusterung der allgemeinen Radiofrequenzstrahlung bei 200 MHz in Z. Astrophysik 40, 236—248 (1956).

Zur Entstehung der überthermischen kosmischen Radiofrequenzstrahlung

von R. W. LARENZ, Hannover

Bei den Versuchen zur Deutung der überthermischen Komponente der kosmischen Radiofrequenz, der sogenannten „gestörten" Strahlung, tauchte schon sehr frühzeitig der Gedanke auf, die Strahlung könne von makroskopisch kohärenten Elektronenbewegungen im Plasma stellarer oder interstellarer Gasmassen, also Plasmaschwingungen ausgehen. Diese Erklärung wird besonders nahegelegt durch das häufig eng begrenzte Frequenzspektrum solarer Strahlungsstöße, wobei die emittierten Frequenzen, die als Elektronenplasma-Frequenz $\frac{\omega_e}{2\pi}$ gedeutet ja gemäß der Beziehung $\omega_e^2 = \frac{4\pi e^2 N}{m_e}$ mit der Dichte N zusammenhängen (m_e, e = Elektronenmasse bzw. Ladung), recht gut zu den aus anderen Daten bekannten Dichten am Orte der gelegentlich auch gleichzeitig optisch beobachteten Aktivitätszentren in der Sonnenkorona passen. Einen für die folgenden Ausführungen sehr wichtigen Gesichtspunkt bildet die Tatsache, daß es sich bei den Plasmaschwingungen um longitudinale, schallwellenartige Vorgänge handelt, deren Anfachung durch die ebenfalls vorwiegend longitudinal wirkenden Gasströmungen (Stoßwellen) leichter verständlich erscheint als die unmittelbare Anregung der wesentlich transversalen elektromagnetischen Wellen. Die Strahlung muß ihre Energie letztlich aus der Strömungsenergie von Gasmassen beziehen, wobei die Plasmaschwingungen als Vermittler anzusehen wären. Diese Schwingungen sind im Gegensatz zu den transversalen Plasmawellen mit Raumladungsschwankungen verbunden. Nachdem bei terrestrischen Radiosendern stets Raumladungseffekte im Spiel sind, hat man hiermit einen weiteren Grund, Plasmaschwingungen zur Deutung heranzuziehen.

So naheliegend diese Deutung auf der einen Seite erscheint, so ergeben sich auf der anderen Seite bei näherem Zusehen doch eine Reihe von Schwierigkeiten. Eine davon ist die, daß man mit den üblichen Ansätzen für ebene longitudinale Schwingungen bzw. Wellen keine elektromagnetische Strahlung erhält. Dies liegt daran, daß sich hierbei Leitungsstrom und Verschiebungsstrom stets kompensieren, womit dann nach den MAXWELLschen Gleichungen kein magnetisches Feld und kein elektrisches Wirbelfeld, also auch kein Strahlungsstrom vorhanden sein kann. Es fehlt die Kopplung zu den bekannten rein transversalen Lösungen der MAXWELLschen Gleichungen. Wie man aus der Theorie der Wellenausbreitung in der Ionosphäre seit bald 30 Jahren weiß, erhält man eine solche Kopplung, wenn dem Plasma ein statisches Magnetfeld mit einer Komponente quer zur Wellennormale überlagert ist. Jedoch scheint sich damit ein Ausweg aus der genannten Schwierigkeit nur in speziellen Fällen zu bieten. Die eingangs erwähnte energetische Überlegung sowie die auf schwache (Strahlungs-) Dämpfung der Plasmaschwingungen hinweisende schon angeführte geringe Frequenzbandbreite der Strahlungsstöße zwingt zu der Forderung, daß am Ort der Strahlungsentstehung die longitudinale Komponente der Elektronengeschwindigkeit wesentlich größer sein sollte als die transversale, daß also die Energie der Longitudinalbewegung stets überwiegt. Untersucht man nun mit Hilfe der APPLETON-HARTREEschen Dispersionsformel die Verhältnisse im Magnetfeld, so ergibt sich, daß die eben genannte Forderung nur in einem sehr schmalen Bereich um die Plasmafrequenz erfüllt ist, wobei die Breite dieses Bereichs von der Feldstärke des statischen Magnetfeldes abhängt. Für die beobachteten Bandbreiten würden dann Feldstärken nötig sein, die, niedrig gegriffen, in der Größenordnung 10 Gauß liegen müßten. Solche Feldstärken sind zwar an den Sternoberflächen keine Seltenheit, aber man kann bezweifeln, ob sie auch etwa in der bekannten Radioquelle Cygnus A, in den kollidierenden Galaxien, vorliegen, deren Radioemission wohl größtenteils dem interstellaren Gas entstammt.

Angesichts dieser Sachlage erhebt sich die Frage, ob man nicht Mechanismen angeben kann, die unter Verzicht auf Magnetfelder die Entstehung der Strahlung allein durch Strömungsvorgänge im Plasma erklären können. Bevor nun zwei spezielle Strömungsfelder besprochen werden sollen, die das Gewünschte leisten, sei noch ein grundsätzliches Problem angeschnitten.

Ein ionisiertes Gas verhält sich bezüglich seiner elektrischen Leitfähigkeit wie ein metallischer Leiter. Im letzteren bricht ein anfänglich vorhandenes elektrisches Quellenfeld bekanntlich sofort zusammen. Es ist also die Frage zu beantworten, ob sich im Plasma mit den Plasmaschwingungen überhaupt nennenswerte Raumladungen ausbilden können, ob angesichts der starken coulombschen Anziehungskräfte zwischen Ionen und Elektronen eine Ladungstrennung möglich ist. In einer Arbeit [1] ist diese Frage auf hydrodynamischer Grundlage an rein longitudinalen Wellenvorgängen untersucht worden, wobei die Nichtlinearität der hydrodynamischen Gleichungen in Strenge berücksichtigt wurde. Man geht dabei von der Vorstellung aus, daß Ionen- und Elektronengas sich zwar gegenseitig durchdringen, ihre Strömung aber für sich je einer EULERschen Gleichung für kompressible Gase gehorcht, wobei noch die MAXWELLschen Gleichungen hinzutreten. In Analogie zur Hydrodynamik gewöhnlicher Gase, wo Kompressibilitätseffekte wesentlich in Erscheinung treten, wenn die Strömungsgeschwindigkeit sich der Schallgeschwindigkeit nähert oder diese überschreitet, zeigt sich auch im Plasma die Wirkung der Kompressibilität, wenn die sogenannte Ionenschallgeschwindigkeit v_i erreicht wird. Gleichzeitig macht sich aber auch infolge des Massenunterschieds zwischen Ionen und Elektronen eine unterschiedliche Trägheitswirkung bemerkbar, die zu örtlich verschiedener

Dichte der beiden Plasmakomponenten und damit zu einer gegebenenfalls beträchtlichen Ladungstrennung führt. Mit $v^2 = \frac{5\,k\,T}{3\,m_i}$ (m_i = Ionenmasse) ist der Ausdruck „Ionenschallgeschwindigkeit" in formaler Analogie zur Schallgeschwindigkeit bei der Temperatur T in gewöhnlichen Gasen geprägt. Im Plasma gibt es jedoch keine einheitliche Schallgeschwindigkeit; dieselbe ist vielmehr frequenz- und amplitudenabhängig. Bemerkenswert ist übrigens noch, daß das mögliche Ausmaß der Ladungstrennung nicht durch die elektrostatische Anziehung, sondern durch Druckeffekte seitens der jeweils am stärksten komprimierten Plasmakomponente begrenzt wird.

Solange die Strömungsgeschwindigkeiten die Ionenschallgeschwindigkeit nicht sehr wesentlich überschreiten, bleiben die mit den Schallwellen verbundenen Potentialdifferenzen, Feldstärken und Frequenzen in einer Größenordnung, die für die Erklärung radioastronomischer Effekte nicht von solcher Wichtigkeit sein kann, wie die Erscheinungen, welche bei Annäherung und Überschreiten der „Elektronenschallgeschwindigkeit" v_e einsetzen, wobei es sich mit $v_e^2 = \frac{5\,k\,T}{3\,m_e}$ wieder um eine Analogieprägung handelt. Mit Geschwindigkeiten der Größenordnung 1000 km/sec, wie man sie bei solaren Ausbrüchen und in anderen Radioquellen beobachtet, befindet man sich aber im Bereich der Elektronenschallgeschwindigkeit (1000 km/sec entsprechen 40000° K). Die Rechnung zeigt nun, daß bei so schnell verlaufenden Vorgängen die Ladungstrennung in den Plasmawellen nahezu vollständig sein kann und die Potentialdifferenzen in die Größenordnung 10 bis 100 kV kommen können. Die zugehörige Frequenz ist die Plasmafrequenz oder etwas größer als diese.

Ist nach dem eben Gesagten die Möglichkeit von Ladungstrennung sowie die Bedeutung großer Strömungsgeschwindigkeiten für eine bei den genannten Potentialdifferenzen geradezu unvermeidlich erscheinende Radioemission von Plasmaschwingungen ersichtlich geworden, so müssen jetzt Mechanismen angegeben werden, die die weiteren der Plasmaschwingungsdeutung zu stellenden Forderungen befriedigen können. Von einem solchen Mechanismus muß nämlich verlangt werden:

1. Herstellung einer Kopplung zwischen Longitudinal- und Transversalbewegung, damit die Plasmaschwingungen überhaupt Strahlung ergeben, wobei aus aufgewiesenen Gründen die Energie der Longitudinalbewegung wesentlich überwiegen sollte.

2. Die gekoppelten Longitudinal- und Transversalwellen müssen auch speziell für die Plasmafrequenz Wellenausbreitung, d. h. einen endlichen Brechungsindex im Plasma zulassen, worauf deswegen hingewiesen werden muß, da der Brechungsindex sowohl für reine Longitudinal- wie für reine Transversalwellen bei der Plasmafrequenz bekanntlich verschwindet.

3. Die beobachteten Strahlungsintensitäten müssen erklärt werden können.

4. Das gelegentlich bei solaren Strahlungsausbrüchen festgestellte Auftreten von Harmonischen der Plasmafrequenz muß verständlich werden.

Können die damit aufgeworfenen Fragen positiv beantwortet werden, so wäre schließlich noch das Problem zu diskutieren, wie die als Strahlungsquelle angesehenen Plasmaschwingungen ihrerseits zustande kommen können.

Im ersten Mechanismus sei ein Plasma betrachtet, das als Ganzes, also einschließlich Ionen und Elektronen mit einer konstanten Driftgeschwindigkeit $\bar{v}$ in z-Richtung strömt (Abb. 1), wobei diese Strömung nicht von Dichteschwankungen begleitet zu sein braucht. Senkrecht dazu in x-Richtung möge sich mit der Geschwindigkeit c/n (c = Lichtgeschwindigkeit, n = Brechungsindex) eine ebene Dichtewelle ausbreiten, die mit ihren Elektronenverdichtungen und Verdünnungen und entsprechenden negativen und positiven Raumladungen in der Abb. 1 durch die Streifung gekennzeichnet sei. Die Ionen nehmen bei Frequenzen der Größenordnung der Plasmafrequenz praktisch nicht mehr an oszillatorischen Bewegungen teil; ihre Dichte kann konstant gleich der mittleren Dichte gesetzt werden. Die mit der Driftgeschwindigkeit $\bar{v}$ bewegten Raumladungen bedeuten nun einen transversalen Konvektionsstrom, dessen Richtung für einen ortsfesten Beobachter infolge der über ihn hinwegstreichenden Raumladungswelle zeitlich periodisch das Vorzeichen wechselt. Dieser transversale Wechselstrom ist natürlich mit einem ebenfalls transversalen magnetischen Wechselfeld in y-Richtung senkrecht zur Zeichenebene von Abb. 1 verbunden. Das Magnetfeld induziert wiederum ein elektrisches Wirbelfeld parallel zur Richtung des ursprünglichen Konvektionsstroms, der hierdurch eine entsprechende Rückwirkung erfährt. Andererseits wirken auch Magnetfeld und Transversalstrom über die LORENTZ-Kraft auf die Dichtewellenbewegung in x-Richtung zurück. Damit hat man nun eine gekoppelte Longitudinal- und Transversalwelle mit einem entsprechenden elektromagnetischen Strahlungsstrom parallel zur Raumladungswelle.

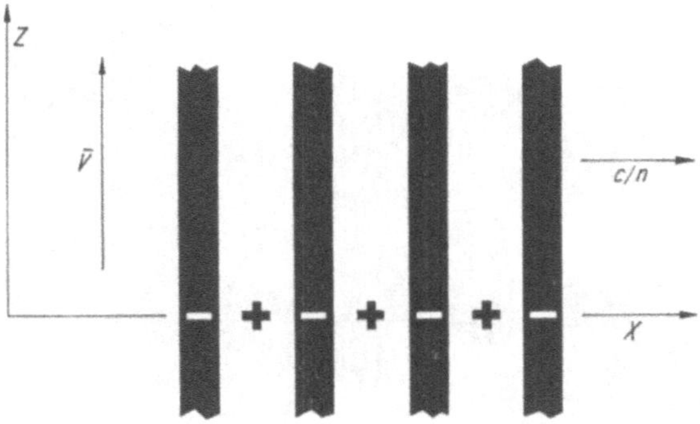

Abb. 1

Dieser in einer Arbeit [2] mit allen nichtlinearen Effekten für beliebige Amplituden durchgerechnete Mechanismus führt zu einer Dispersionsformel, dem Zusammenhang zwischen Brechungsindex und Frequenz, der in Abb. 2 qualitativ wiedergegeben ist. Entsprechend der in der Ionosphärentheorie üblichen Darstellung ist hier das Quadrat des Brechungsindex n über dem Quadrat der auf die Plasmafrequenz bezogenen reziproken Frequenz $\omega/2\pi$ aufgetragen. Die Dispersionsformel hat zwei Äste, die bei verschwindender Driftströmung v in die eingezeichneten voneinander unabhängigen Dispersionsformeln reiner Longitudinalwellen (n_L) und reiner Transversalwellen (n_T) übergehen. Längs des oberen Astes überwiegt die Energie der Longitudinalbewegung stets; da dies einer dem Mechanismus zu stellenden Anforderung genügt, sei der obere Ast als „Entstehungsast" bezeichnet. Auf dem unteren Ast liegen die Verhältnisse umgekehrt

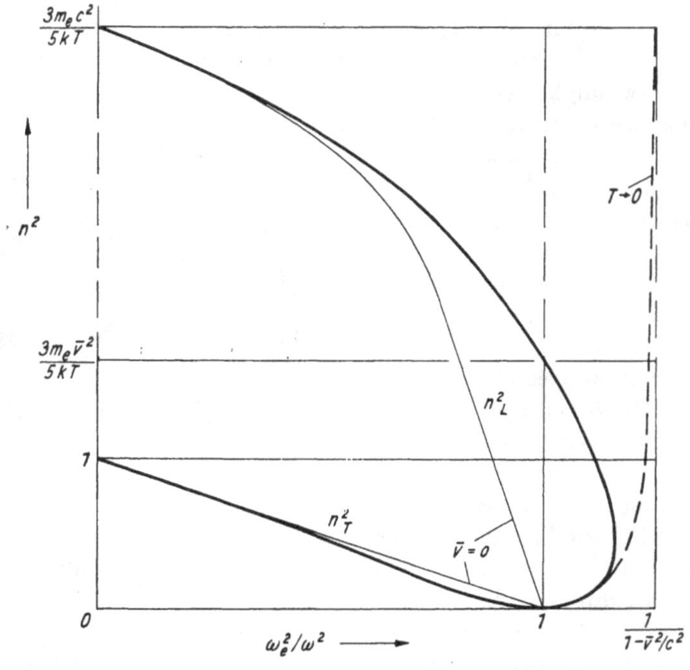

Abb. 2

und man kann ihn daher als „Ausbreitungsast" für das Gebiet außerhalb der Plasmaschwingungszone ansehen. Bemerkenswert ist der steil verlaufende Teil des Entstehungsastes in der Umgebung der Plasmafrequenz ($\omega_e/\omega = 1$). Es existiert also ein ganzer Bereich von möglichen Wellenfortpflanzungsgeschwindigkeiten bei praktisch von der Plasmafrequenz kaum abweichender Frequenz, der mit zunehmender Driftgeschwindigkeit $\bar{v}$ anwächst. Ist $\bar{v}$ gerade gleich der Elektronenschallgeschwindigkeit, so gehört zu genau der Plasmafrequenz der Brechungsindex $n = 1$.

Der Strahlungsstrom S berechnet sich für den Entstehungsast, solange $n \gtreqless \bar{v}/c$ gilt, zu

$$S = N \frac{m_e}{2} \cdot \frac{\bar{v}^2 v_L^2}{c} \cdot \frac{\omega_e^2}{n\omega^2}$$

mit N = Elektronendichte, c = Lichtgeschwindigkeit und v_L = Dichtewellengeschwindigkeitsamplitude, die durch $v_L = \frac{c}{n} \cdot \frac{\Delta N}{N + \Delta N}$ mit der Verdichtungsamplitude ΔN verknüpft ist. $\bar{v}$ und v_L werden in der gleichen Größenordnung anzusetzen sein. Mit Geschwindigkeiten in der erwähnten Höhe von 1000 km/sec erhält man bei weitem ausreichende Intensität, um alle Beobachtungen erklären zu können. Interpretiert man die Geschwindigkeiten v und v_L als Elektronenschallgeschwindigkeit bei der Temperatur T, so ergäbe sich S proportional T^2 gegenüber der für die thermische Strahlung gültigen Proportionalität zu T.

In Abb. 3 ist ein Beispiel für die Verteilung der Elektronendichte und der elektromagnetischen Feldgrößen in der Welle wiedergegeben. Die Wellen erweisen sich für größere Amplituden infolge der Nichtlinearität der zugrunde

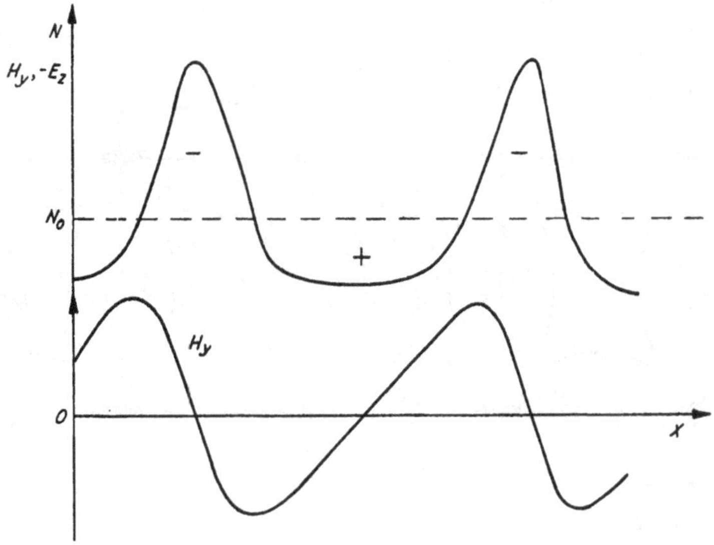

Abb. 3

liegenden Gleichungen als anharmonisch. Man sieht dies unmittelbar ein, wenn man bedenkt, daß die nur positiver Werte fähige Dichte auch bei beliebig großer Amplitude im räumlichen und zeitlichen Mittel gleich der Ruhedichte sein muß. Hiernach also wäre das Auftreten von Harmonischen zur Plasmafrequenz verständlich. Doch zeigt die obige Intensitätsformel, daß größere Dichteamplituden zur Deutung der Beobachtungen bei hinreichend großen Geschwindigkeiten $\bar{v}$, v_L gar nicht erforderlich sind, wobei dann kein merklicher Harmonischen-Beitrag zu erwarten wäre. Hier liegt noch eine weitere Schwierigkeit insofern, als größere Dichteamplituden nicht nur eine 2. Harmonische, sondern auch mit zwar abnehmender Intensität eine 3., 4. usw. liefern sollten, während andererseits bisher nur eine 2. Harmonische — genauer eine fast verdoppelte Frequenz —

mit oft größerer Intensität als die Grundwelle beobachtet wurde, hingegen niemals eine höhere Harmonische. Eine Deutung für diesen Befund wird im Zusammenhang mit einer Antwort auf die Frage nach der Anregung der Plasmaschwingungen am Schluß versucht werden.

Der diskutierte Modellmechanismus, der die Strahlungsentstehung im Prinzip verstehen läßt, kann in zwei Punkten den Eindruck einer gewissen Künstlichkeit erwecken, und zwar erstens im Ansatz ebener, seitlich unendlich ausgedehn-

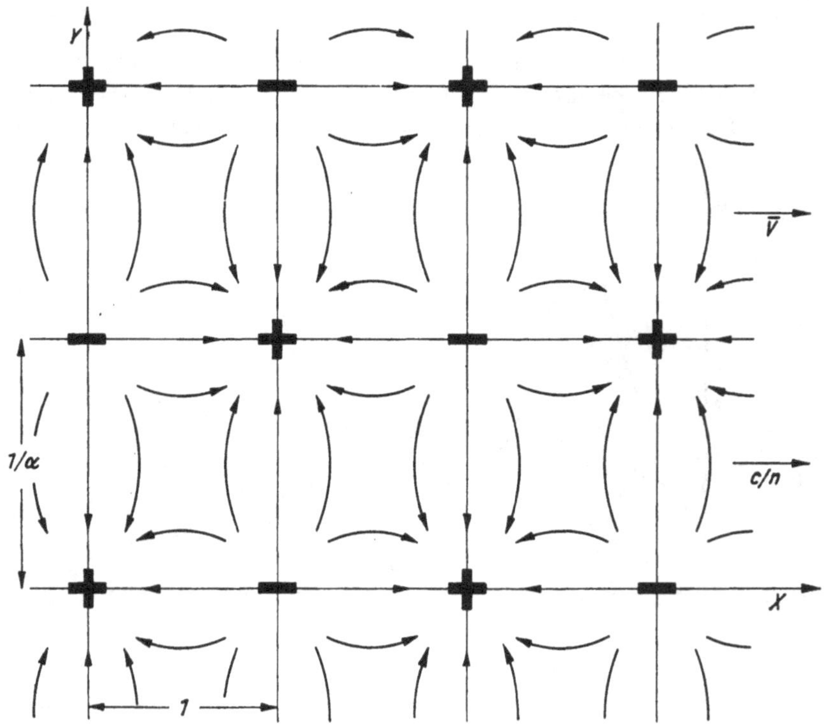

Abb. 4a

ter Dichtewellen, die es in der Natur nicht gibt, und zweitens darin, daß die für die Strahlungsentstehung wichtige Driftströmungskomponente genau senkrecht zur Dichtewellennormale liegt. Es wäre befriedigender, wenn man einen natürlicher erscheinenden Strömungsvorgang untersuchen könnte: im Idealfall eine Plasmadriftströmung, der örtlich und zeitlich nach Richtung und Größe schwankende Zusatzgeschwindigkeiten von Elektronen und Ionen überlagert sind, mit anderen Worten, den Fall kompressibler Turbulenz. Um diesem Ziel näherzukommen, sei als zweites Strömungsfeld eine in zwei oder allen drei Raumdimensionen periodische Wellenbewegung betrachtet.

In diesem zweiten Mechanismus liege die allgemeine Plasmadrift v in x-Richtung. Die Zusatzgeschwindigkeit der Elektronen denke man sich in einen longitudinalen bzw. divergenzbehafteten Quellenanteil und einen transversalen bzw. divergenzfreien Wirbelanteil zerlegt, was im zweidimensional periodischen Fall je ein Strömungsbild der Abb. 4 ergibt. Der longitudinal wirkende Quellenanteil ist dabei mit Raumladungen verknüpft, die in der Abbildung durch die Plus-Minuszeichen angedeutet sind, während das Wirbelfeld natürlich mit einem elektromagnetischen Wirbelfeld verbunden sein muß. Die Zellenstruktur der Geschwindigkeitsfelder werde in ihrem Längenerstreckungsverhältnis von x zu

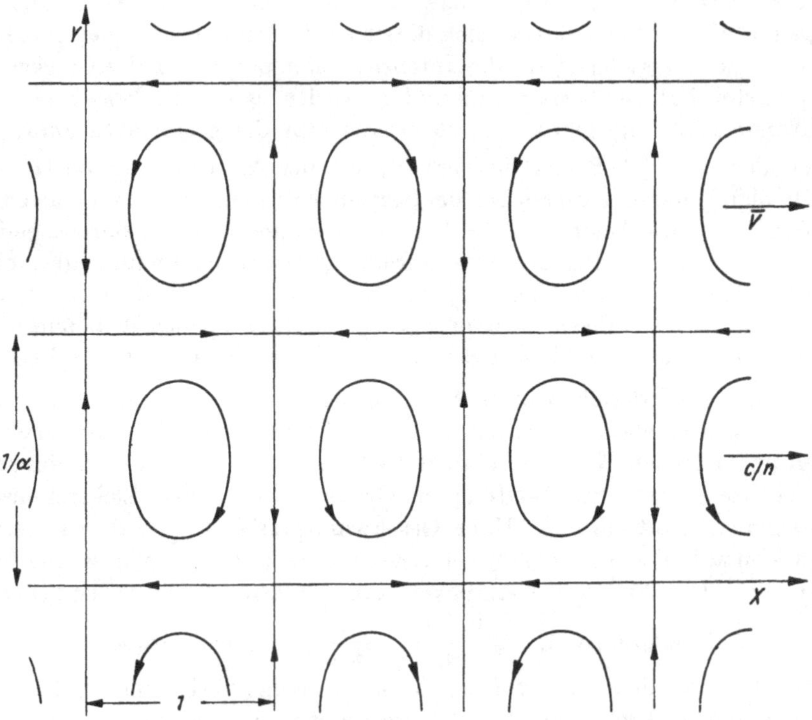

Abb. 4b

y-Richtung durch die Zahl α gekennzeichnet, wobei $\alpha \to 0$ den Grenzfall ebener Wellen bedeuten würde. Mit $\alpha = 1$ könnte man etwa den Fall isotroper Turbulenz charakterisieren, wenn auch noch in z-Richtung eine entsprechende Zellenstruktur angesetzt wird. Man denke sich nun Quellen- und Wirbelfeld überlagert und das ganze Strömungsbild mit der Wellenfortpflanzungsgeschwindigkeit c/n in x-Richtung fortschreitend.

Bei nichtverschwindender Driftströmung $\bar{v}$ erhält man wie beim ersten Mechanismus eine Kopplung zwischen Quellen- bzw. Longitudinal- und Wirbel- bzw. Transversalströmung der Elektronen. Es ergibt sich eine Dispersionsformel mit weitgehend ähnlichem Verlauf und ähnlichen Eigenschaften wie im sehr viel spezieller anmutenden ersten Strömungsfall; insbesondere hat man wieder einen

„Entstehungsast“ mit überwiegender Longitudinal- oder Plasmaschwingungsenergie und einem größeren Bereich bei der Plasmafrequenz möglicher Brechungsindexwerte.

Der Strahlungsstrom fließt hier parallel zur Driftströmung $\bar{v}$ in x-Richtung mit einem Betrage

$$S = N \frac{m_e}{4} \bar{v} v_L^2 \cdot \frac{\omega_e^2}{\omega^2} \cdot \alpha^2,$$

wobei v_L wieder die Dichtewellengeschwindigkeitsamplitude bezeichnet. Mit geeigneten Werten für α erweist sich dieser zweite Mechanismus gegenüber dem ersten als noch ergiebiger, da die Intensität hier proportional zu $\bar{v}$ gegenüber $\bar{v}^2/c$ im ersten Fall ist. Setzt man $\bar{v}$ und v_L wieder als mit der Elektronenschallgeschwindigkeit vergleichbar an, so ergäbe sich die gestörte Strahlung hier proportional zu $T^{3/2}$. Bemerkenswert ist, daß der Ausdruck für die Intensität den Brechungsindex n gegenüber dem ersten Fall nicht mehr explizit enthält, daß damit also die Intensität für den steil verlaufenden Teil der Dispersionsformel in der Umgebung des Plasmafrequenz praktisch unabhängig von der Wellenausbreitungsgeschwindigkeit ist. Aus der Intensitätsformel ist weiter ersichtlich, daß ohne Plasmaströmung ($v = 0$) und mit ebenen Wellen ($\alpha = 0$) im Sinne der eingangs diskutierten Schwierigkeit keine Strahlung zu erhalten ist.

Kann an Hand der skizzierten Mechanismen die Ausstrahlung von Plasmaschwingungen verstanden werden, so ist schließlich noch die Frage nach ihrer Anregung zu stellen. Wie sich gezeigt hatte, sind zu wirksamen Ladungstrennungseffekten Geschwindigkeiten der Größenordnung der Elektronenschallgeschwindigkeit erforderlich. Hohe Geschwindigkeiten treten aber bei starken Stoßwellen auf, also Vorgängen, bei denen dichte Materie gegen weniger dichte expandiert. Die Frontgeschwindigkeit einer Plasmastoßwelle ist nach den HUGONIOT-Beziehungen durch $\frac{10\,k\,T}{m_i} \cdot \frac{1}{4/d - 1}$ gegeben, wobei T die Temperatur des ruhenden Gases vor der Stoßfront, d das Verhältnis der Dichten zu beiden Seiten der Front bedeutet. Soll die Frontgeschwindigkeit die Elektronenschallgeschwindigkeit erreichen, so muß das Dichteverhältnis d sehr dicht bei 4 liegen; das ist die nach den HUGONIOT-Beziehungen maximal mögliche Stoßverdichtung in Gasen mit einem Verhältnis der spezifischen Wärmen $c_p/c_v = 5/3$, welches auch für ein vollständig ionisiertes Plasma zutrifft. Wenn sich nun die Dichten vor und hinter der Stoßfront nahezu wie 1 zu 4 verhalten, dann ist das Verhältnis der zugehörigen, der Wurzel aus der Dichte proportionalen Plasmafrequenzen nahezu 1:2. Damit wäre dann das Auftreten der zweiten Harmonischen allein auch bei kleinen Dichteamplituden zu verstehen. Streng genommen wäre die Bezeichnung „Harmonische“ danach nicht mehr gerechtfertigt, da es sich bei den räumlich getrennten Plasmaschwingungen vor und hinter der Stoßfront wohl praktisch um inkohärente Vorgänge handeln dürfte, wie dies auch durch die Beobachtung nahegelegt wird, die ja ein Frequenzverhältnis kleiner als 2 zeigt. Im Normalfall befindet sich das Gas vor der Stoßfront in Ruhe und man sollte meinen, daß sich dort Plasmaschwingungen nicht oder jedenfalls nur mit kleinerer Intensität als in dem bei hoher Geschwindigkeit sicher turbulent strömenden Gebiet größerer Dichte hinter der Front ausbilden könnten. Dem entspricht die Tatsache, daß die 2. Harmonische meist mit höherer Intensität beobachtet wird. Man darf daher annehmen, daß ganz allgemein die überthermische Strahlung wesentlich in dem wirklich strömenden Gebiet höherer Dichte hinter einer Stoßfront entsteht und nur bei sehr starken Stoßwellen auch das Gebiet geringerer Dichte vor der Front zu einer „Sub-Harmonischen"-Schwingung und Strahlung angeregt wird. Es läßt sich nämlich zeigen, daß das Gebiet vor der Front mit der zugehörigen Plasmafrequenz schwingt, wenn die Frontgeschwindigkeit die Elektronenschallgeschwindigkeit übersteigt; präziser ausgedrückt, daß der Übergang von der vorderen Ruhedichte zur Dichte hinter der Stoßfront in diesem Fall oszillatorisch erfolgt. Damit scheint die Schwingungsanfachung mit Stabilitätsfragen einer Plasmaströmung ähnlich wie im Fall der gewöhnlichen Turbulenz zusammenzuhängen. Über die Struktur der Stoßfront läßt sich wegen der dort ablaufenden irreversiblen Prozesse, die die mathematische Behandlung des Problems sehr erschweren, zur Zeit noch nicht viel aussagen. Man darf gespannt sein, was von seiten der zukünftigen Beobachtungen zu dieser Stoßwellendeutung der gestörten Strahlung und speziell zu der hier vertretenen, der von Wild [3] gegebenen gegenüber völlig andersartigen Deutung des Harmonischen-Problems zu sagen sein wird.

Literaturverzeichnis

[1] Larenz, R. W., Z. Naturforsch., **10a**, 766 u. 901 (1955).
[2] Ebenda.
[3] Wild, J. P., Murray, I. D. and Rowe, C. W., Nature [London], **172**, 533 (1953).

Zusammenhang zwischen Sonnenemission und Ultrastrahlung

von H. DAENE, Potsdam

Im Herbst 1955 hat in Mexiko eine internationale Tagung über Probleme der Ultrastrahlung stattgefunden [1]. Ein Programmpunkt der Tagung waren die Theorien über den Ursprung dieser Strahlung, die nach wie vor noch außerordentlich widersprechend sind. So nimmt ALFVÉN für die gesamte Strahlung solaren Ursprung an. UNSÖLD [2] verlegt die Entstehung in die infraroten Flaresterne, es sind dies Sterne von etwa 0,1 Sonnenmasse, der absoluten visuellen Größe $+ 14^{M}$, Oberflächentemperatur etwa 2500°. OORT sieht als Ursprung die Supernovae, CHANDRASEKHAR den interstellaren Raum und JEAN HEIDMANN den intergalaktischen Raum an. Es ist nicht der Zweck dieses Referates, hierüber eine Entscheidung zu fällen, sondern ich möchte mich damit begnügen, das Wesentlichste, was an Tatsachenmaterial vorliegt, aufzuführen, besonders unter Berücksichtigung neuerer radioastronomischer Arbeiten. Am Schluß soll dann versucht werden, auf der Basis dieses Materials einige Aussagen über die Wahrscheinlichkeit der einen oder anderen Theorie zu machen.

Beginnen wir zunächst mit dem bezüglich der kosmischen Ultrastrahlung vorliegenden Material [3]. Die Oberfläche unserer Atmosphäre wird von der Primärstrahlung, die zu etwa 85% aus Protonen, zu etwa 14% aus α-Teilchen und zum Rest von etwa 1% aus verschiedenen Kernen, insbesondere der leichten Elemente besteht, getroffen. Ob auch Elektronen beteiligt sind, ist ungewiß. Die Teilchenenergie der Protonen streut von etwa 10^{9} eV bis etwa 10^{17} eV. Die Partikelzahl fällt mit E^{-2}. Die Energiedichte ist etwa 1 eV pro cm² und ist etwa gleich der des gesamten Sternlichtes. Der Teilchenstrom beträgt etwa zwei Teilchen pro cm² und sec.

In der Atmosphäre löst diese Primärstrahlung eine Sekundärstrahlung aus, in der wir eine elektromagnetische, eine Mesonen- und eine Nukleonen-Komponente unterscheiden. Die laufende Registrierung erfolgt mittels Ionisationskammer, GEIGER-MÜLLER-Zählrohr und Neutronendetektor. Außerdem kommen besonders für Einzeluntersuchungen noch WILSONkammer und photographische Platte in Betracht.

Die Auslösung der Sekundärstrahlung ist abhängig von Luftdruck und Temperatur, außerdem unterliegt bereits die Primärstrahlung der Einwirkung des magnetischen Erdfeldes und natürlich auch anderer kosmischer Magnetfelder. Hierdurch werden die Teilchenbahnen wesentlich beeinflußt. Es erscheint daher bei Annahme einer galaktischen Herkunft der Strahlung oder eines Teiles derselben, wohl praktisch als ausgeschlossen, durch Richtungsbestimmung auf den Ursprungsort schließen zu wollen, obgleich solche Versuche auch in neuerer Zeit wiederholt unternommen worden sind. Auf der schon erwähnten Tagung in Mexiko ist von SEKIDO [1] über eine derartige Arbeit vorgetragen worden, aber allein schon die Tatsache, daß der Schwerpunkt seiner Messungen bei 10^{12} eV, also einer verhältnismäßig geringen Energie lag, hat zu sehr starken Zweifeln geführt.

Was kann nun an weiteren Tatsachen zu einem Schluß über den Ursprung herangezogen werden? Die laufenden Registrierungen zeigen durchaus verbürgt einen täglichen und einen 27tägigen Gang. Die Amplitude der 27tägigen Periode ist mit der Sonnenfleckenrelativzahl korreliert. Die Perioden sind im einzelnen häufig nicht sehr deutlich. Sie treten nur dann klar hervor, wenn man Mittelwerte über längere Zeiten bildet. Man muß annehmen, daß es sich hier um geophysikalische Ursachen handelt, insbesondere Luftdruck-, Temperatur- und Erdmagnetfeldeinfluß. Eindeutig primär solaren Ursprungs ist eine Änderung der Ultrastrahlungsintensität, die im Zusammenhang mit dem Auftreten eines Sonnenflare beobachtet wird. Als Flare bezeichnet man einen besonders im Lichte der Hα Linie beobachtbaren starken Strahlungsausbruch der Sonne. Wesentlich stärker als im sichtbaren Gebiet ist sicherlich der Intensitätsanstieg im fernen UV, insbesondere muß man annehmen, daß die LYMAN α Linie mit besonders starker Intensität ausgestrahlt wird. Hierdurch und durch gleichzeitig vermehrte Röntgenstrahlung verursacht, treten sofort starke Ionisierungen in der Erdatmosphäre auf. Durch Bildung einer absorbierenden Ionosphärenschicht wird gleichzeitig der Kurzwellenempfang gestört (MÖGEL-DELLINGER Effekt).

Wir können in dem Verlauf der Ultrastrahlungsintensität zwei Effekte trennen: kurze Zeit nach Auftreten des Flare erfolgt eine Erhöhung der Ultrastrahlung, nach etwa einem Tag erfolgt dann ein Absinken unter den Normalwert und ein allmähliches Wiederansteigen. Dieser letzte Effekt ist sicherlich geomagnetisch bedingt. Der durch vermehrte Partikeleinströmung verursachte Anstieg unmittelbar nach Auftreten des Flare beträgt bei der Messung mit der Ionisationskammer etwa bis zu 15%. Mit dem Neutronendetektor gemessen ist die Erhöhung wesentlich größer und erreicht etwa das 5fache und mehr der Normalintensität. Da die Empfindlichkeit des Neutronendetektors bei relativ weicher Primärstrahlung wesentlich größer ist als die der Ionisationskammer, ergibt sich hieraus gleichzeitig, daß es sich um relativ energiearme Partikel handelt; die obere Energiegrenze wird mit etwa 10^{10} eV angenommen.

Obgleich nun dieser Zusammenhang mit dem Auftreten eines Flare vollständig eindeutig ist, ist man damit einer Klärung der Angelegenheit noch nicht allzuviel näher gekommen. Man beobachtet in einem Flare nie irgendwelche Materiebewegungen, die Geschwindigkeiten der in Betracht kommenden Größenordnung zeigen. Man könnte sodann an aufsteigende Protuberanzen denken, jedoch liegt hier die Geschwindigkeit um mehrere Größenordnungen niedriger. Auch bei den eruptiven Protuberanzen betragen die höchsten beobachteten Geschwindigkeiten nur etwa 700 km pro Sekunde. Es ist somit zu sagen, daß die optischen Beobachtungen keinen direkten Nachweis der für den Ultrastrahlungsanstieg verantwortlichen schnellen Partikelströme gestatten. Man kann natürlich annehmen, daß bei einem Flare Magnetfelder auftreten, die eine Beschleunigung der Partikel auf die in Betracht kommenden Geschwindigkeiten plausibel machen.

Die Ergebnisse der optischen Beobachtungen werden ergänzt durch die radioastronomischen Beobachtungen. Im vorliegenden Falle scheint sich zur Zeit eine

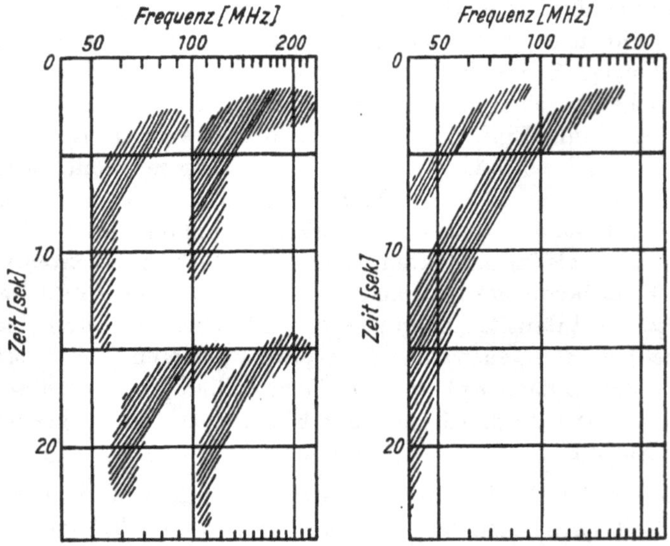

Abb. 1. Radiospektrogramme von Burst des Typ III in schematischer Darstellung. Die schraffierten Flächen stellen Gebiete hoher Intensität dar. (Nach Wild [5].)

Möglichkeit anzubahnen, dem Verständnis etwas näher zu kommen. Die Sonne zeigt häufig, besonders beim Auftreten von Flares, stärkere Erhöhungen ihrer normalen Radiostrahlungsintensität, sogenannte Bursts. In Australien ist von Wild [4] ein Verfahren entwickelt worden, in sogenannten Radiospektrogrammen die Frequenzverteilung der Bursts und deren zeitliche Änderung zu registrieren. Man unterscheidet dabei im wesentlichen drei Typen. Typ 1 zeichnet sich dadurch aus, daß er praktisch keine wesentliche zeitliche Änderung der Schwerpunktsfrequenz zeigt. Typ 2 zeigt eine langsame Frequenzänderung, Typ 3 schließlich eine relativ starke Frequenzänderung.

Bleiben wir nun bei dem hier allein interessierenden Typ 3. Dieser Typ tritt verhältnismäßig häufig auf, zuweilen isoliert, meist in kleinen Gruppen. Zur

Zeit von Flares erfolgen die Bursts jedoch unter Umständen in rascher Folge hintereinander, die Dauer eines derartigen Haufenbursts vom Typ 3 kann dann eine bis zwei Minuten betragen. Als bemerkenswert ist zu erwähnen, daß nicht selten außer der Grundfrequenz noch die zweite Harmonische auftritt. Das Auftreten dieser zweiten Harmonischen spricht aus theoretischen Gründen, auf die hier nicht weiter eingegangen werden kann, dafür, daß es sich um Plasmaschwingungen handelt. Es sei hier auf das Referat von R. W. LARENZ verwiesen.

Betrachtet man nun mit WILD [5] in einem derartigen Spektrogramm die untere Frequenzgrenze als identisch mit der Plasmafrequenz f_0

$$f_0 = \sqrt{\frac{e^2 \cdot N_e}{\pi \cdot m}},$$

so kann man aus der Plasmafrequenz auf die Elektronendichte (N_e) schließen und unter Benutzung der BAUMBACH-Formel:

$$N(r) = 10^8 \left(\frac{0{,}036}{r^{1,5}} + \frac{1{,}55}{r^6} + \frac{2{,}99}{r^{16}}\right)$$

aus der Elektronendichte auch auf die Höhe in der Korona (ausgedrückt in Sonnenradien r), aus der diese Strahlung emittiert wird. So gedeutet würde das Spektrum des Typs 3 besagen, daß durch einen Partikelstrom angeregt eine Plasmaschwingung in der Korona entsteht und das Erregungszentrum sich mit einer Geschwindigkeit in der Korona bewegt, die aus der Neigung des Radiospektrogramms bestimmt werden kann. Für die Berechtigung dieses Gedankenganges spricht die Tatsache, daß von PAYNE-SCOTT und LITTLE [6] tatsächlich mittels interfero metrischer Methoden derartige Aufwärtsbewegungen von Strahlungszentren beobachtet wurden.

Betrachten wir nun in Abb. 1 unter diesem Aspekt etwas näher einige Radiospektrogramme des Typs 3. Wir sehen, daß die Neigung an der unteren Frequenzgrenze sowohl bei der gleichen Registrierung als auch von Fall zu Fall sehr verschieden sein kann. Nebenstehende Abb. 2 gibt die Auswertung einiger derartiger Radiospektrogramme. Man ersieht daraus, daß die Geschwindigkeit innerhalb ziemlich weiter Grenzen variiert. Häufig findet mit wachsender Höhe eine Abnahme der Geschwindigkeit statt. Quali-

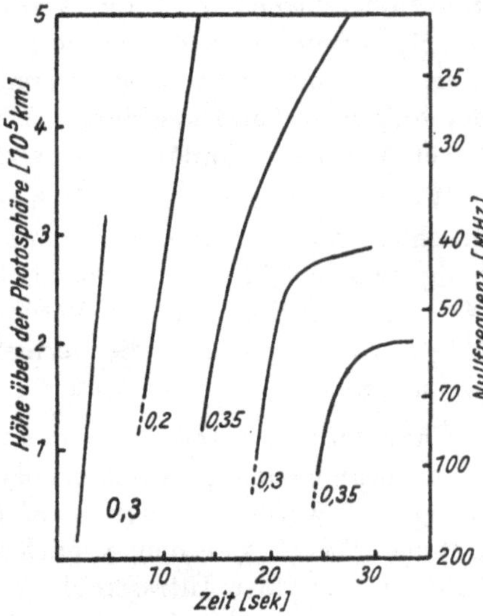

Abb. 2. Aus Radiospektrogrammen abgeleitete Bewegungskurven. Die Zahlen an den Kurven entsprechen der Anfangsgeschwindigkeit (auf Lichtgeschwindigkeit bezogen). (Nach WILD [5].)

tativ, jedoch nicht quantitativ ist dieses Verhalten analog den Erscheinungen bei eruptiven Protuberanzen, wo ebenfalls häufig nach Erreichen größerer Höhen eine starke Geschwindigkeitsabnahme und schließlich sogar eine Umkehrung des Vorzeichens der Bewegungsrichtung eintritt.

Die hieraus sich ergebende Laufzeit des Partikelstroms zur Erde beträgt etwa eine halbe Stunde und ist in guter Übereinstimmung mit der Zeitdifferenz zwischen dem Auftreten eines Flare und dem Anstieg der Ultrastrahlung. Es besteht jedoch in diesem Punkt ein Widerspruch mit den Ergebnissen der Ultrastrahlungsforschung, die für die mittlere Teilchenenergie einen Wert von etwa 10^9 eV annimmt. Diese Teilchenenergie scheint unvereinbar zu sein mit der Deutung der Zeitdifferenz als Laufzeiteffekt, da sich aus diesem Energiewert eine wesentlich höhere Teilchengeschwindigkeit, die praktisch gleich c ist, ergibt. Ich möchte jedoch auf die Möglichkeit hinweisen, daß sich die Partikel in von der Geraden stark abweichenden Bahnen eventuell in Schraubenlinien bewegen könnten. Eine genauere Abschätzung der erforderlichen Feldstärken muß ergeben, ob diese Möglichkeit in Betracht kommt.

Dem beschriebenen indirekten Verfahren zur Bestimmung der Höhe des Emissionszentrums haftet besonders wegen der Unsicherheit der in die BAUMBACH-Formel eingehenden Elektronendichte eine relativ große Ungenauigkeit an. Man beabsichtigt daher in Australien diese Messungen durch verbesserte Methoden der direkten Ortsbestimmung mittels interferometrischer Methoden zu ergänzen. Wünschenswert wäre es auch, Aussagen über die Bewegung der Emissionszentren in größerem Abstand von der Sonne zu erhalten; dazu müßten die Messungen auf noch niedrigere Frequenzen ausgedehnt werden. Beim Verfahren der indirekten Ortsbestimmung wäre möglicherweise eine Verbesserung der zeitlichen Auflösung durch Verwendung des von Witkewitsch [7] beschriebenen Mehrkanalempfängers zu erzielen.

Wie aus dem soeben Besprochenen hervorgeht, dürften diese radioastronomischen Untersuchungen geeignet sein, unsere Kenntnisse über den Zusammenhang zwischen Flare und kosmischer Ultrastrahlung wesentlich zu erweitern. Noch ist allerdings das zur Verfügung stehende Material relativ klein; es ist jedoch zu hoffen, daß die vermehrten Untersuchungen anläßlich des Geophysikalischen Jahres auch hierfür neues Material liefern werden.

Unterstellen wir abschließend, daß sich in den weiteren Untersuchungen der enge Zusammenhang zwischen solarer Burststrahlung und Ultrastrahlung bestätigt, so würde das zugunsten einer seit längerer Zeit von UNSÖLD [2] vertretenen Theorie sprechen, wonach die Entstehung der nichtthermischen Radiostrahlung und der Ultrastrahlung derselben Ursache zuzuschreiben ist. Die eingangs geschilderte Lage bezüglich der Möglichkeiten, zwischen den widersprechenden Theorien über den Ursprung der kosmischen Ultrastrahlung zu entscheiden, erscheint dann nicht mehr ganz so hoffnungslos. Im Gegensatz zu ALFVÉN muß man dann wohl eine überwiegend nichtsolare Entstehung annehmen. Desgleichen ist ein intergalaktischer und interstellarer Ursprung nicht sehr plausibel. Es bleibt also im wesentlichen die Entscheidung zwischen den Theorien von UNSÖLD und OORT, also Entstehung in infraroten Flaresternen oder Supernovae. Möglicherweise könnte auch ein Teil, vielleicht die Teilchen besonders hoher Energie, durch einen Beitrag der gesamten Galaxien in Analogie zur isotropen Radiostrahlung erklärt werden. Aber es soll hier nicht der großen Zahl von Theorien noch eine neue hinzugefügt werden. Mit der zu erwartenden Erhöhung der Reichweite der Radioteleskope, — spricht man doch bereits vom Bau einer drehbaren Parabolantenne von 200 m Durchmesser [8] — dürften diese Entscheidungen aus der Sphäre der Spekulation in den Bereich der Messung gelangen.

Literaturverzeichnis

[1] VAN DE HULST, H. C., Sky and Telescope, **XV**, 63 (1955).

[2] UNSÖLD, A., Physik der Sternatmosphären. Springer Verlag, 1955, 2. Aufl., S. 777.

[3] SIMPSON, J. A., Annales de Géophysique, **11**, 305 (1955).

[4] WILD, J. P., MCCREADY, L. L., Austral. J., **A3**, 387 (1950).

[5] WILD, J. P., ROBERTS, J. A., MURRAY, J. D., Nature, **173**, 532 (1954).

[6] LITTLE, A. G., PAYNE-SCOTT, R., Austral. J., **4**, 489 (1951).

[7] Виткевич В. В., Трулы пятого совещания по вопросам космогонии. Изд-во АН СССР, Moskau 1956, S. 14. (WITKEWITSCH, W. W., Arbeiten der fünften Konferenz über Fragen der Kosmogonie.)

[8] BERKNER, L. v., Astronom. J., **61**, 165 (1956).

Die Streuung der Radiostrahlung in der Sonnenkorona

von G. WALLIS, Berlin-Adlershof

Um die Sonnenkorona als Plasma zu charakterisieren, sind in Tab. 1 zunächst einige Angaben über die Temperaturen und Konzentrationen der einzelnen Komponenten, über Druck und Leitfähigkeit der einzelnen Teile der Sonnenatmosphäre, der Schichten der Ionosphäre und von zwei Beispielen von Laborplasmen (Hg-Hochdrucklampe und Ne-Leuchtröhre) zusammengestellt. Diese Gegenüberstellung zeigt, wie sich die Plasmadaten der Sonnenkorona in die der übrigen Plasmen einordnen, und daß die Korona sich durch ihre hohen Werte der Temperatur und Leitfähigkeit auszeichnet.

Während auf die großen Unterschiede der Leitfähigkeitswerte $\sigma_{||}$ und $\sigma_{\perp}$ parallel und senkrecht zum Magnetfeld noch zurückzukommen ist, interessiert hier zunächst nur die mit der hohen Temperatur verbundene Emission von Radiostrahlung.

Für die Untersuchung der Intensitätsverteilung dieser Radiostrahlung über die Sonnenscheibe sind jedoch nicht nur die in der Tabelle angegebenen groben Mittelwerte von Bedeutung, sondern vielmehr die Dichte- und Temperaturverteilung in der Sonnenkorona. Qualitativ sind diese Funktionen in Abb. 1 dargestellt. Die Kurve für die Dichte zeigt, wie sich an den steilen Abfall am Sonnenrand der sehr viel langsamere der in erster Näherung isothermen Korona von $\sim 10^6\,°K$ anschließt.

Beschränken wir uns hier nur auf die Radiostrahlung im Dezimetergebiet und auf die Emission der Minimumskorona (s. Tab. 2), so ergibt sich folgendes Bild. Die bisher detailliertesten Angaben über die Intensitätsverteilung liefern die aus Interferometermessungen bei $\lambda = 21$ cm gewonnenen Isophoten von W. N. CHRISTIANSEN und J. A. WARBURTON [1]. Sie zeigen eindeutig, daß die Sonnenkorona auch in der Radiostrahlung nicht kugelsymmetrisch ist. Qualitativ zu dem gleichen Ergebnis führen, trotz einiger quantitativer Unterschiede, die Messungen von O. HACHENBERG, F. FÜRSTENBERG und H. PRINZLER [2], die anläßlich der Sonnenfinsternis 1954 Juni 30 bei $\lambda = 20$ cm durchgeführt wurden.

Die Aufgabe für eine theoretische Behandlung der Intensitätsverteilung der dm-Strahlung besteht daher zunächst darin, die Abweichungen von der Kugelsymmetrie bei der Berechnung der Strahlungsintensität zu berücksichtigen.

Tabelle 1

Plasmadaten der Sonnenatmosphäre, der Ionosphäre und einiger Laborplasmen

	Sonne				Ionosphäre			Laborplasmen	
	Photosphäre	Chromosphäre	Korona*) innere	Korona*) äußere	D-Schicht	E-Schicht	F-Schicht	Hg-Hochdrucklampe	Ne-Leuchtröhre
Konzentr. [cm^{-3}]									
der Atome	10^{16}	10^{9}—10^{15}	10^{8}	10^{4}	$5 \cdot 10^{18}$	$6 \cdot 10^{12}$	10^{10}—10^{11}	$5 \cdot 10^{19}$	10^{16}—10^{17}
Ionen = Elektr.	10^{16}	10^{9}—10^{15}	10^{8}	10^{4}	$4 \cdot 10^{3}$	10^{3}—10^{5}	10^{4}—10^{6}	10^{16}	$5 \cdot 10^{12}$
anger. Atome	—	—	—	—	—	—	—	10^{15}	10^{13}
Temperatur [°K],									
Elektronen-	$6 \cdot 10^{3}$	10^{4}—10^{5}	10^{6}—$2 \cdot 10^{6}$			300—500	1000—2000	$7,5 \cdot 10^{3}$	$2,6 \cdot 10^{4}$
Ionen-	$6 \cdot 10^{3}$	10^{4}—10^{5}	10^{6}—$2 \cdot 10^{6}$			300—500	1000—2000	$7,5 \cdot 10^{3}$	$1,5 \cdot 10^{3}$
Gas-	$6 \cdot 10^{3}$	10^{4}—10^{5}	—			300—500	1000—2000	$7,5 \cdot 10^{3}$	$4,0 \cdot 10^{2}$
Ionisations-	$6 \cdot 10^{3}$	10^{4}—10^{5}	$0,5$—$0,8 \cdot 10^{6}$			300—500	1000—2000	$7,5 \cdot 10^{3}$	$7,5 \cdot 10^{3}$
Druck [dyn cm^{-2}]	10^{5}	1	0,1	10^{-3}	0,1	10	10^{-3}	10^{7}	$5 \cdot 10^{3}$
Leitfähigkeit [cm^{-1}]									
σ	—	—	—	—	—	—	—	—	—
$\sigma_{\|\|}$	5	10^{2}	10^{4}	10^{3}	10^{-6}	10^{-4}	10^{-7}	0,3	3
$\sigma_{\perp}$	1	10^{-1}—10^{-13}	10^{-14}	10^{-16}	—	—	—	—	—

*) Zusammensetzung H: He: R = 85 : 15 : 0,27, R = restliche Elemente

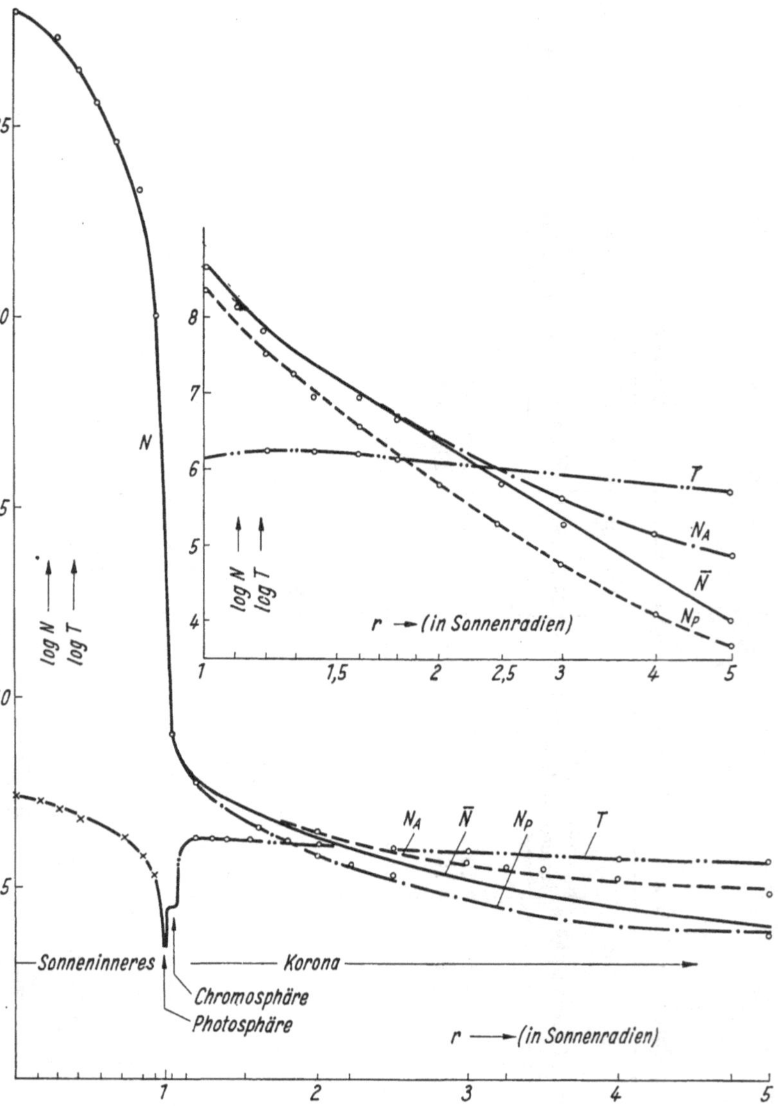

Abb. 1. Temperatur und Dichte im Sonneninnern und in der Sonnenatmosphäre.

Für eine spezielle rotationssymmetrische Dichteverteilung

$$N^2(r, \varphi) = N_P^2 + \cos^3 \varphi \, (N_A^2 - N_P^2)$$

sind von M. Waldmeier [3] die Integrale $\int N_e^2 \, dz$ für eine Reihe von Sehstrahlen berechnet worden. Es ist daher leicht, für dieses Modell und unter der Voraussetzung einer isothermen Korona auch die Intensitätsverteilung anzugeben. Die mit $T_P = 1{,}3 \cdot 10^6\,°K$ und $T_A = 1{,}6 \cdot 10^6\,°K$ für die Temperaturen am Pol und Äquator berechneten Kurven (Abb. 2) zeigen einen großen qualitativen Unterschied zu den nur wenig voneinander abweichenden Meßkurven. Die beobachtete Randaufhellung in Äquatorrichtung ist sehr viel kleiner als die berechnete, die gemessene Randverdunkelung in Polrichtung steht im Wider-

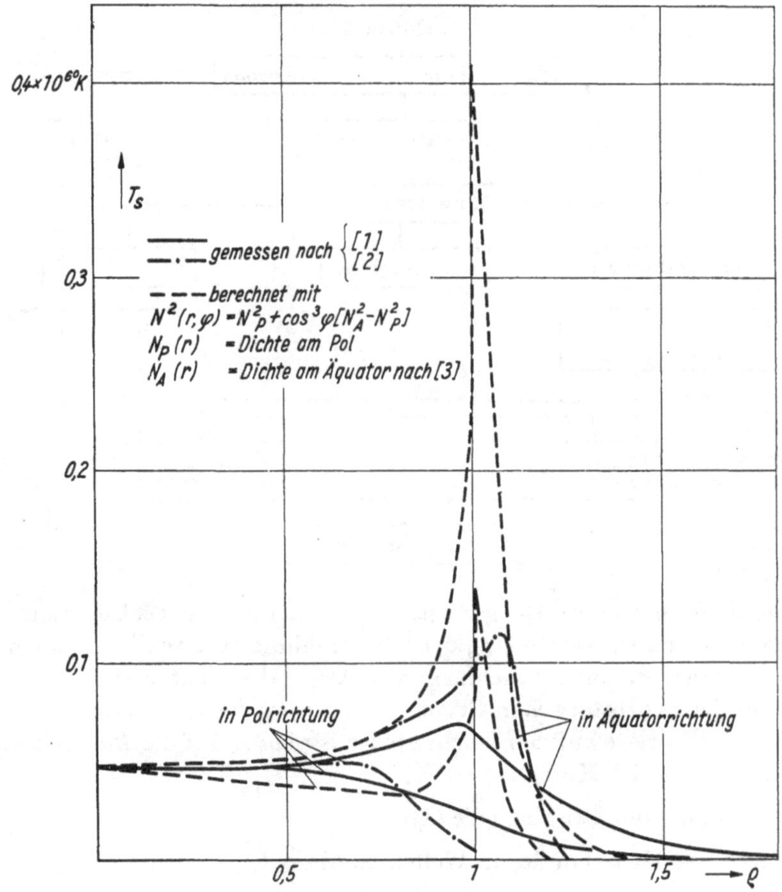

Abb. 2. Strahlungstemperatur T_S der Sonnenkorona für $\lambda = 20$ cm (ϱ = Abstand vom Zentrum der Sonnenscheibe in Sonnenradien).

spruch zu der zwar etwas schwächeren, aber immer noch deutlich ausgeprägten Randaufhellung der Berechnung.

Von der Diskussion dieser Diskrepanzen[1]) sind im Vortrag zunächst die Genauigkeitsgrenzen der Interferometermessungen und die Eindeutigkeit der aus Sonnenfinsternisbeobachtungen zu gewinnenden Kurven behandelt worden. Darauf wurde die Dichtebestimmung aus dem Intensitätsabfall des in der Korona

[1]) Z. Naturforschung, **12a**, 337 (1957).

gestreuten Photosphärenlichtes untersucht. Weitere Fragen ergaben sich hinsichtlich der Temperaturbestimmung aus der hydrostatischen Grundgleichung bei vorgegebener Dichte. Eine qualitative Übersicht über die Zusammenhänge zwischen diesen zum Teil schon an anderer Stelle behandelten Fragen gibt Tab. 2.

Tabelle 2

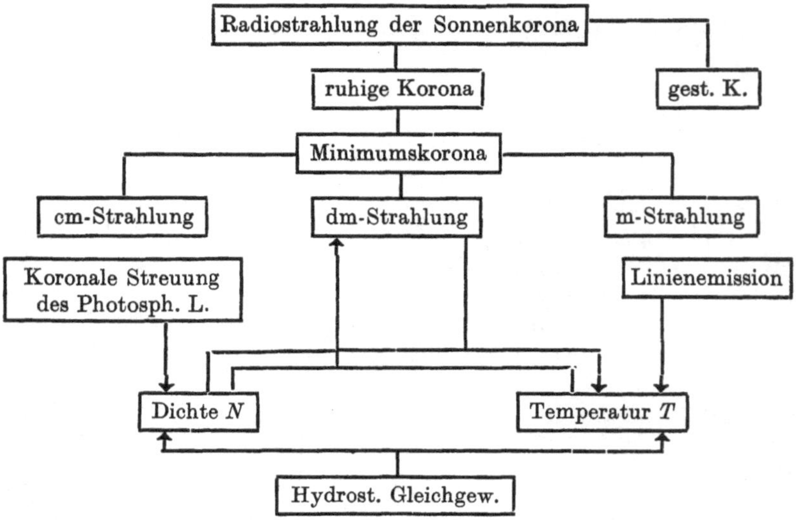

Im Anschluß daran wurde gezeigt, wie man unter Berücksichtigung der Streuung die Intensitätsverteilung der dm-Strahlung erklären kann, auch ohne eine Temperaturverteilung annehmen zu müssen, die nicht verträglich ist mit der sich aus der hydrostatischen Grundgleichung ergebenden. Nach Aufzählung auch anderer Hinweise auf den Einfluß einer Streuung auf die Ausbreitung der Radiostrahlung in der Korona:

1. Verdunklung der Taurusquelle [4]
2. Mitte-Rand-Variation der m-Wellenstrahlung [5]
3. Randverdunklungskurve der gestörten Radiostrahlung [6]
4. Zeit-Frequenz-Diagramm der gestörten Radiostrahlung [7]

wurde der Versuch unternommen, von der Transportgleichung der Strahlung unter Berücksichtigung der Streuung [8] auszugehen, und die von V. Kourganow [9] behandelte Äquivalenz zur Diffusionsgleichung der Neutronen zu verwenden. Die Diskussion der Lösungsmethoden (Neumannsche Reihe, Einführung eines Streuoperators) zeigte, welchen Schwierigkeiten hierbei die Anwendung der üblichen Verfahren auf die Radiostrahlung der Korona begegnet. Abschließend wurde die Wirkung des Hopfschen Operators [9] auf einige eindimensionale Verteilungen gezeigt.

Über die Natur und Ausdehnung der Zentren, die für eine solche Streuung in Frage kommen, wurden nur einige kurze Bemerkungen gemacht, die auf die große Bedeutung der unterschiedlichen Werte der Leitfähigkeit parallel und senkrecht zum Magnetfeld ($\sigma_{||}/\sigma_{\perp} = 10^{18}$ bis 10^{19}) hinwiesen.

Literaturverzeichnis

[1] CHRISTIANSEN, W. N., WARBURTON, J. A., Austral. J. Physik, 8, **474** (1955).
[2] HACHENBERG, O., FÜRSTENBERG, F., PRINZLER, H., Z. Astrophysik, **39**, 323 (1956).
[3] WALDMEIER, M., Z. Astrophysik, **38**, 143 (1955).
[4] MACHIN, K. E., SMITH, F. G., Natur, **170**, 319 (1952).
[5] SCHEFFLER, H., 42. Tagung d. astr. Ges. Hannover, 1956.
[6] MÜLLER, H., Z. Astrophysik, **39**, 160 (1956).
[7] DE JAGER, Plasmatagung, Leipzig 1956, S. 38.
[8] UNSÖLD, A., Physik der Sternatmosphären. Berlin 1955, 2. Aufl.
[9] KOURGANOW, V., Basic methods in Transfer Problems. Oxford 1952, S. 39.

Zur Deutung der Radiostöße der Korona

von C. DE JAGER, Sterrewacht Sonnenborgh, Utrecht, Niederlande.

Zusammenfassung

Es wird versucht, die Profile der isolierten Radiostöße der Sonne zu beschreiben auf Grund eines Erregungsmechanismus durch eine dünne Front, die sich mit Elektronenschallgeschwindigkeit durch die Chromosphäre und die Korona bewegt. Es wird angenommen, daß die beobachtete Strahlung durch Plasmaschwingungen des Koronagases verursacht wird; die Dämpfung durch Elektronenstöße wird berücksichtigt. Die beobachteten Bandbreiten im Spektrum und die Dauer der Stöße werden im allgemeinen durch die Annahme von Korona-Temperaturen von etwa 10^6 °K erklärt. Einige Schwierigkeiten im Gebiet der dm-Wellen dürften durch die Annahme (1) einer inhomogenen Chromosphäre und (2) einer endlichen Dicke der Front gelöst werden.

Registrierungen der Radiostrahlung der Sonne im 200 MHz-Bereich, die von Dr. CH. SEEGER (Cornell University; V. S.) 1949 und 1950 mit einem Schnellschreiber (Brush recorder), Anzeigezeit $0^s,02$ [1] durchgeführt wurden, zeigten u. a., daß die 200 MHz-Radiostöße im allgemeinen sehr kurz sind [2]. Es ergab sich für die Mehrzahl der Stöße eine mittlere Halbwertzeit von $0^s,6$, obwohl es daneben auch Stöße anderer Art gibt, mit Halbwertzeiten von etwas mehr als 1^s und eine dritte Gruppe mit einer mittleren Halbwertzeit von 2^s bis 3^s. Stöße letzterer Art wurden nur im Anfangsstadium einer chromosphärischen Eruption beobachtet. Der Unterschied zwischen den zwei anderen Gruppen ist nicht klar. Ein mittleres Profil wurde für die isolierten Exemplare der am häufigsten vorkommenden Stöße kürzester Dauer abgeleitet. (Abb. 3d).

Zur Erklärung dieser Profile möchten wir zwei Arten von Mechanismen unterscheiden. Beide beruhen auf Plasmaschwingungen des Koronagases, nur die Art der Erregung ist verschieden. Beim ersten Mechanismus werden die Elektronen in der Korona von einer durch sie hindurchlaufenden Front zu Schwingungen angeregt. Beim zweiten Mechanismus geschieht die Erregung durch irgendeine lokalisierte Ursache. Von diesem Zentrum aus breitet sie sich eventuell sphärisch aus, der Schwerpunkt bleibt dabei ruhend, und von einer Frontbewegung ist keine Rede. In diesem Artikel wird der erste Mechanismus quantitativ untersucht, und es werden einige Profile berechnet; die Besprechung des zweiten Mechanismus bleibt einer weiteren Untersuchung vorbehalten (vgl. auch [2]).

Beschreibung des Mechanismus

Wir nehmen an: a) die Strahlung wird von Plasmaschwingungen des Elektronengases emittiert; b) die erregende Front ist unendlich dünn; c) sie bewegt sich mit der Elektronenschallgeschwindigkeit des Gases in Richtung des Dichtegradienten; d) die Elektronen-Schwingung wird durch Stöße mit anderen Elektronen gedämpft; e) das schwingende Plasma emittiert eine Spektrallinie mit einer Breite, die durch die thermischen Geschwindigkeiten der Elektronen bestimmt ist.

ad (a): Die Plasmafrequenz f_0 ist verknüpft mit der Elektronendichte N_e durch

$$N_e = 1{,}24 \cdot 10^{-3} f_0^2 \qquad (f_0 \text{ in Hertz}) \tag{1}$$

Der Gedanke, daß die beobachtete Strahlung von Plasmaschwingungen herrührt, ist einfach und elegant, führt jedoch zu einer Schwierigkeit: die Phasengeschwindigkeit der elektromagnetischen Strahlung ist Null für die Plasma-

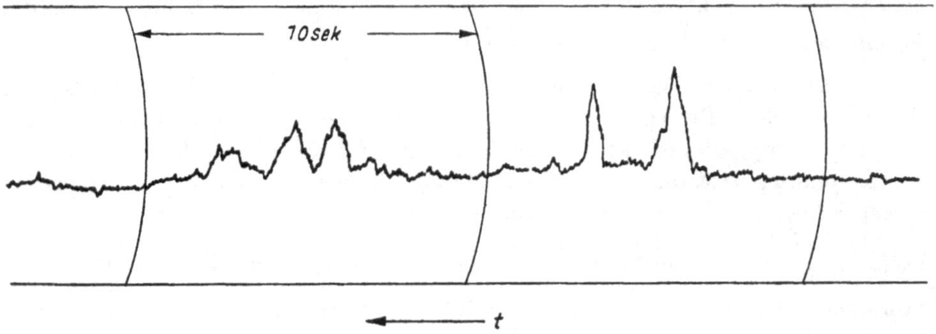

Abb. 1. Beispiel einer Registrierung.

frequenz, und die rein monochromatische Plasmastrahlung kann nicht aus der Korona austreten. Es gibt mehrere Lösungen für dieses Problem, die in der Praxis vielleicht alle eine Rolle spielen. (1) Die Plasmaschwingungen selbst können kaum oder nicht emittiert werden, hingegen die Oberschwingung (mit der doppelten Frequenz). Daß Oberschwingungen in der Radiostrahlung der Sonne vorkommen, ist bekannt. Die erste Oberschwingung ist mehrfach beobachtet worden mit etwa der gleichen Intensität wie die der Grundschwingung. Die zweite Oberschwingung ist niemals beobachtet worden, was zeigt, daß die Grundschwingung sehr stark absorbiert wird, ganz in Übereinstimmung mit der Erwartung. Man hätte sonst vielleicht etwa gleiche relative Intensitäten zwischen den Strahlungen der 0., 1., 2., . . . Oberschwingungen erwarten müssen [3].

(2) und *ad* (*c*): Larenz hat gezeigt [3], daß longitudinale Dichte- und Raumladungswellen in einem Plasma zu elektromagnetischer Ausstrahlung führen können, wenn diesen Raumladungswellen eine allgemeine Plasmaströmung mit

der Elektronenschallgeschwindigkeit v_e überlagert ist; deren Richtung mit der Ausbreitungsrichtung der Raumladungswelle einen endlichen Winkel einschließt. Wir nehmen in diesem Artikel an, daß die Anregung durch eine sich mit der Geschwindigkeit v_e fortbewegende Front geschieht. Die Elektronenschallgeschwindigkeit ist

$$v_e = \sqrt{5\,k\,T/3\,m} \approx 5\,\sqrt{T\,(^\circ\mathrm{K})}, \ (\mathrm{km/sec}) \tag{2}$$

Es ist nicht notwendig, daß die Front von unten nach oben läuft, das Umgekehrte kann auch vorkommen. Es ist auch möglich, daß sie sich ungefähr horizontal und doch in der Richtung des Dichtegradienten fortbewegt, z. B. in einer Koronakondensation. In diesem Artikel wird aber der einfache Fall einer von unten nach oben gehenden Bewegung behandelt.

(3) und *ad* (*e*): Das Frequenzgebiet der von Plasmaschwingungen emittierten Strahlung ist nicht unendlich schmal, es wird eine Linie einer gewissen Breite emittiert. Vielleicht die wichtigste Verbreitungsursache ist die thermische Bewegung der Elektronen: die mittlere Geschwindigkeit der Elektronen in der Sonnenkorona ist sehr groß: $(\overline{v^2})^{1/2} \approx 0{,}04 \cdot c$.

Das Problem der Berechnung der Dispersionskurve ohne Vernachlässigung der thermischen Bewegungen ist von mehreren Autoren untersucht worden, aber leider ergaben sich keine übereinstimmenden Resultate. Eine der letzten Untersuchungen ist die von CLEMMOW und WILSON [6]: Wenn ω_0 die Plasmakreisfrequenz ist, dann wird Strahlung emittiert zwischen den Frequenzen $\omega_0\left(1 - \frac{5\,k\,T}{4\,m\,c^2}\right)$ und $\omega_0\left(1 + \frac{k\,T}{4\,m\,c^2}\right)$, also in einem Intervall mit einer Breite von $\Delta\omega = 6\,k\,T\,\omega_0/4\,m c^2$. Für $T = 10^6$ °K ist $\Delta\omega/\omega_0 = 2 \cdot 10^{-4}$, was offenbar den Beobachtungen widerspricht, die eine mittlere Halbwertsbreite der Emissionslinienprofile von etwa 7 MHz bei 200 MHz geben.

Die Übereinstimmung wird besser, wenn man annimmt, daß die Verbreiterung der Linien durch den DOPPLER-Effekt der Elektronen verursacht wird, wodurch die emittierte Linie ein GAUSS-Profil bekommt:

$$I \sim \exp\,[-\,(\Delta f/\Delta)^2], \text{ mit } \Delta = 2{,}26 \cdot 10^{-5}\,f\sqrt{T}. \tag{3}$$

Mit dieser Formel bekommt man für $T = 10^6$ °K und $f = 200$ MHz: $\Delta = 4{,}5$ Mz, was recht gut zu den Beobachtungen paßt. Das ist ein Grund, weshalb wir im folgenden den elementaren Mechanismus der DOPPLER-Verbreiterung anwenden. Ein anderer Grund kann in ziemlich elementarer Weise angegeben werden. Eine Abschätzung hat gezeigt [2], daß die pro Radiostoß ausgestrahlte Schwingungsenergie der Elektronen des Plasmas sehr klein ist gegenüber ihrer kinetischen Energie (10^{-5}—10^{-7}). Das bedeutet, daß die Anregung von Plasmaschwingungen keine merkliche Änderungen in der thermischen Geschwindigkeitsverteilung der Elektronen ergibt: sie behalten ihre thermischen Geschwindigkeiten bei, auch wenn sie zu Plasmaschwingungen angeregt sind. Im Fall, daß z. B. eine ganze Elektronenwolke zu exakt kohärenten Schwingungen angeregt würde, sollte man einen enormen, bisher noch nie beobachteten Energieausbruch beobachten.

(4) In einem Magnetfeld ist die Schwingungsfrequenz eine Superposition der Plasmafrequenz und der Frequenz der LAMOR-Präzession: $f_H(H_z) = 2{,}80 \cdot 10^6 H$ (Oerstedt). Für ein Magnetfeld von 10 Oerstedt, was für die gestörten Gebiete der Sonne, von welchen die Radiostöße herrühren, nicht übertrieben viel ist (vgl. die Magnetfelder der Fackelflächen und die Streufelder der großen Sonnenflecken), bekommt man schon $f_H = 28$ MHz. Dies kann die wichtigste Ursache dafür sein, daß die der Frequenz nach stationären Sturmstöße (Stöße des Typus I), die also nicht von einer sich bewegenden Front erregt sind, nur von gestörten Gebieten emittiert werden.

Es gibt also viele Möglichkeiten für die Emission der Plasmaschwingungen.

ad (*d*): Die Plasmaschwingungen des Elektronengases klingen exponentiell ab. Die Intensität der Emission eines bestimmten Volumenelements ist gegeben durch $\exp(-\lambda t)$, mit [4]:

$$\lambda = 42\, N_e T^{-3/2}. \tag{4}$$

Hier ist λ^{-1} die mittlere Zeit zwischen zwei auslösenden Stößen. In dieser Formel sind nur die Stöße mit den Elektronen berücksichtigt; wenn die Ionenstöße mit in Betracht gezogen werden, kann λ etwa 30% größer werden [5]; aber so kleine Unterschiede sind für unser Ziel völlig unwichtig.

Berechnung der Profile

Zur Berechnung der Profile der Radiostöße approximieren wir die Plasmafrequenz $f(t)$ die zur Zeit t angeregt wird:

$$f(t) = f_o - a t, \tag{5}$$

wobei f_o die Frequenz ist, auf welcher die Beobachtungen gemacht werden; diese Frequenz wird bei $t = 0$ angeregt.

Weiter ist

$$a = v_e \frac{df}{dh} = \frac{v_e}{2} \frac{f}{h} \frac{d \log N_e}{d \log h}. \tag{6}$$

Die Tabelle I gibt für 8 Frequenzen und 4 Temperaturen die berechneten Werte von a (MHz/sec); λ (sec^{-1}) und Δ (MHz). Die a-Werte sind berechnet auf Grund der in der Tabelle gegebenen ($\log N_e$; h) Beziehung, hauptsächlich beruhend auf den Chromosphären- und Koronamodellen von WOLTJER und VAN DE HULST (ausgezogene Linie in Abb. 2).

Die Strahlung mit $f > 200$ MHz ist offenbar chromosphärischen Ursprungs.

Das Profil der Radiostöße, das man auf Grund dieses Mechanismus bekommt, kann einfach berechnet werden [2]:

Mit

$$f(t) = f_o - at; \quad a > 0$$

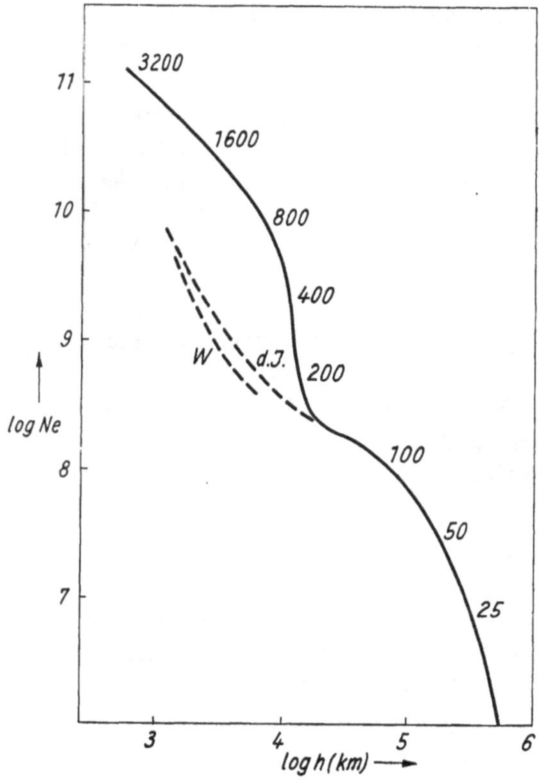

Abb. 2. Elektronendichten in Korona und Chromosphäre. Beigeschrieben die Plasmafrequenzen. Unterbrochene Linien: wahrscheinliche Elektronendichte zwischen den Spicules.

bekommen wir für die Anregungsfunktion $F(f, t)$:

$$F(f, t) \begin{cases} = 0 \text{ für } t < \dfrac{f_0 - f}{a} \\ = \text{Const.}\ e^{-\lambda t - \frac{\lambda}{a}(f_0 - f)} \quad \text{für } t > \dfrac{f_0 - f}{a}. \end{cases}$$

Diese Funktion $F(f, t)$ wird verbreitert durch die GAUSS-Funktion (3). Damit ist die ausgestrahlte Energie auf der Frequenz f_0 zum Zeitpunkt t:

$$I(f, t) = \text{Const.} \int_{f_0 - at}^{\infty} e^{-\lambda t - \frac{\lambda}{a}(f_0 - f) - \left(\frac{f_0 - f}{\Delta}\right)^2} df.$$

Nach einigen Berechnungen erhält man

$$I(f, t) = \text{Const.}\ e^{-\lambda\left(t - \frac{f - f_0}{a}\right)} [1 \pm \Phi(|y|)]$$

mit

$$y = \frac{at}{\Delta} - \frac{\lambda \cdot \Delta}{2a} + \frac{f - f_0}{\Delta}. \quad (7)$$

Φ ist das Fehlerintegral; das positive Vorzeichen gilt für $Y > 0$ und das negative für $Y < 0$.

Für $Y < -2$ ist in guter Näherung

$$I(t, f_0) = \text{Const.} \frac{e^{-(\lambda t + y^2)}}{-y}.$$

Vergleich mit Beobachtungen

Abb. 3 gibt einige mit (7) berechneten Profile. Abb. 3a gibt die Profile für 25, 50 und 100 MHz für $T = 10^6$ ° K; Abb. 3c gibt die Profile für 200, 400 und 800 MHz ebenfalls für 10^6 ° K, und die Abb. 3b und 3d geben für 200 MHz die Profile für 10^5, 10^6 und 10^7 °K. Die punktierte Kurve in Abb. 3d ist das mittlere beobachtete Profil. Die Übereinstimmung zwischen den berechneten Profilen für 200 MHz und dem mittleren beobachteten Profil ist nicht gut. Die Breiten würden für $T \approx 5 \cdot 10^6$ °K übereinstimmen, aber das berechnete Profil wäre

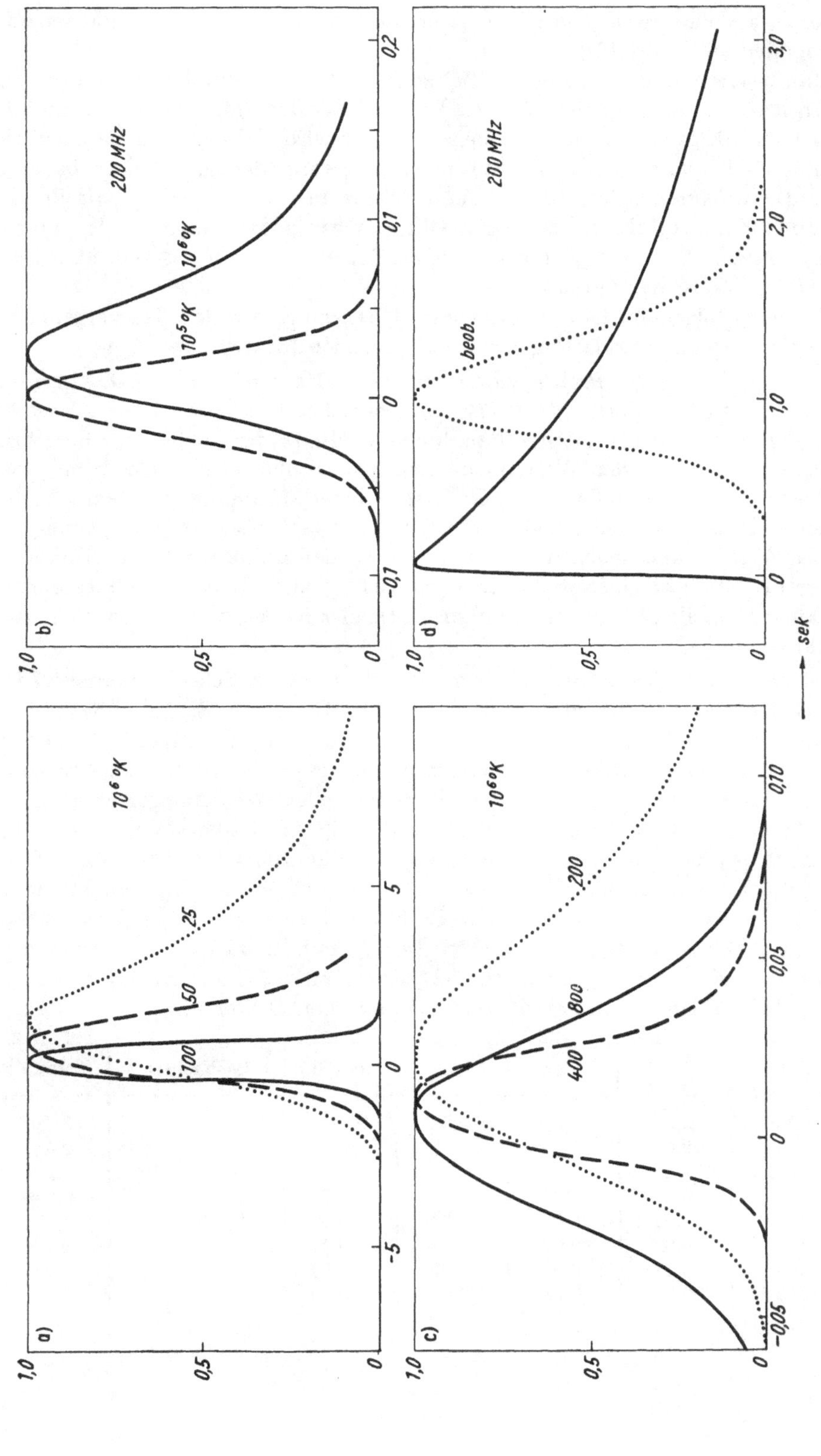

Abb. 3. Berechnete Profile.

dann zu asymmetrisch. Die Übereinstimmung wird besser, wenn a kleiner angenommen wird (vgl. [2]).

Man beachte, daß die Skala der Zeitachse in Abb. 3a hundertmal größer ist als in Abb. 3c. Es zeigt sich, daß die Lebensdauer der Stöße für 10^6 °K im allgemeinen mit zunehmender Frequenz geringer wird. Weiter sind sie ziemlich symmetrisch und zeigen nicht den langen Schwanz, der zuweilen beobachtet wird. Diese Asymmetrie wird bei höheren Temperaturen größer, vgl. die Profile für 10^5, 10^6 und 10^7 °K bei 200 MHz. Offenbar hängt das Auftreten der Asymmetrie davon ab, ob $\lambda^{-1} \geqq \Delta/a$ ist, was bei den Profilen mit $f < 1000$ MHz und für $T \geqq 10^6$ °K der Fall ist.

Die jetzt folgenden halbquantitativen Überlegungen sollen das vorgehende illustrieren und zur Erklärung der übrigbleibenden Diskrepanzen dienen.

Die Bandbreiten der Profile wurden auf 200 MHz gemessen (de Jager und Van 't Veer [2]; Vitkevitch [7] u. a.), der Mittelwert ist 7 MHz; zwischen 70 und 130 MHz ist die mittlere Bandbreite 4 MHz [8] für die Sturmstöße. Man findet etwa den gleichen Wert für die isolierten Stöße. Ein Vergleich mit den Δ-Werten unserer Tabelle 1 zeigt die beste Übereinstimmung zwischen berechneten und beobachteten Bandbreiten für ein etwas unter 10^6°K liegendes T. Dieser Wert ist auch noch in dem Fall richtig, daß die beobachtete Strahlung der ersten Oberwelle entspricht. Es wäre wichtig, auch Bandbreitenmessungen für kürzere Wellenlängen durchzuführen. Das ist jedoch bisher noch nicht gemacht worden.

Die Dauer der Einzelstöße variiert mit der Wellenlänge. Schon vor einiger Zeit hat G. Reber [9] behauptet, daß die mittlere Dauer der Stöße in Sekunden gleich der Wellenlänge in Metern sei. Die Messungen auf 200 MHz (1,50 Meter) geben jedoch eine mittlere Halbwertszeit von $0^s,6$, das ist 0,4mal der vom Reberschen Gesetz abgeleitete Wert. Auch für andere Wellenlängen erhält man etwa diesen Faktor: Für 60—85 MHz (5....3,5 m) finden Wild und Mc Cready [8] eine Abklingzeit $\lambda^{-1} = 1^s,7$. Für 100 MHz gibt Wild [10] $\lambda^{-1} = 1,0$ sec an, für 400 MHz findet T. de Groot 0,18 sec [11]. Es ist leicht einzusehen, daß für das theoretische Profil die Ansteigezeit Δ/a Sekunden ist, und die Abklingzeit λ^{-1}, wenn $1/\lambda \gg \Delta/a$. Damit ist die gesamte Dauer der Stöße entweder $\Delta/\alpha + 1/\lambda$ (wenn $1/\lambda \gg \Delta/\alpha$) oder $2\,\Delta/\alpha$ (wenn $\Delta/a \gg 1/\lambda$).

Aus Tabelle 1 berechnet man damit die folgenden D-Werte:

f (MHz)	10^4	10^5	10^6	10^7 (°K)	Beobachtet	„Reber“
25	$3^s,0$	$3^s,0$	$4^s,8$	100^s		5
50	2,0	2,0	2,5	25	$\lambda^{-1} = 1,7$ [8]	2,4
100	1,2	1,2	1,3	6,7	$\lambda^{-1} = 1,0$ [10]	1,2
200	0,6	0,6	0,8	1,6	$D = 0,6$ [2]	0,6
400	0,02	0,02	0,04	0,4	$D = 0,18$	0,3
800	0,07	0,07	0,07	0,14		0,15
1600	0,03	0,03	0,03	0,05		0,08
3200	0,01	0,01	0,01	0,02		0,04

In der letzten Spalte sind die nach dem REBERschen Gesetz berechneten und mit 0,4 multiplizierten Werte angegeben. Der Vergleich mit den Beobachtungen zeigt die beste Übereinstimmung für T etwas größer als 10^6 °K, was ziemlich gut mit dem aus den Bandbreiten gewonnenen Befund übereinstimmt.

Die berechneten Werte für die Dauer D der Stöße auf 400 MHz und $T < 10^7$ °K sind alle kleiner als die berechneten umliegenden Werte für 200 und 800 MHz. Die Ursache dafür ist in der merkwürdigen Form der $N_e(h)$ Beziehung (Abb. 2) zu suchen. Die $d N_e/d h$-Kurve hat einen Umkehrpunkt in der Nähe von 15000 km ($\sim$ 200 MHz). Ein glatter Verlauf der $N_e(h)$-Kurve würde kleinere a-Werte und damit größere D-Werte für 400 MHz geben. Es ist sicher nicht unmöglich, daß a kleiner sein müßte als die berechneten Werte für 200 und 400 MHz, erstens, weil schon die Analyse der Profile auf 200 MHz gezeigt hat [2], daß diese am besten durch die Annahme $a = 20$ MHz/sec erklärt werden. Zweitens ist zu bedenken, daß die isolierten Stöße einen spezifischen „koronalen" Charakter haben: sie kommen hauptsächlich im Metergebiet vor und werden im dm-Gebiet nur sporadisch beobachtet. Es liegt nahe anzunehmen, daß die isolierten Stöße, die im dm-Gebiet beobachtet werden, von der koronalen Materie zwischen den chromosphärischen Spicules emittiert werden. (Die Chromosphäre besteht aus zwei Arten von Turbulenzelementen. Oberhalb 5000 km bis 6000 km sind es kalte Spicula mit 20000° Elektronentemperatur und zwischen diesen die Korona mit $T_{el} \approx 10^6$ °K [11]. Wir wollen annehmen, daß hauptsächlich die koronalen Turbulenzelemente die isolierten Radiostöße emittieren. Für diese Elemente ist die Elektronendichte N_e geringer als für die Spicula (unterbrochene Kurven in Abb. 2 [12], [13], [14]), damit wird $d \log N_e/d h$ [aus (4)] für 400 und 800 MHz kleiner und die Halbwertbreite Δ/a wird größer. Dasselbe Problem besteht für alle isolierten Stöße, die im Gebiet der dm-Wellen beobachtet werden.

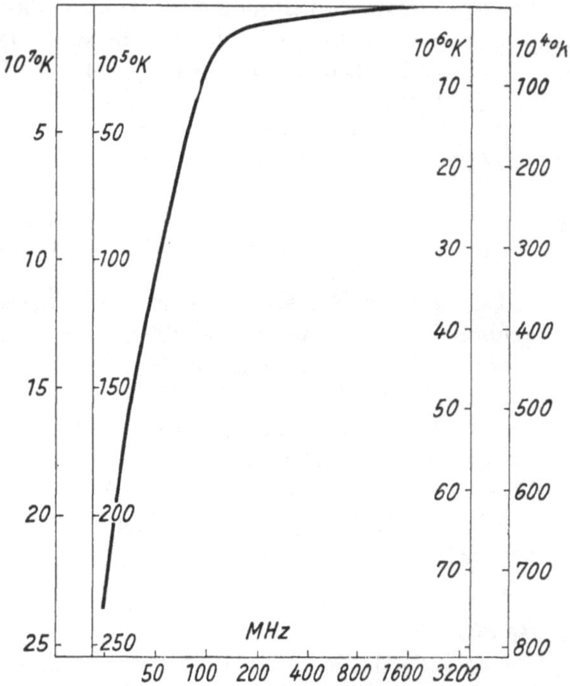

Abb. 4. Laufzeit eines Stoßes durch das Spektrum, berechnet mit der Elektronenschallgeschwindigkeit. Die vier vertikalen Zeitachsen sind berechnet für die Temperaturen 10^4 bis $10^{7°}$ K (isotherme Atmosphäre).

Ein anderer Aspekt des hier entwickelten Bildes ist der, daß ein Stoß, der sich mit der Elektronenschallgeschwindigkeit fortbewegt, in sehr kurzer Zeit (für $T > 10^5$ °K in weniger als einigen Sekunden) das ganze Gebiet der cm- und dm-Wellen durchläuft. Nur für $f < 100$ MHz ist der Zeitunterschied der Signale für Frequenzen, die eine Oktave auseinanderliegen, merklich verschieden (Abb. 4). (R. PAYNE-SCOTT [15] teilt $\delta = 0^s{,}7$ zwischen 85 und 60 MHz und 9^s zwischen 60 und 19 MHz mit. Hieraus bestimmt man: $T \approx 2\cdot 10^7$ °K). Das bedeutet auch, daß Stößen auf 200 bzw. 400 MHz schon nach sehr kurzer Zeit δt ihre Oberschwingungen folgen: die Stöße können paarweise vorkommen, wie das in der Tat beobachtet wird [2], [14]. Die folgende Tabelle gibt einige Werte von δt (Sek.).

$T =$	10^4	10^5	10^6	10^7 °K
200 MHz	10	3	1,0	0,3
400 MHz	6	2	0,6	0,2

Eine weitere Bemerkung betrifft die Dicke der Front. Bisher haben wir angenommen, die Front sei unendlich dünn. Wenn aber die Dauer D eines Stoßes sehr klein wird, ist diese Annahme nicht mehr richtig. Ist d die Dicke der Front, dann wird die Dauer um den Betrag $\approx d/v_e$ verlängert. Nehmen wir z. B. 1600 MHz, so ist die berechnete $D \approx 0^s{,}05$. Mit $T = 10^6$ °K für $d = 250$ km ist d/v_e gleich $0^s{,}05$ und mit $T = 10^4$ °K für $d = 25$ km ist d/v_e schon $0^s{,}05$. Diese Werte sind sicher nicht groß. Das lehrt uns, daß für die Interpretation der Radiostöße im cm- und dm-Gebiet die endliche Dicke der erregenden Front berücksichtigt werden sollte.

Inwieweit der hier besprochene „Frontmechanismus" bei der Emission der Radiostöße eine Rolle spielt, kann noch nicht entschieden werden. Um dies zu entscheiden, müßten die Profile der Radiostöße auf einer größeren Zahl von Wellenlängen sowie die Bandbreite der Stöße als Funktion der Wellenlänge bekannt sein. Simultane spektrale Untersuchungen auf mehreren einander naheliegenden Wellenlängen wären sehr wichtig.

Tabelle 1

f (MHz)	λ (m)	log N_e	h (km)	a (MHz/sec)			
				$T = 10^4$	10^5	10^6	10^7
25	12,00	6,89	337000	0,04	0,12	0,38	1,19
50	6,00	7,49	166000	0,12	0,36	1,15	3,64
100	3,00	8,09	56400	0,39	1,23	3,88	12,3
200	1,50	8,70	13800	1,53	48,3	153	483
400	0,75	9,30	11000	63,8	202	638	2020
800	0,38	9,90	7300	48,3	153	483	1530
1600	0,19	10,50	2400	268	846	2680	8460
3200	0,09	11,10	550	1270	4020	12700	40200

λ (sec^{-1})				Δ (MHz)			
$T = 10^4$	10^5	10^6	10^7	$T = 10^4$	10^5	10^6	10^7
326	10,3	0,326	0,010	0,056	0,18	0,56	1,79
1300	41,1	1,30	0,041	0,113	0,36	1,13	3,57
5210	165	5,21	0,165	0,23	0,72	2,26	7,15
20800	658	20,8	0,658	0,45	1,43	4,52	14,3
83200	2630	83,2	2,63	0,90	2,86	9,04	28,6
333000	10500	333	10,5	1,81	5,72	18,1	57
1330000	42100	1330	42,1	3,62	11,4	36,2	114
5330000	169000	5330	169	7,23	22,9	72,3	229

Literaturverzeichnis

[1] SEEGER, CH. L., B.A.N., im Druck.
[2] DE JAGER, C. u. VAN'T VEER, F., Verh. Akad. Amsterdam, im Druck.
[3] LARENZ, R. W., Z. Naturforsch., 10a, 766 u. 901 (1955).
[4] SMERD, S. F., u. WESTFOLD, K. C., Philos. Mag., **40**, 831 (1949).
[5] WESTFOLD, K. C., Philos. Mag. ser. 7, **44**, 712 (1953).
[6] CLEMMOW, P. C., u. WILSON, A. J., Proc. Roy. Soc., **A 237**, 117 (1956).
[7] VITKEVITCH, V. V., Jodrell Bank symposium on Radioastronomy. p. 363 (1957).
[8] WILD, J. P., u. MCCREADY, L. L., Austral. J. sci. Res., **3**, 399 u. 541 (1950).
[9] REBER, G., Natur, **175**, 132 (1955).
[10] WILD, J. P., Austral. J. sci. Res., **3**, 541 (1950).
[11] DE GROOT, T., Nature, im Druck.
[12] DE JAGER, C., Handbuch der Physik, Band 52, Springer Verlag (1958).
[13] DE JAGER, C., Recherches Obs. Utrecht, **13** (1) (1952), Tabelle 79.
[14] WOLTJER, L., B.A.N., **12**, 165 (1954).
[15] PAYNE-SCOTT, R., Austral. J. sci. Res., **2**, 214 (1949).

Zur Bestimmung der Ionisationstemperatur der Sonnenkorona

von M. BLAHA, Ondřejov bei Prag

Unter den physikalischen Problemen der Sonnenkorona bildet die Frage ihrer Temperatur einen ständigen Diskussionsgegenstand. Die verschiedenen Methoden, diese Temperatur zu bestimmen, führen zu Resultaten, die sich oft bis zu 50% voneinander unterscheiden, und es ist Aufgabe weiterer Forschung, diese Situation zu klären und alle beobachteten Unterschiede zu deuten.

Die Methoden der Temperaturbestimmung der Sonnenkorona können in fünf Gruppen geteilt werden, je nachdem, von welchem Beobachtungsmaterial sie ausgehen. Es sind dies:

1. Intensität von Emissionslinien im Spektrum der Sonnenkorona. Die so bestimmte Temperatur ist ihrem Wesen nach ein Ausdruck für den Ionisationszustand der untersuchten Atome und wird demgemäß als Ionisationstemperatur bezeichnet. Mit dem gleichen Recht kann man auch von einer Elektronentemperatur sprechen, denn die Ionisation von Atomen in der Korona erfolgt ausschließlich durch Elektronenstoß und ist daher von der mittleren Elektronenenergie abhängig.

2. Intensität der ungestörten Radiostrahlung der Sonne. Mit Rücksicht darauf, daß die thermische Radiostrahlung der Sonne durch frei-frei-Übergänge der koronalen Elektronen erzeugt wird, kann man sagen, daß es sich hier wieder um die Elektronentemperatur handelt.

3. Intensität der Sonnen-Röntgenstrahlung.

4. Profile von Emissionslinien der Korona.

5. Dichtegradient der Korona.

Die letzten zwei Methoden führen systematisch zu höheren Temperaturwerten als die ersten zwei, und zwar aus Gründen, die bisher nicht genügend aufgeklärt werden konnten.

Will man die Temperatur aus der Intensität von Spektrallinien bestimmen, so ist es notwendig, die Koeffizienten der Übergangswahrscheinlichkeit der beobachteten Linien und die Wirkungsquerschnitte für die Anregung durch Elektronenstoß zu kennen. Überdies ist es notwendig, die Abhängigkeit des Ionisationsgrades des betrachteten Atoms von der Temperatur aus der Ionisationstheorie der Koronamaterie abzuleiten. Gegenwärtig ist unsere Kenntnis aller notwendigen Atomkonstanten der koronalen Ionen, mit Ausnahme der Übergangswahrscheinlichkeiten, ziemlich unbefriedigend. Die größte Unsicherheit betrifft die Wirkungsquerschnitte für die Anregung durch Elektronenstoß. Fast alle bisherigen Temperaturbestimmungen aus der Intensität der Spektrallinien verwendeten Wirkungsquerschnitte, die von MENZEL und HEBB [1] für das Sauerstoffion O III abgeleitet worden waren. Die Gültigkeit eines auf diese Weise abgeleiteten Wirkungsquerschnittes wurde jedoch nur für Fe XIV empirisch bestätigt [2]. Die Unsicherheit von Wirkungsquerschnitten für Ionisierung durch Elektronenstoß bewegt sich ebenfalls zwischen ziemlich weiten Grenzen [3]. Überdies sind verschiedene Ionisationstheorien unter Voraussetzung einer MAXWELLschen Geschwindigkeitsverteilung der Elektronen entwickelt worden, die innerhalb der Sonnenkorona sicherlich nicht genau erfüllt ist.

Um die Temperatur zu bestimmen, genügt es, das Intensitätsverhältnis zweier Linien zu kennen, die verschiedenen Ionensorten der gleichen Atome angehören. Eine ausgedehnte Verarbeitung zahlreicher Messungen der Intensitäten der grünen Linie ($\lambda = 5303$ A, Fe XIV) und der roten Linie ($\lambda = 6374$ A, Fe X) stammt von WALDMEIER [4]. Infolge der starken Abhängigkeit des Konzentrationsverhältnisses beider Ionensorten Fe X und Fe XIV von der Temperatur ist auch das Intensitätsverhältnis beider Spektrallinien gegen Temperaturveränderungen sehr empfindlich. Nach WALDMEIERS Ergebnissen bewegt sich die von der heliographischen Breite und der Phase des Sonnenzyklus abhängige Temperatur der inneren Korona zwischen 650000° und 750000°K. Zur Ableitung der Temperatur verwendete WALDMEIER die Ionisationstheorie von ALLEN und WOOLLEY [2]. Seine Ergebnisse werden nur wenig geändert, wenn die Ionisationstheorie von ELWERT [3] angewendet wird, während SCHKLOWSKIS Ionisationstheorie [5] Werte liefert, die um etwa 100000° höher sind. Dieser Unterschied wird durch die verschiedenen Werte der Wirkungsquerschnitte für die Ionisation durch Elektronenstoß hervorgerufen.

In vereinzelten Fällen erfolgte die Temperaturbestimmung auch auf Grund anderer Paare von Spektrallinien. So verwendete man z. B. von den Spektrallinien der Eisenionen die Emissionslinien von Fe XI und Fe XIII. In letzter Zeit wurde auch die Linie von Fe XII entdeckt, deren Intensität jedoch sehr gering ist, so daß man sie nicht zur Temperaturbestimmung verwenden kann. Die einzige Spektrallinie des Ions Fe XV, die im Koronaspektrum auftritt, wurde bisher noch nicht zur Temperaturbestimmung verwendet. Die erzielten Resultate stimmen nicht immer vollkommen überein, obgleich die verhältnismäßig geringe Streuung der Werte des Intensitätsverhältnisses zwischen der grünen und der roten Linie darauf hinweist, daß die Korona thermisch besonders homogen ist. Für diese Unterschiede gibt es zwei Erklärungen: entweder liegt ihre Ursache in der Unvollkommenheit der Theorie, und zwar besonders in der Unsicherheit der Werte der Wirkungsquerschnitte, oder die Emission der verschiedenen Spektrallinien erfolgt in verschiedenen Gebieten der Korona, die verschiedene Temperatur aufweisen [5]. Nach der zweiten Auffassung entsteht die Emission der roten Linie λ 6374 in Gebieten, die eine Temperatur von

500000° besitzen und in denen daher das Ion Fe X zahlreich vertreten ist, während die Emission der grünen Linie λ 5303 in solchen Gebieten erfolgt, in denen bei einer Temperatur von 1200000° das Fe XIV-Ion am häufigsten vorkommt. Aus dem Intensitätsverhältnis dieser zwei Linien auf die Temperatur zu schließen, verliert dann jeden Sinn. Es empfiehlt sich daher, zur Temperaturbestimmung einzelner Gebiete der Sonnenkorona Spektrallinien solcher Ionen zu verwenden, deren Ionisationsgrad sich nur um eins unterscheidet, weil man dann berechtigterweise annehmen kann, daß die Emission dieser Linien vorwiegend im gleichen Gebiet erfolgt.

Dies sind die Gründe, die es wünschenswert erscheinen lassen, die Temperaturbestimmung aus dem Intensitätsverhältnis der Spektrallinien von Fe XIV und Fe XV zu versuchen. Die Spektrallinie des Ions Fe XV von der Wellenlänge 7060 A unterscheidet sich von den übrigen Emissionslinien der Sonnenkorona durch ihr ungewöhnlich hohes Anregungspotential von 31,7 V. Sie entsteht durch einen Übergang zwischen den Zuständen $^3P_2$ und $^3P_1$, die beide zur angeregten Konfiguration des Ions gehören, während alle übrigen Koronalinien durch einen Übergang zwischen Zuständen der Grundkonfiguration entstehen. Die Anregung dieser Linie verläuft demnach ganz anders als bei den anderen Linien. Es ist daher nicht möglich, zur Berechnung des Wirkungsquerschnittes für die Anregung des Zustandes $^3P_2$ durch Elektronenstoß die MENZEL-HEBBsche Formel zu verwenden, welche nur bei Übergängen innerhalb derselben Elektronenkonfiguration gültig ist.

Eine eingehendere Analyse der Anregungsbedingungen dieser Linie zeigte, daß man alle vier niedrigsten Zustände des Ions in Betracht ziehen muß: $3s^2\ ^1S_0$; $3s3p\ ^3P_0$, $^3P_1$, $^3P_2$. Um die Temperatur zu bestimmen, war es notwendig, alle möglichen Wahrscheinlichkeiten von spontanen Übergängen zwischen diesen Zuständen, sowie die Wirkungsquerschnitte für erzwungene Übergänge zu berechnen, die durch Elektronenstoß hervorgerufen wurden. Für die Übergangswahrscheinlichkeit der Linie λ 7060 erhielten wir den Wert $A(^3P_2 \rightarrow {}^3P_1) = 38{,}0\ \mathrm{sec}^{-1}$. Die Wirkungsquerschnitte des Ions Fe XV berechneten wir mit Hilfe der ersten Bornschen Näherung, und für die Anregung der Linie λ 5303 des Fe XIV-Ions verwendeten wir die MENZEL-HEBBsche Formel. Als Ergebnis der vorläufigen Rechnungen fanden wir eine Abhängigkeit zwischen dem Verhältnis der Ergiebigkeiten beider Linien E_{5303} : E_{7060} und der Koronatemperatur. Um diese Abhängigkeit herzuleiten, gingen wir von SCHKLOWSKIS Ionisationstheorie aus. Drei Werte von Elektronendichten wurden in die Rechnungen eingesetzt, und zwar 10^9, 10^8 und 10^7. In der inneren Korona, wo die Anregung durch Photosphärenstrahlung gegenüber der Anregung durch Elektronenstoß vernachlässigt werden kann, wird die Temperaturbestimmung praktisch unabhängig von der Elektronendichte.

Bisher gibt es leider nur wenige Intensitätsmessungen der Linie λ 7060. Sie kommt begreiflicherweise meistens in Koronagebieten über aktiven Zentren vor, weil in heißeren Koronagebieten das Fe XV-Ion häufiger auftritt. So zeigten beispielsweise Spektrogramme von ATHAY und ROBERTS [6], die während der totalen Sonnenfinsternis vom 25. 2. 1952 aufgenommen worden waren, über dem einzigen Gebiet, in dem die Linie α 7060 beobachtet werden konnte, ein Intensitätsverhältnis von $I_{5303} : I_{7060} = 100:8$. Setzen wir in erster Näherung das Intensitätsverhältnis gleich dem Ergiebigkeitsverhältnis, so folgt aus unseren Ergebnissen eine Temperatur von 1400000°.

Trotz der geringen Intensität der Linie λ 7060 gelang es LYOT mit Hilfe des Koronographen und einer entsprechend langen Expositionszeit eine Emission dieser Linie entlang der ganzen Sonnenscheibe zu verzeichnen [7]. Dies bedeutet jedoch, daß das Vorkommen dieser Linie nicht nur an aktive Gebiete gebunden ist. Nach LYOT ist $I_{5303} : I_{7060} = 100:2{,}2$, woraus man auf eine Temperatur von 1000000° schließen kann. (Wird die ALLEN-WOOLLEYsche Ionisationstheorie verwendet, so ergibt sich eine Temperatur von 900000°.) Die von LYOT angegebenen Intensitäten sind Mittelwerte einiger Messungen, weshalb sie als typisch für den normalen Zustand der Korona angesehen werden können. Eine so abgeleitete Temperatur ist in keinem grundsätzlichen Widerspruch mit einer aus den Intensitäten der roten und grünen Linie abgeleiteten Temperatur. Der Unterschied von etwa 150000° kann einerseits der Unsicherheit der Wirkungsquerschnitte, anderseits der Ungenauigkeit der Ionisationstheorie zugeschrieben werden.

Unserem Resultat kann entnommen werden, daß in einem Gebiet, dessen Temperatur kleiner ist als 1000000°, zu gleicher Zeit Emissionslinien aller drei Ionen Fe X, Fe XIV und Fe XV entstehen können, und daß die Intensitäten dieser Linien mit der Beobachtung übereinstimmen können. Eine definitive Lösung dieser Frage wird natürlich erst eine gleichzeitige Beobachtung aller drei Linien in demselben Gebiet der ungestörten Korona liefern. Unser vorläufiges Ergebnis kann trotzdem als Unterstützung der Hypothese angesehen werden, nach welcher in der inneren Korona nur relativ kleine Temperaturschwankungen von Ort zu Ort auftreten. Wenn dagegen die Emission der grünen Linie an Gebiete gebunden wäre, die eine Temperatur von 1200000° aufweisen, dann wäre das Intensitätsverhältnis beider Linien 100:4, was den Beobachtungen widerspricht.

Die Berechnung der Übergangswahrscheinlichkeiten und der Wirkungsquerschnitte von Fe XV, sowie die Methode der Temperaturbestimmung, werden später im „Bulletin of the Astronomical Institutes of Czechoslovakia“ veröffentlicht werden.

Literaturverzeichnis

[1] HEBB, M. H. u. MENZEL, D. H., Astrophysic. J., **92**, 408 (1940).
[2] WOOLLEY, R. u. ALLEN, C. W., Monthly Notices of the R.A.S., **108**, 292 (1948).
[3] ELWERT, G., Z. Naturforsch., **7a**, 432 (1952).
[4] WALDMEIER, M., Z. Astrophysik, **35**, 95 (1954).
[5] Шкловский И. С., Известия крымской астрофиз. обсерватории. (SCHKLOWSKI, I. S., Nachrichten des astrophysikalischen Observatoriums der Krim), Abhandlungen aus der sowjetischen Astronomie, Folge III, 217 (1953).
[6] ATHAY, R. G. u. ROBERTS, W. O., Astrophysic. J., **121**, 231 (1955).
[7] LYOT, B., Monthly Notices of the R.A.S., **99**, 580 (1939).

Elektromagnetische Eigenschaften eines rotierenden Plasmas mit evtl. Anwendung in der Astronomie

E. Woyk (Chvojková), Astron. Inst. Ondřejov, ČSR

1. Mechanische Eigenschaften eines rotierenden Plasmas

Gegenstand der vorliegenden Untersuchung ist ein quasineutrales Plasma, das einen unbedeutenden Überschuß einer bestimmten Ladungsart besitzt und das teilweise in Rotation kommt. Im folgenden werden wir annehmen, daß der rotierende Teil immer vollkommen innerhalb des übrigbleibenden Plasmateiles verbleibt, der sich im Zustand relativer Ruhe befinde.

Der im folgenden für den rotierenden Plasmateil verwendete Begriff Wirbel braucht sich nicht mit dem klassischen Begriff Wirbel zu decken. Unter Wirbel werden wir jenen Plasmateil verstehen, der bis zu einem gewissen Halbmesser R mit einer nahezu konstanten Winkelgeschwindigkeit rotiert, während mit wachsender Entfernung von der Achse die mittlere Plasmageschwindigkeit plötzlich auf Null sinkt. Nichts weiter wird von dem Wirbel vorausgesetzt.

Im gegebenen Fall wird der rotierende Plasmateil, vom mechanischen Gesichtspunkt aus, einem starren Körper äquivalent sein, der in Luft oder im Vakuum um seine Achse rotiert; es werden für ihn demnach auch die Kreiselgesetze gelten. Zum Beispiel:

a) In den Atmosphären rotierender Himmelskörper wird nur ein solcher Wirbel stabil in Lage und Lebensdauer sein, der genau in der Richtung der Rotation des ganzen Körpers rotiert. Sollte die Rotationsachse des Wirbels nicht mit der Richtung und dem Sinn der Rotationsachse des ganzen Körpers übereinstimmen, wird der Wirbel gedämpft, da sich die Präzessionsbewegung erst ihren Weg durch die im Ruhestand befindliche Umgebung bahnen muß, wobei durch die Reibung die Dämpfung entsteht. (Sollten jedoch beide Rotationsachsen übereinstimmen, verbleibt der Wirbel ständig an seiner Stelle, und seine Rotation wird durch keinen Einfluß der Umgebung gedämpft.)

b) Sollte eine Kraft $\mathfrak{f}$ auf den ganzen Wirbel oder wenigstens auf einen Teil des Wirbels einwirken, entsteht eine zur Kraftwirkung senkrechte Verschiebung $\mathfrak{d}$, entsprechend der Beziehung

$$\mathfrak{d} = \text{const.}\,[\mathfrak{w} \cdot \mathfrak{f}] \tag{1}$$

wo $\mathfrak{w} = \mathfrak{k}\,\omega$ den zur Wirbelachse parallelen Zirlukationsvektor darstellt.

2. Elektrische und magnetische Eigenschaften eines Wirbels, der in einem elektrisch schwach geladenen Plasma rotiert

Auch ein unbedeutender Überschuß einer bestimmten Ladungsart innerhalb eines Wirbels kann ein meßbares magnetisches Feld hervorrufen. Das magnetische Feld eines Wirbels vom Halbmesser R und Umfangsgeschwindigkeit v_m, in dem jeder cm^3 einen Überschuß von N Teilchen einer gewissen Polarität aufweist, ist durch die Beziehung

$$H = 2\pi R N e \frac{v_m}{c} \tag{2}$$

gegeben, wo c die Lichtgeschwindigkeit und e die Ladung eines Elektrons bedeutet.

Bei der Rotation des geladenen Plasmas in einem magnetischen Feld muß ein elektrisches Polarisationsfeld entstehen

$$\mathfrak{E}_p = \frac{1}{c} [\mathfrak{v} \cdot \mathfrak{H}] \tag{3}$$

Wenn ein elektrisches Wirbelfeld unter Berücksichtigung der Umgebung von außen untersucht wird, so muß zu den bestehenden elektrischen Feldern E' auch noch $\mathfrak{E}_p$ hinzugefügt werden. Das gesamte Feld innerhalb des Wirbels wird dann die Form

$$\mathfrak{E} = \mathfrak{E}' + \frac{1}{c} [\mathfrak{v} \cdot \mathfrak{H}] \tag{4}$$

haben. (Der Einfluß der Rotation und die hierdurch hervorgerufene Änderung des magnetischen Feldes kann bei kleinen elektrischen Feldern vernachlässigt werden, so daß $\mathfrak{H}' = \mathfrak{H}$.)

Im stationären Zustand wird $\mathfrak{E}_p$ von $\mathfrak{E}'$ neutralisiert werden, so daß in Gleichung (4) $\mathfrak{E} \approx 0$ sein wird.

Der Einfluß eines elektrischen Polarisationsfeldes $\mathfrak{E}_p$ wird sich dadurch äußern, daß sich in jedem Wirbel ein gegen den Wirbelrand gerichteter Strom von überschüssigen Teilchen bildet, während sich die entgegengesetzt geladenen Teilchen in der Nähe der Wirbelachse sammeln werden. (Teilchen, die im Überschuß vorhanden sind, können unter bestimmten Umständen vom Wirbelrand in das umgebende Plasma entweichen, während entgegengesetzt geladene Teilchen den Wirbel nur in der Richtung seiner Achse verlassen können.)

Bei Geschwindigkeitsänderungen oder bei Änderungen des magnetischen Feldes überhaupt, entstehen auch noch HALL-Ströme

$$\mathfrak{i}_H = N e \mathfrak{v}_H \qquad \mathfrak{v}_H = -\frac{c}{H^2} [\mathfrak{H} \cdot \mathfrak{E}] \tag{5}$$

wo

$$\mathfrak{E} = \mathfrak{E}' + \frac{1}{c} [\mathfrak{v} \cdot \mathfrak{H}] = \Delta \frac{1}{c} [\mathfrak{v} \cdot \mathfrak{H}] \tag{6}$$

ist.

Gleichung (5) zeigt, daß weder die Geschwindigkeit noch die Richtung der Teilchen, die vom HALL-Effekt betroffen sind, von der Ladungspolarität oder von der Teilchenmasse abhängen; alle geladenen Teilchen strömen in der gleichen Richtung. Bei vermindertem magnetischem Feld erhöht sich die Tangentialgeschwindigkeit aller geladenen Teilchen, wodurch wieder das magnetische Feld ein wenig verstärkt wird. Ein verstärktes magnetisches Feld hingegen ruft infolge der HALL-Ströme eine Verzögerung der Rotation hervor. Die HALL-Ströme wirken also jeder Änderung eines magnetischen Feldes im Wirbel entgegen.

Zusammenfassend können wir sagen, daß jeder in einem quasineutralen Plasma entstehende Wirbel die Eigenschaft eines Magneten erhält, sobald in dem Wirbel ein wenn auch geringer Überschuß von Teilchen einer bestimmten Polarität vorhanden ist. Innerhalb dieses rotierenden Magnets strömen Teilchen einer überschüssigen Polarität in Richtung des Wirbelrandes, während Teilchen von entgegengesetzter Ladung zum Wirbelzentrum strömen. Sollte sich das magnetische Feld ändern, entstehen solche Tangentialströme, die einer Änderung des magnetischen Feldes entgegenwirken.

Den Gleichungen (5) und (6) kann entnommen werden, daß HALL-Ströme nur unbedeutende Variationen des magnetischen Feldes ausgleichen, die z. B. durch Entweichen von Teilchen aus dem Wirbelrand entstehen. (Ihre Rückkehr könnte durch eine Polaritätsänderung des elektrischen Feldes $\mathfrak{E} \approx 0$ nach Gleichung (4) erzwungen werden. Hierüber später.) Der vorliegende Mechanismus ist nicht in der Lage, das magnetische Feld auf der ursprünglichen Höhe, die zu seiner Erklärung notwendig ist, zu halten, da

$$\operatorname{div} \mathfrak{E}_p = 4\pi N e = \frac{1}{V} \iint \mathfrak{E}_p \cdot d\mathfrak{P} \tag{7}$$

und, wegen (3) und (7),

$$E_p = \frac{4\pi N e \cdot \pi r^2 l}{2\pi r l} = \frac{r\omega}{c} H_0 \tag{8}$$

oder

$$2\pi N e = \frac{\omega}{c} H_0 \tag{9}$$

wo H_0 das ursprüngliche magnetische Feld bedeutet, das das Polarisationsfeld E_p hervorruft.

Das aus der Raumdichte der Ladung Ne entstandene magnetische Feld H nimmt nach (2) und (9) die Form

$$H = \left(\frac{v}{c}\right)^2 H_0 \tag{10}$$

an.

Das durch den beschriebenen Mechanismus hervorgerufene magnetische Feld wäre $\left(\frac{v}{c}\right)^2$-mal kleiner als das Feld, das ihn erhalten muß. Das magnetische Feld ist nicht in der Lage, sich allein aufrechtzuerhalten. Wir haben demnach weitere Begleiterscheinungen zu suchen, die imstande wären, das magnetische Feld auf der ursprünglichen Höhe zu halten.

Um einer Abschätzung der Bedingungen am Wirbelrand auszuweichen, wollen wir zwei Grenzfälle unterscheiden:

A. Ein rotierendes Plasma, dessen elektrisch geladene Teilchen unter dem Einfluß eines elektrischen Feldes frei aus dem Wirbel in das ruhende umgebende Kontinuum übergehen, und umgekehrt. In dem folgenden Text werden solche Wirbel kurz als „nicht isolierte Wirbel" bezeichnet werden.

B. Wir setzen voraus, daß auch Wirbel existieren, deren geladene Teilchen nur in geringfügiger Zahl aus dem Wirbel diffundieren oder den umgekehrten Weg nehmen. Solche werden wir kurz „isolierte Wirbel" nennen.

3. Nicht isolierte Wirbel

Ein elektrisches Polarisationsfeld E_p erzeugt in der Richtung vom Zentrum zum Wirbelrand einen Strom der ladungsmäßig im Überschuß vorhandenen Teilchen und zieht gleichzeitig aus dem äußeren Plasma die entgegengesetzte Ladung zum Wirbelrand. Wir wollen voraussetzen, daß die Elektronen den Wirbelrand praktisch so rasch durchdringen, daß wir in der Lage sein werden, eine Diffusion schwererer Teilchen zu vernachlässigen.

In einem bestimmten Augenblick $t = 0$ hat der Wirbel soviel Elektronen verloren (gewonnen), daß das gesamte elektrische Feld E_p und die mittlere Ladungsdichte gleich Null sind. Elektronen, die eben den Wirbelrand überschreiten, werden jedoch infolge ihrer Trägheit in ihrer bisherigen Drift mit der Geschwindigkeit $v_\perp$ fortschreiten. Dadurch entsteht ein neues magnetisches Feld H von umgekehrter Richtung, sowie ein elektrostatisches Polarisationsfeld E_p von entgegengesetzter Polarität.

Die im Augenblick $t = 0$ auf ein den Wirbelrand kreuzendes Elektron wirkende Kraft ist

$$\mu \frac{d^2(\mathfrak{R} - \mathfrak{d}\mathfrak{r})}{dt^2} = e\mathfrak{E}_p = \frac{e}{c}[\mathfrak{v}_t \cdot \mathfrak{H}] \tag{11}$$

wo μ die Elektronenmasse, R den Wirbelhalbmesser, r die Entfernungen von der Achse und v_t die Tangentialgeschwindigkeit am Wirbelrand bedeuten.

Setzen wir $R - dr = x \ll R$, $v_t = R\omega$ und für H den Wert aus der Gleichung (2), dann erhalten wir

$$\frac{d^2x}{dt^2} = \frac{\mathrm{N}e^2}{\mu}\left(\frac{v_t}{c}\right)^2 2\pi R. \tag{12}$$

Aus Gleichung (2) haben wir jedoch nur die mittlere Ladungsdichte Ne des ganzen Wirbels eingesetzt, während uns jetzt, knapp an dem Wirbelrand, nur die Ladungsdichte $N_R e$ interessiert, die wahrscheinlich wesentlich höher sein wird. Es wird darum notwendig sein, N mit Hilfe von N_R aus Gleichung (12) zu bestimmen. In der Zeit $t = \frac{x}{v_\perp}$ wird die den Wirbelrand kreuzende Elektronenmenge $2\pi RN_R e x$ aequivalent der Menge $\pi R^2 Ne$ sein. Daraus folgt

$$N = 2N_R x/R. \tag{13}$$

Wenn wir (13) in (12) einsetzen, erhalten wir die Gleichung

$$\frac{d^2x}{dt^2} = 4\pi \frac{N_R e^2}{\mu}\left(\frac{v_t}{c}\right)^2 \cdot x \tag{14}$$

aus der die Frequenz ν bestimmt werden kann, mit der die Elektronen um den Wirbelrand oszillieren:

$$\nu = \frac{2ev_t}{c}\sqrt{\frac{\pi N_R}{\mu}} = 10^{-6,5} v_t \cdot N_R^{1/2} \tag{15}$$

Solange wir nun einen sehr dünnen Bereich am Wirbelrand betrachten, gelangen wir zur Beziehung (15), nach welcher die Schwingungsfrequenz der Elektronen zwischen dem Wirbelrand und dem Plasma nur von der Randgeschwindigkeit und der Elektronenmenge am Wirbelrand abhängig ist. Im gleichen Rhythmus werden sich auch das magnetische Feld und E_p ändern. Im allgemeinen Fall wird das Resultat noch durch die Dicke des Bereiches beeinflußt werden, den wir als Wirbelrand bezeichnen, und durch das Verhältnis der freien Elektronenbahn zu dieser Dicke. Bei Zentimeterwellen wird außerdem noch eine weitere Schwierigkeit erscheinen. Die Schwingungsweite der Elektronen liegt (bei $v \approx c$) höchstens in der Größenordnung von Millimetern, so daß der vorliegende Mechanismus auch bei den allerdünnsten Wirbeln mit sehr dünnen Randbereichen keine Geltung haben wird.

Im allgemeinen können wir jedoch voraussetzen, daß nicht isolierte Wirbel, die in einem elektrisch geladenen Plasma entstehen, auch als Quellen von Radiowellen (im Dezimeterbereich) betrachtet werden können.

4. Isolierte Wirbel

Auch bei Wirbeln, deren Rand von elektrisch geladenen Teilchen schwer durchdrungen werden kann, entstehen Teilchenströme, und zwar einerseits Ströme der überschüssigen Polarität von innen nach dem Wirbelrand, anderseits Ströme entgegengesetzter Polarität von außen.

Am Rand eines isolierten Wirbels werden sich an beiden Seiten Ladungen entgegengesetzter Polarität sammeln. Wir wollen die Verteilung ihrer Anzahl N als Funktion der Entfernung y vom Wirbelrand bestimmen, wenn auf sie eine elektrostatische Kraft E einwirkt.

Gegen den Druck des elektrostatischen Feldes

$$dp = E \cdot Nedy \tag{16}$$

wirkt der Gasdruck der Temperatur T

$$dp = -\frac{(RTdN + NRdT)}{10^{24}}. \tag{17}$$

Im Falle eines Gleichgewichtes beider Drucke wird bei T $\approx$ const

$$N = N_{y=0} e^{-\frac{y}{H'}} \qquad H' = \frac{RT}{10^{24} eE} \tag{18}$$

eine Gleichung, die die Verteilung der geladenen Teilchen auf beiden Seiten des Wirbelrandes darstellt.

Wenn wir uns den Wirbelrand als vollkommen isolierend vorstellen, so wird die exponentielle Abnahme der Ladung in der Richtung vom Wirbelrand nach beiden Seiten sehr steil sein, da sogar für kleine E der Wert H' genügend klein ist.

Aus der Tatsache, daß sich auf der Innenseite des Wirbelrandes eine größere Anzahl von Ladungen sammelt, die im Überschuß sind und dort gebunden werden, während die entgegengesetzt geladenen Teilchen aus dem Wirbel längs der Achse entweichen, folgt eine Vergrößerung der mittleren Ladungsdichte im Wirbel und demgemäß auch des magnetischen Feldes.

(Für eine genügend große Umgebung des Wirbels, bis herab zum Halbmesser $R + dR$ gilt nämlich die Gleichung (7) ohne Veränderung

$$\operatorname{div} \mathfrak{E}_p = 2\pi Ne.$$

Für den Wirbel selbst, d. h. bis zum Halbmesser R, gilt jedoch

$$\operatorname{div}(\mathfrak{E}_p + \mathfrak{E}_R) = 2\pi N^* e$$

wo E_R das durch gegenseitige Anziehung der Ladungen zum Wirbelrand hervorgerufene elektrostatische Feld bedeutet. N^* kann bedeutend größer sein als das N der Gleichung (7).

Wir müssen unsere Aufmerksamkeit auch der in geringerer Zahl vorhandenen Ladung zuwenden, die längs der Wirbelachse gegen deren Endpunkte strömt. Wenn der Wirbel genügend lang ist und besonders wenn der Durchmesser desselben gegen die Endpunkte der Achse abnimmt, entsteht dort ein Überschuß der einströmenden Ladung. Bei besonders langen Wirbeln können Bereiche von entgegengesetzter elektrischer und magnetischer Polarität miteinander wechseln, wobei zwischen den einzelnen aktiven Bereichen auch solche bestehen werden, die elektrisch neutral sind.

5. Diskussion der Anwendungsmöglichkeit in der Astronomie

Wenn wir in der Lage wären vorauszusetzen, daß Kernreaktionen innerhalb der Sonne Wirbel unterhalb der Photosphäre hervorrufen, die eine so große Geschwindigkeit (evtl. Überschallgeschwindigkeiten) aufweisen, daß sie sich nicht nur vollkommen losreißen, sondern daß wir sie sogar als isolierte Wirbel betrachten können, dann könnte der beschriebene Mechanismus folgende Eigenschaften der Sonnenflecke erklären:

a) Verschiebung der Sonnenfleckenzonen gegen den Äquator und Wechsel von ungeraden und geraden Zyklen. b) Zweiteilung von Fleckengruppen und Verschiebung beider Teile längs der Parallelkreise. c) Magnetische Polarität beider Teile der Fleckengruppe und Wechsel der Polarität mit der Sonnenhalbkugel und dem Zyklus. d) Verschiedener Charakter gerader und ungerader Zyklen. e) Verschiedene Form und verschiedene Lebensdauer beider Teile einer Fleckengruppe. f) Größere Winkelgeschwindigkeit am Sonnenäquator. g) Flächenveränderung der Sonnenflecke während eines Zyklus. h) Vorkommen von Radiostrahlungsquellen in der Nähe der Sonnenflecke.

Mechanismus der Sonnentätigkeit: Alle Wirbel von langer Lebensdauer werden ausnahmslos in derselben Richtung wie die Sonne rotieren müssen. Deshalb werden knapp unter der Photosphäre nur Wirbel, die ungefähr zwischen den Parallelkreisen $+30^\circ$ und -30° liegen, als stabil betrachtet werden können. Unter der Annahme, daß alle Wirbel während ungerader Zyklen einen schwachen Überschuß positiver Ladung besitzen, wird während dieser Perioden der magnetische Nordpol immer gegen Norden weisen. (Alle diese Magneten wird man durch einen magnetischen Dipol im Sonnenmittelpunkt ersetzen können, dessen Achse mit der Sonnenachse zusammenfällt.) Die aktiven Zonen beider Halbkugeln werden sich gegenseitig zum Äquator hin anziehen (übereinstimmende Ströme); da dieser Anziehungseffekt schon Milliarden von Jahren wirkt, kann dadurch eine eventuelle Zirkulation der Masse zwischen 0° und 45° erklärt werden. In Zonen von größerem Überschuß positiver Ladung entsteht eine stärkere gegenseitige Abstoßung der einzelnen Wirbel, so daß unter solchen Umständen irgendein Wirbel leicht bis zur Photosphäre gelangen kann, wo er in zwei Teile zerfällt. Die magnetische Polarität und Verschiebung beider Enden des zerrissenen Wirbels entlang des Parallelkreises kann mittels der Kreiselgesetze (s. Abb. 1) leicht erklärt werden.

Hinter einer den ungeraden Zyklus charakterisierenden positiven Zone wird ein neutraler Bereich folgen, in dem keine Sonnenflecke vorkommen. Sobald jedoch beide positiven Zonen am Äquator zusammentreffen (Wirbel, die durch die Zirkulation unter die Photosphäre gerissen werden, zergehen, da sie nicht mehr parallel zur Rotationsachse sind), vermindert sich das magnetische Feld des Wirbels und des Dipols, während an den dem Sonnenpol zugewendeten Enden der Wirbel der Überschuß der entgegengesetzten Ladung erscheint. Es entsteht ein neuer, gerader Zyklus mit entgegengesetzter elektrischer und magnetischer Polarität (in Abb. 1 durch Klammern angedeutet).

Der führende Sonnenfleck jeder Gruppe hat eine stabilere Form und Lebensdauer, weil er sich in der Richtung der Rotation verschiebt. Beide auseinanderstrebenden Teile einer zweigeteilten Gruppe kehren mit der Zeit wieder zurück wie die zwei freien Enden eines elastischen Schlauches.

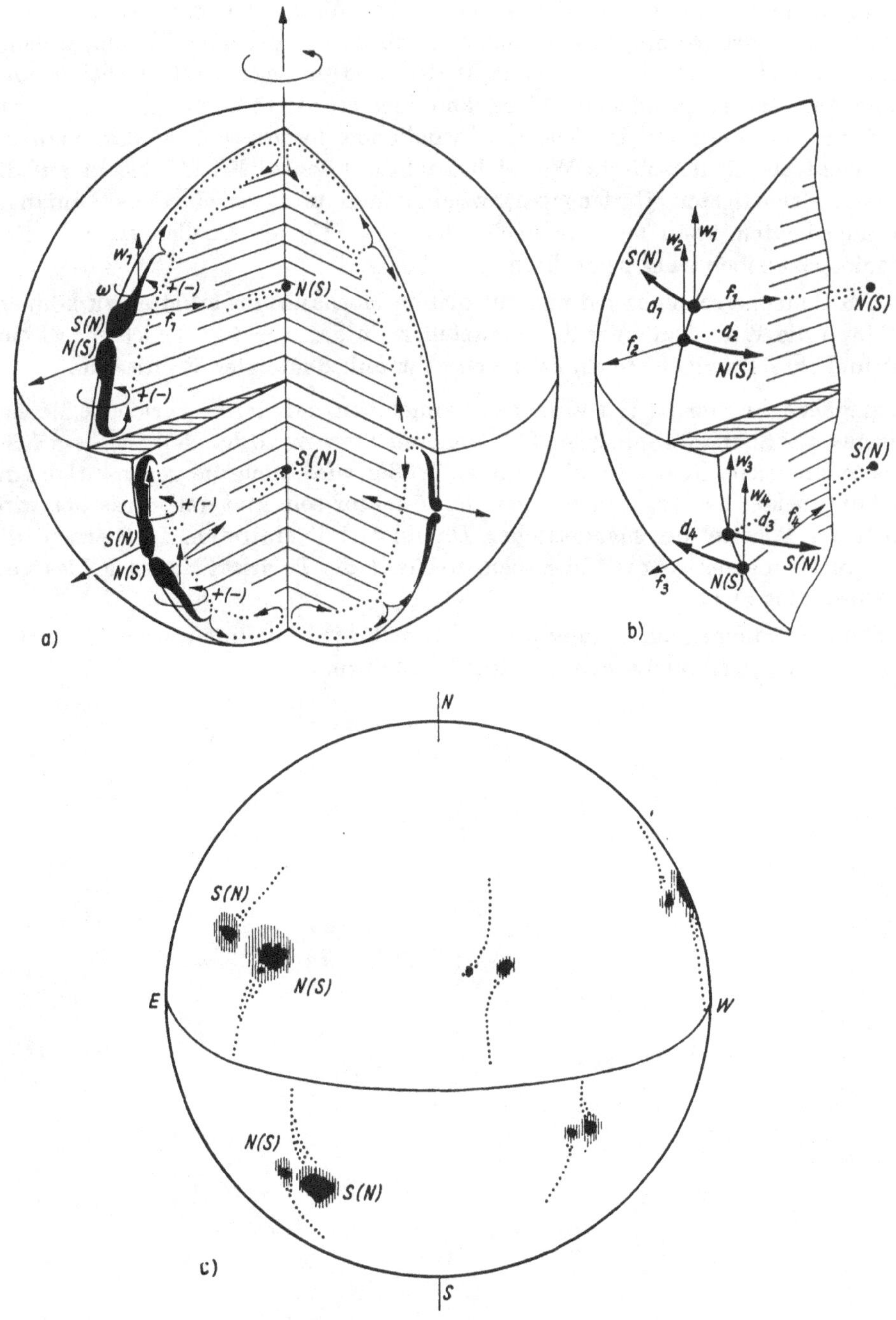

Abb. 1 a) Kraftwirkungen auf die Enden eines zerrissenen Wirbels; b) Verschiebung dieser Enden entsprechend Gleichung (1); c) Resultat.

Radioquellen in der Nähe der Sonnenflecke: Wird ein Wirbel zerrissen, entsteht eine Verschiebung beider Enden durch das umgebende Plasma, welches dieser Verschiebung einen gewissen Widerstand entgegensetzt. Dabei werden nahe am stärker geladenen Wirbelrand kleinere Wirbel mit einer größeren Ladung und kleinerer Umfangsgeschwindigkeit losgerissen, so daß man sie vielleicht als nicht isolierte Wirbel betrachten könnte. Mit Rücksicht auf die verschiedenartigsten Umfangsgeschwindigkeiten und verschiedene Umfangsladungsdichten kann man sie nach Gleichung (15) als Quellen eines breiten Radiospektralbereiches betrachten.

Um Sonnenerscheinungen nur mit diesem Mechanismus erklären zu können, müßten die Wirbel in einer Tiefe entstehen, in der $n = 10^{18}$ Teilchen pro cm^3 ist und ihre Randgebiete müßten von sehr unbedeutender Breite sein.

Magnetische Sterne: Wir wollen nun annehmen, daß der beschriebene Mechanismus der Sonnentätigkeit auch in anderen Sternen vorhanden ist. Je größer das magnetische Feld sein wird, um so größer wird auch die gegenseitige Anziehung beider aktiver Zonen gegen den Äquator sein und um so rascher wird auch der Wechsel der magnetischen Dipolpolarität eintreten. In Sternen, die ein großes magnetisches Feld haben, wechselt die Polarität dieses Feldes verhältnismäßig rasch.

Eine gründliche Behandlung dieses Themas wird im Bulletin der Tschechoslowakischen astronomischen Institute erscheinen.

Aufspaltung der ionosphärischen Schichten während der Photoionisation

von E. Woyk (Chvojková), Astron. Inst. Ondřejov, ČSR

Nehmen wir an, daß die ionisationsfähige UV-Strahlung auf die höchsten ionosphärischen Schichten in ziemlich breitem Band fällt. Nur ein bestimmter Teil der Energie der Photonen wird jedoch auf die Ionisation verwandt, während der Rest der Energie sich in kinetische Energie der beiden eben getrennten Partikel verwandelt. Dadurch wird im Maximum der Ionisation eine größere Temperatur auftreten, durch die ihrerseits wieder eine Ausdehnung des Gases verursacht wird. Auch die Ionenkonzentration wird dadurch im Maximum der Ionisation geringer sein, als wenn eine konstante Temperatur in der ganzen Schicht vorhanden wäre. Wegen der Quasineutralität des Plasmas muß jedoch in jeder Raumeinheit dieselbe Zahl Elektronen und Ionen vorhanden sein. (Paare von positiven und negativen Ionen seien vernachlässigt.)

Für den einfachsten Fall eines vollkommenen Gleichgewichtes zeigt es sich, daß sich die Schicht in zwei Teile trennen kann, wenn die Dichte des Gases N_g nicht höher ist als 10^9 Teilchen pro cm^3 und die Temperatur im Maximum fast zweimal so hoch ist, als vor Beginn der Ionisation.

Das eben beschriebene Resultat [1] wurde jedoch für einen ziemlich vereinfachten Zustand erhalten. In Wirklichkeit kann die Aufspaltung auch bei niedrigerer Temperatur und höherer Gasdichte erscheinen. Der Rekombinationskoeffizient wird nämlich von einer bestimmten Höhe an aufwärts so niedrig sein, daß sich während der Nacht noch ein bedeutender Wert der Elektronendichte aufrechterhält. Die Erhöhung der Temperatur, die am nächsten Morgen durch die neue Ionisation verursacht wird, kann die Aufspaltung der Schicht bedeutend früher erzeugen, als wenn das Plasma noch elektronenfrei gewesen wäre.

Das Resultat der Raketenaufstiege wird auf folgende Weise erklärt: Eine sehr breite Schicht (von 80 km bis zu 800 km), die sich über die ganze Nacht bis zum nächsten Morgen erhalten kann, wird am nächsten Tag in verschiedenen Höhen wieder neu ionisiert und erwärmt. Diese neue Erhöhung der Elektronenproduktion sowie der Temperatur führt in den größeren Höhen (ab N_g 10^{10} Partikel pro cm^3) nicht nur zur Erhöhung der Elektronendichte, sondern auch zur Aufspaltung der neuentstandenen F-Schicht. In der Gegend E dagegen kann höchstens eine Erhöhung der Elektronendichte auftreten, jedoch keine Aufspaltung.

Literaturverzeichnis

1] Chvojková, E., Bull. Astr. Czechosl., 4, 101 (1953),; 7, 33 (1956); 8, 77 (1957).

Probleme der Spektroskopie der 21,1 cm Linie des interstellaren Wasserstoffs

von P. MEZGER, Bonn

Am 17. September dieses Jahres wurde der Universitätssternwarte Bonn ein Radioteleskop übergeben, das mit einem Spiegeldurchmesser von 25 m das zur Zeit größte Radioteleskop in Deutschland ist. Die Bonner Anlage, die auf dem Stockert, einer kleinen Erhebung etwa 40 km westlich von Bonn, errichtet wurde, dient in erster Linie der Beobachtung der 21,1 cm Linie des interstellaren Wasserstoffs.

Bei der Entwicklung des Hochfrequenzspektrometers für das Bonner Radioteleskop sind einige Probleme aufgetreten, deren theoretische und technische Lösung uns von allgemeinem Interesse für die Anwendung der Mikrowellenspektroskopie in der Radioastronomie zu sein scheint. Wir sind in allen Phasen der Entwicklung des Bonner Radioteleskops in großzügigster Weise von der holländischen radioastronomischen Gruppe in Leiden, besonders von den Herren MÜLLER und HOOGHOUDT unterstützt worden, sind aber doch in einigen wesentlichen Punkten von dem holländischen Vorbild abgewichen.

Ich werde nun im folgenden über zwei Probleme vortragen:

1. Bei vorgegebenem Temperatur- und Frequenzauflösungsvermögen der Anlage eine optimal kurze Meßzeit zu erzielen.

2. Den Einfluß der Eigenstörungen des Hochfrequenzspektrometers auf das Meßresultat minimal klein zu halten.

1. Die 21,1 cm Linie des interstellaren Wasserstoffs

Diese Linie entsteht beim Übergang des neutralen Wasserstoffatoms zwischen zwei Hyperfeinstrukturübergängen im Grundzustand des Atoms. Nach den Untersuchungen von E. M. PURCELL u. a. wird das Hyperfeinstrukturniveau $f = 1$ vorwiegend durch Elektronenaustausch beim Zusammenstoß zweier H-Atome angeregt. Da die mittlere Zeit zwischen zwei Stößen sehr klein gegenüber der mittleren Lebensdauer des angeregten Hyperfeinstrukturzustands von $\approx$ 11 Millionen Jahren ist, stellt sich die für die 21 cm Linie maßgebende Anregungstemperatur auf den Wert der kinetischen Temperatur der interstellaren H-Atome ein, die etwa bei 100° K liegt. Die natürliche Linienbreite spielt neben der thermischen Dopplerbreite von 6,1 kHz bei 100° K überhaupt keine Rolle.

Im allgemeinen wird die 21,1 cm Linie als Emissionslinie beobachtet. Sie kann aber auch — wenn sich in der Beobachtungsrichtung etwa eine Wolke ionisierten Wasserstoffs mit Strahlungstemperaturen von rd. 10000° befindet — als Absorptionslinie auftreten.

Ein qualitatives Bild der aus einer Richtung in der Milchstraßenebene einfallenden Strahlungsintensität als Funktion der Frequenz zeigt Abb. 1. Einer Hintergrundstrahlung mit nahezu konstanter Strahlungstemperatur überlagert sich das durch Dopplereffekt verbreiterte Profil der 21,1 cm Linie. Diese Linienverschiebung, die sich für aus unserem Milchstraßensystem stammende Linienstrahlung in einem Frequenzband von etwa 1420,405 ± 1 MHz bewegen kann, wird durch die galaktische Rotation verursacht. Es ist nun gerade dieser Dopplereffekt, der die Beobachtung der 21,1 cm Linie für die Astrophysik so interessant macht, da aus der Linienverschiebung die Entfernung der emittierenden Wasserstoffwolke berechnet werden kann. Eine Durchmusterung der Milchstraße liefert daher Aufschlüsse über die Dichteverteilung des interstellaren Wasserstoffs.

2. Meßprinzip

Als sinnvolle kleinste HF-Bandbreite des HF-Spektrometers erschien uns 5 kHz. Man kann also zwei Linien, die gegeneinander um ihre thermische Halbwertsbreite verschoben sind, gerade noch auflösen. Verlangt man von der Frequenzgenauigkeit der Anlage, daß sie ungefähr 0,1 × kleinster HF-Bandbreite ist, dann ergibt sich die außerordentlich hohe Forderung von $\Delta\nu/\nu_0 = 3{,}5 \cdot 10^{-7}$ an die Frequenzkonstanz.

Die kleinste Strahlungstemperatur, die bei der kleinsten Bandbreite eben noch gemessen werden kann, soll ungefähr 2° K betragen.

Nun erzeugt die Eingangsstufe jedes HF-Empfängers ein unvermeidliches Eigenrauschen, das bezüglich der statistischen Amplituden- und Phasenverteilung von der zu messenden Linienstrahlung nicht zu unterscheiden ist. Die Intensität dieses Eigenrauschens beträgt bei unserem Spektrometer etwa 2000° K. Die kleinste zu messende Strahlungsintensität beträgt also nur 1‰ der in der Apparatur erzeugten Störgröße. Das von uns verwendete Meßprinzip ist ein speziell für die Messung der 21,1 cm Linie adaptiertes Differenzmeßverfahren, das zuerst von Dicke beschrieben wurde. Vom Empfängerausgang her gesehen überlagert sich die von der Antenne aufgenommene Strahlung (Abb. 1) dem viel größeren Eigenrauschen des Empfängers. Wird nun der Empfangskanal des Spektrometers periodisch einmal auf eine Frequenz außerhalb des 21,1 cm Bandes (Nullkanal) und auf eine Frequenz im Meßband (Meßkanal) umgetastet, dann erhält das gesamte vom Verstärker verstärkte Rauschen eine Modulation. Siebt man nach der Verstärkung und Gleichrichtung die Grundwelle dieser Modulationsfrequenz aus, dann ist deren Amplitude gerade der Differenz der Strahlungstemperatur in Meß- bzw. Nullkanal proportional. Bei diesem Verfahren wird also die Überschußtemperatur der Linie über die Strahlungstemperatur der Hintergrundstrahlung gemessen. Indem man nun die Empfangsfrequenz des Meßkanals langsam durchstimmt, wird das ganze Linienprofil analysiert.

Das verstärkte und gleichgerichtete Rauschen (Antennen + Eigenrauschen) wird in einem integrierenden Netzwerk (Tiefpaß) zeitlich gemittelt. Ist die Zeitkonstante des Tiefpasses τ, dann ergibt sich die kleinste mit dem Empfänger gerade noch zu messende Temperatur ΔT zu

$$\Delta T = \frac{\pi (F - 1) T_0}{2} \frac{1}{\sqrt{\Delta \nu \cdot \tau}} \tag{1}$$

wo F = Rauschzahl des Empfängers

$(F-1) T_0 = (F-1) 290° \mathrm{K}$ = das im Empfänger erzeugte Störrauschen

$\Delta \nu$ = HF-Bandbreite des Empfängers

τ = Zeitkonstante des integrierenden Tiefpasses

ist.

Um die gewünschte Temperaturauflösung des HF-Spektrometers zu erreichen, muß man also mit Netzwerken (Tiefpässen) sehr großer Zeitkonstanten

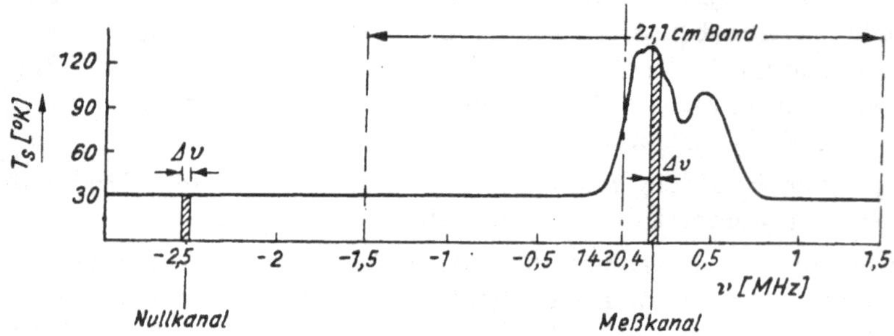

Abb. 1. Qualitatives Bild eines Linienprofils der 21,2 cm-Strahlung mit kontinuierlicher Hintergrundstrahlung.

(2 bis 3 Minuten) integrieren. Nun ist aber der so integrierte Spannungswert am Ausgang des Tiefpasses abhängig von allen Eingangswerten, die zu einem früheren Zeitpunkt auf den Eingang des Tiefpasses gegeben wurden; anschaulicher ausgedrückt: wenn die Durchstimmgeschwindigkeit des Oszillators v Hz/sec beträgt, dann stammen die zu irgendeinem Zeitpunkt am Ausgang des Tiefpasses der Zeitkonstanten τ gemessene Werte aus einem Frequenzintervall von ungefähr der Breite $5\,\tau \cdot v$ Hz. Die Zuordnung von gemessener Strahlungsintensität zur Frequenz des Linienprofils wird bei zu großer Durchstimmgeschwindigkeit ungenau, eine eventuelle Feinstruktur des Linienprofils wird verwischt.

3. Das Problem der kleinsten Meßzeit bei vorgegebenen Temperatur- und Frequenzauflösungsvermögen eines HF-Spektrometers

Aus den Gl. (1) folgt, daß – innerhalb der durch die Verstärkungs- und Frequenzkonstanz des Überlagerungsempfängers bedingten Grenzen — ein Linienprofil beliebig genau analysiert werden kann. Nun sind bei einer Halbwertsbreite der Bonner 25-Meter-Antenne von 30 Bogenminuten an dem uns zugänglichen Teil der Sphäre Profilmessungen an etwa 50000 verschiedenen Punkten möglich. Rechnet man mit einer Meßzeit von 2 Stunden pro Profil, dann würde eine Durchmusterung der ganzen Sphäre bei ununterbrochenem Betrieb der Anlage ungefähr 11 Jahre dauern. Diese Tatsache möge das Interesse verständlich machen, das wir dem Problem der kürzesten Meßzeit widmen.

Bei den uns bekannten HF-Spektrometern zur Beobachtung der 21,1 cm Linie des interstellaren Wasserstoffs wird die Frequenz des Empfangskanals (Abb. 1) kontinuierlich durchstimmt. Die zur Erzielung eines hohen Temperaturauflösungsvermögens des Spektrometers notwendige lange Integrationszeit (Gl. 1)

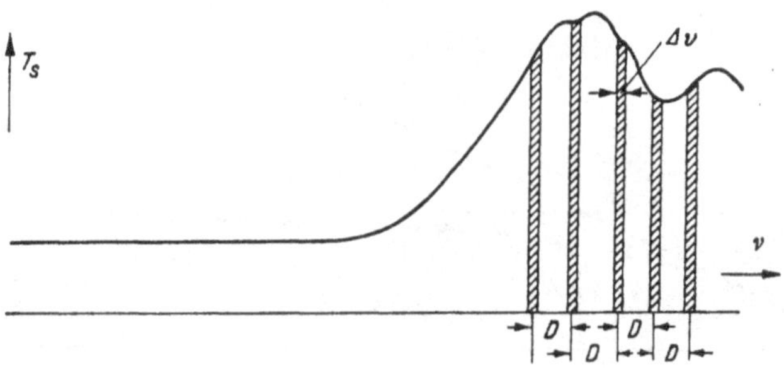

Abb. 2
Abtastung eines Linienprofils in diskreten Frequenzbändern.

kann — wie am Ende des Abschnittes II gezeigt wurde — zu einer Verwischung der Feinstruktur des Linienprofils führen. Um diesen Effekt zu vermeiden, muß man für die Durchstimmgeschwindigkeit vK im Falle der kontinuierlichen Durchstimmung fordern $v_K = \Delta\nu/5\tau$ wo τ die Zeitkonstante des verwendeten Tiefpasses ist.

Mit dem Bonner HF-Spektrometer wird dagegen das Linienprofil nicht kontinuierlich abgetastet, sondern es wird die Strahlungsintensität des Linienprofils in diskreten Frequenzbändern gemessen, die voneinander um den Abstand D Hz entfernt sind (Abb. 2).

Ein quantitativer Vergleich der beiden Meßverfahren — kontinuierliche bzw. diskrete Abtastung des Frequenzprofils — ist durch das sog. Abtasttheorem möglich, das aussagt: Eine Zeitfunktion mit einem Spektrum der der Breite B Hz ist vollkommen bestimmt durch ihre Werte in N äquidistanten Zeitpunkten, wenn $N = 2B$ ist. Adaptiert man dieses Abtasttheorem für das vorliegende Problem, so findet man, daß ein Linienprofil, das mit einer Durchstimmgeschwindigkeit von v_k Hz/sec analysiert wird und dessen NF-seitige Integration mit einem Tiefpaß der Bandbreite B Hz erfolgt, vollkommen bestimmt ist durch seine genauen Werte in diskreten Frequenzbändern im Abstand D, wenn

$$D = v_k 2B \qquad (\Delta\nu \ll D) \tag{2}$$

ist. Bei Verwendung eines einfachen RC-Tiefpasses wird $B = (2\pi RC)^{-1}$ und $D = V_k \pi RC$. Mit $v_k = 0{,}75$ MHz/Stunde, $RC = 120$ sec erhält man beispielsweise $D = 78{,}5$ kHz.

Ein Meßvorgang mit dem Bonner HF-Spektrometer läuft zeitlich folgendermaßen ab: Nach Beendigung der vorhergehenden Messung wird der Empfängerausgang kurzgeschlossen. Ein Programmsteuerwerk stellt am Überlagerungsoszillator die neue Frequenz ein. Nach 4 sec wird der Verstärkerausgang automatisch freigegeben. Das verstärkte und demodulierte Rauschen wird auf den Eingang eines integrierenden Netzwerks gegeben, an dessen Ausgang ein Linienschreiber die gemittelte Rauschspannung registriert. Ist das integrierende Netz-

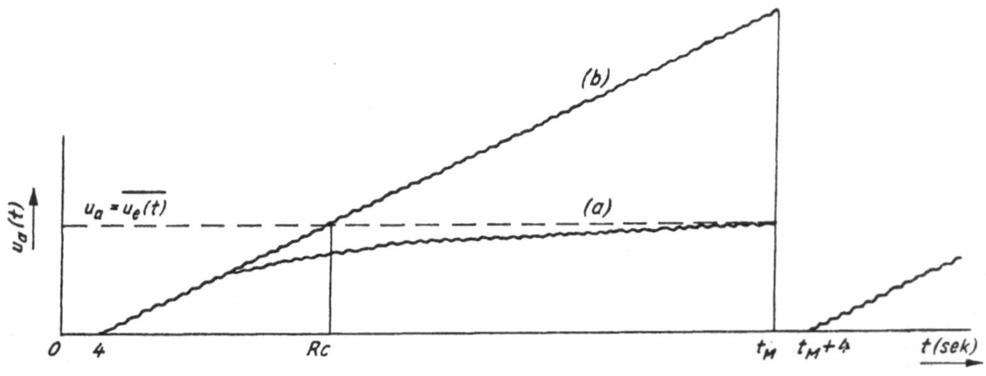

Abb. 3. Anzeige der gleichgerichteten Rauschspannung mit RC-Tiefpaß (Kurve a) bzw. elektronischem Integrator (Kurve b).

werk ein RC-Tiefpaß, so erhält man, wenn u_e der Mittelwert der gleichgerichteten Rauschspannung ist, am Ausgang des Tiefpasses die Ausgangsspannung

$$u_a(t) = \overline{u}_e \cdot \left[1 - \exp\left(\frac{t}{RC}\right)\right]$$

(Abb. 3 Kurve a), die sich asymptotisch dem Mittelwert der demodulierten Rauschspannung nähert. Damit nun die Gl. (1) für das Temperaturauflösungsvermögen des HF-Spektrometers angewendet werden darf, muß der Tiefpaß eingeschwungen sein, das heißt, man muß etwa $5RC = 5\,\tau$ sec warten. (Diese Festlegung ist etwas willkürlich.) Verwendet man dagegen zur Mittelung der gleichgerichteten Rauschspannung einen elektronischen Integrator, so ist dessen Ausgangsspannung eine Gerade, definiert durch die Gleichung

$$u_a(t) = \frac{1}{RC}\int_0^t u_e(t)\,dt = \frac{\overline{u}_e}{RC}\,t\,.$$

Hierin ist RC die passive Zeitkonstante des Integrators.

Vergleicht man die Kurven Abb. 3a und b miteinander, dann wird man intuitiv zu der Ansicht kommen, daß die Meßgenauigkeit bei Verwendung eines Integrators bei gleicher Meßzeit größer sein wird. Die Rechnung ergibt für das Temperaturauflösungsvermögen eines HF-Spektrometers bei Verwendung eines Integrators eine zu Gl. (1) analoge Formel

$$\Delta T_{Int} = \frac{\pi(F-1)T_0}{\sqrt{2}} \frac{1}{\sqrt{\Delta\nu \cdot t_M}} \tag{3}$$

Hierin bedeutet t_M die Integrationszeit. Setzt man im Anschluß an unsere obige Überlegung $t_M = 5\tau$, dann ergibt der Vergleich mit Gl. (1) $\Delta T_{RC} = (5/2)^{1/2}$ ΔT_{Int}, d. h. bei gleicher Meßzeit ist das Temperaturauflösungsvermögen eines Spektrometers bei Verwendung eines RC-Tiefpasses um den Faktor $(2{,}5)^{1/2} = 1{,}58$ schlechter als das eines Spektrometers mit Integrator.

Definiert man nun die Analysiergeschwindigkeit eines Spektrometers, das mit kontinuierlicher Abtastung arbeitet und das Profil in äquidistanten Frequenzbändern im Abstand D Hz abtastet mit D/t_M Hz/sec, wo t_M wieder die Meßzeit für einen einzigen Frequenzpunkt bedeutet, dann folgt aus Gl. (2)

$$v_D = \frac{D}{t_M} = \frac{1}{t_M \cdot 2B} v_K \tag{4}$$

eine Beziehung zwischen Analysiergeschwindigkeit v_K im Falle kontinuierlicher Abtastung und v_D im Falle diskreter Abtastung.

4. Das Eigenrauschen des HF-Spektrometers

Wie alle radioastronomischen Empfänger ist auch das HF-Spektrometer des Bonner Radioteleskops ein Überlagerungsempfänger. Die Signalfrequenz f_e (d. i. in unserem Fall die Frequenz der Wasserstofflinie) von etwa 1420 MHz wird mit der Oszillatorfrequenz von 1472 MHz gemischt und ergibt die Zwischenfrequenz (ZF) von 52 MHz, die nun mit normalen Pentoden verstärkt werden kann. Die Empfangsfrequenz eines Überlagerungsempfängers ist jedoch nicht eindeutig, da eine in die Antenne einfallende Signalfrequenz von 1524 MHz gemischt mit der Oszillatorfrequenz ebenfalls eine Zwischenfrequenz von 52 MHz ergibt. Diese bezüglich der Empfangsfrequenz zur Oszillatorfrequenz spiegelbildlich liegende Frequenz wird als Spiegelfrequenz bezeichnet.

Das Eigenrauschen eines Überlagerungsempfängers entsteht in der Mischstufe und den ersten ZF-Stufen. Die Intensität dieses Eigenrauschens wird durch die Äquivalenttemperatur FT_0 ($T_0 = 290°$ Kelvin) charakterisiert, die ein auf den Empfängereingang angepaßter Ohmscher Widerstand haben müßte, um am Empfängerausgang ein ebenso großes Rauschen zu erzeugen. Die Beeinflussung der Temperaturempfindlichkeit des Empfängers durch das Eigenrauschen geht aus den Gleichungen 1 und 3 hervor. Damit die geforderte Temperaturempfindlichkeit der Anlage von 2°K bei einem Eigenrauschen von 2000°K erreicht wird, muß das Eigenrauschen als Funktion der Frequenz über den ganzen Analysierbereich des Spektrometers — also 1420,4 ± 3 MHz — auf 1 ‰ konstant sein. Eine Differenz des Eigenrauschens zwischen Null- und Meßkanal (Abb. 1) geht in voller Größe als Fehler in das Meßresultat ein.

Diese Forderung eines konstanten Eigenrauschens über ein Frequenzband der rund 1200fachen HF-Bandbreite des Empfängers stellt an die HF-Technik außerordentliche Anforderungen. Setzen wir voraus, daß durch die bekannten Maßnahmen wie Fehlanpassen der ZF-Mischstufe auf den ZF-Eingang und Schaltung der ZF-Eingangskreise als Cascode-Kreise ein minimales Eigenrauschen des Empfängers erreicht wurde. Dann sind nach unseren Erfahrungen 3 Ursachen für eine Variation des Empfängereigenrauschens mit der Frequenz verantwortlich.

1. Das Oszillatorrauschen.
2. Frequenzabhängige Fehlanpassung der Antenne + Zuleitung auf die Mischstufe.
3. Fehlanpassung der Spiegelwelle.

Die Beseitigung der in Punkt 1 und 2 angeführten Fehlerquellen sind technische Probleme, die allerdings großen Aufwand und hohe technische Geschicklichkeit erfordern. Dagegen stellt Punkt 3 ein grundsätzliches Problem der Mikrowellenspektroskopie dar, wenn das verwendete HF-Spektrometer nach dem Überlagerungsprinzip arbeitet.

Um eine Eindeutigkeit der Empfangsfrequenz zu gewährleisten, wird man zwischen Antenne und Mischkreis des Überlagererempfängers ein Filter vorsehen, das nur die Empfangsfrequenz durchläßt, dagegen die in die Antenne einfallende Spiegelfrequenz reflektiert. Nun mischt sich aber die durch Überlagerung von Oszillatorfrequenz f_{Osz} und Empfangsfrequenz f_E an dem Mischkristall erzeugte Zwischenfrequenz $f_{ZF} = f_{Osz} - f_E$ ihrerseits wieder mit der Oszillatorfrequenz. Dieser Vorgang wird oft als Rückmischung bezeichnet. Dabei entstehen Wellen der Frequenzen

$$f_{Csz} \begin{cases} +f_{ZF} = f_{Sp} & \text{(Spiegelfrequenz)} \\ -f_{ZF} = f_E & \text{(Empfangsfrequenz).} \end{cases}$$

Empfangs- und Spiegelwelle laufen aus dem Mischkreis wieder in Richtung auf die Antenne. Während aber die Empfangswelle das Antennenfilter ungestört passieren kann, wird die Spiegelwelle an dem Antennenfilter wieder in den Mischkreis reflektiert. Der Einfluß der reflektierten Spiegelwelle auf das Eigenrauschen des Mischkreises hängt sehr stark von der Phasenlage der reflektierten gegenüber der hinlaufenden Spiegelwelle ab. Dieser Effekt ist schon lange bekannt und wird bei Radarempfängern dazu benutzt, durch geeignete Leitungslänge zwischen Mischkreis und Filter ein minimales Eigenrauschen zu erzielen. Aber erst die außerordentliche Konstanzforderung von 1‰ an das Eigenrauschen des Mikrowellenspektrometers innerhalb des Analysierbereichs warf die Frage nach der Frequenzabhängigkeit dieses Spiegelwelleneffektes auf.

Eine ausführliche Diskussion der theoretischen und experimentellen Untersuchungen über den Einfluß des Spiegelwellenabschlusses auf das Rauschen der Mischstufe ist im Rahmen dieses Vortrages nicht möglich. Eine diesbezügliche Arbeit wird aber demnächst erscheinen. Fassen wir die Ergebnisse daher kurz zusammen:

Ein Blindabschluß der Spiegelwelle führt in einem Analysierbereich von 1420,4 $\pm$ 3 MHz bereits zu einer Änderung des Eigenrauschens von 10% (200° K). Um diesen Effekt auszuschalten, muß für einen ohmschen Abschluß der Spiegelwelle gesorgt werden. Dieser Abschluß kann auf zwei verschiedene Arten realisiert werden:

1. Weglassen des Antennenfilters, Anpassung der Antenne auf Empfangs- und Spiegelfrequenz (holländisches HF-Spektrometer). Nachteil dieser Methode ist, daß in die Antenne einfallende Strahlung der Spiegelfrequenz mitempfangen und verstärkt wird.
2. Ein Brückenfilter (Bonner HF-Spektrometer). Dieses Brückenfilter, das in der oben erwähnten Arbeit eingehend beschrieben wird, wirkt im Prinzip so, daß von der Antenne her gesehen lediglich die Empfangsfrequenz angepaßt ist und folglich in den Mischkreis gelangen kann, während alle anderen Frequenzen einschließlich der Spiegelwelle reflektiert werden. Vom Mischkreis her gesehen ist dagegen die Empfangsfrequenz (durch die Antenne) sowohl als auch die Spiegelfrequenz (durch Absorber) ohmisch abgeschlossen. Die Verzweigung der Wege (Entkopplung) der Spiegel- bzw. Empfangsfrequenz wird durch Interferenz der Spiegelwelle erreicht, die an den auf die Empfangsfrequenz abgestimmten Kreisen in den Brückenzweigen reflektiert wird.

Rekombination im sehr verdünnten Plasma der Ionosphäre

von J. TAUBENHEIM, Berlin-Adlershof

1. Die Ionosphäre, in der die Gasdichte mehr als 7 Zehnerpotenzen kleiner als bei Normalbedingungen am Erdboden ist (von $6 \cdot 10^{12}$ cm^{-3} abwärts) und der Bruchteil der ionisierten Teilchen etwa 10^{-6} bis 10^{-8} davon beträgt, stellt ein stark verdünntes Plasma dar. Obwohl so niedrige Gasdichten auch im Laboratorium herstellbar sind, unterscheidet sich das Ionosphärenplasma von den Laborbedingungen wesentlich durch das Fehlen der Wechselwirkung mit Gefäßwänden, was für das Rekombinationsproblem wichtig ist. Die wesentlichste Eigenschaft eines solchen stark verdünnten Plasmas ist, daß das Prinzip des detaillierten Gleichgewichts nicht mehr erfüllt zu sein braucht, worauf besonders SEELIGER [1] hingewiesen hat. Es braucht also nicht mehr für jedes Frequenz- bzw. Energieintervall einzeln die Zahl der Ionisationen gleich der Zahl der Rekombinationen zu sein, sondern zur Aufrechterhaltung eines quasistationären Zustandes genügt es, daß insgesamt in der Zeit- und Volumeneinheit ebensoviel freie Elektronen gebildet werden, wie Elektronen verschwinden. Die Beobachtung der zeitlichen Veränderungen in der Ionosphäre wird daher immer nur einen summarischen Vorgang des Verschwindens der Elektronen erfassen, eine „effektive Rekombination", während die darin enthaltenen Einzelvorgänge zunächst nur aus theoretischen Diskussionen zu erschließen sind.

Dem „effektiven Rekombinationskoeffizienten" kommt nichtsdestoweniger eine große Bedeutung zu, da die genaue Kenntnis seines Wertes und seiner etwaigen Veränderung den Schlüssel bildet, um aus den meßbaren Veränderungen der Elektronendichten der Ionosphäre auf die Schwankungen der ionisierenden Strahlung der Sonne rückschließen zu können. Diese Aufgabe wird besonders im Rahmen der Sonnenforschung in zunehmendem Maße aktuell.

Phänomenologisch ist die Elektronenbilanz in der Ionosphäre zu beschreiben durch die Gleichung

$$\frac{dN}{dt} = q - \alpha N^2 \tag{1}$$

worin N die Elektronenzahl im cm^3, q die Anzahl der pro cm^3 und sec erzeugten freien Elektronen und α der effektive Rekombinationskoeffizient sind. Zur experimentellen Bestimmung von α in der Ionosphäre muß man die Reaktion der Elektronendichte auf Schwankungen von q beobachten, wobei die Elektronendichte N eindeutig aus den Grenzfrequenzen folgt.

Eine Diskussion der effektiven Rekombinationsvorgänge dürfte allerdings nur in der E-Schicht erfolgversprechend sein. Der komplizierte Tagesgang der F2-Schicht im Sommer spricht gegen die Gültigkeit der Gleichung (1) für das F-Gebiet der Ionosphäre. In (1) ist nämlich der Ladungstransport vernachlässigt, der auf der rechten Seite der Gleichung in der Form

$$-\mathrm{div}(N\mathfrak{v})$$

berücksichtigt werden müßte. In diesem Glied stecken die Diffusion, die in der F2-Schicht sicher beträchtlich ist, und Advektionsvorgänge, da in der F2-Schicht erhebliche horizontale Gradienten der Elektronendichte auftreten können (BURKARD [2]), sowie noch etwaige thermisch bedingte Vertikalbewegungen. Das Geschwindigkeitsfeld in der F-Region ist aber bisher praktisch unbekannt. Die folgende Betrachtung beschränkt sich daher auf die E-Schicht der Ionosphäre, zumal das Problem der Rekombination in der E-Schicht in den letzten Jahren eine Reihe von neuen experimentellen Anhaltspunkten gewonnen hat.

2. Zur experimentellen Bestimmung des effektiven Rekombinationskoeffizienten α ist die Kenntnis des zeitlichen Verlaufs der Ionenproduktion q notwendig. Dieser ist jedoch in keinem Falle absolut bekannt, nur in zwei Fällen lassen sich einschränkende Aussagen über den Verlauf von q machen. Das sind:

1. Der Tagesgang der Elektronendichte, bei dem man annehmen kann, daß die Ionenproduktion eindeutig vom Einfallswinkel der Sonnenstrahlung in die Erdatmosphäre abhängt und somit symmetrisch zum wahren Ortsmittag verlaufen wird.

2. Eine Sonnenfinsternis, bei der man annehmen kann, daß die ionisierende Strahlung wenigstens in großen Zügen der vom Mond nicht bedeckten Fläche der Sonnenscheibe proportional ist.

Im Tagesgang sind an Paaren von Zeitpunkten, die symmetrisch zum wahren Mittag liegen, die Beträge der Ionenproduktion q gleich und man erhält durch Subtraktion der entsprechenden Bilanzgleichung

$$\alpha = \frac{\left(\frac{dN}{dt}\right)_1 - \left(\frac{dN}{dt}\right)_2}{N_2^2 - N_1^2} \tag{2}$$

Eine andere Formel, die APPLETON [3] angegeben hat, benutzt die Erscheinung, daß infolge der endlichen Rekombinationszeit das Maximum der Elektronendichte im Tagesgang etwas später eintritt als das Maximum der Ionenproduktion, das mit dem wahren Mittag zusammenfällt. Der Betrag τ dieser Verspätung ist gegeben als

$$\tau = \frac{1}{2\alpha N_M} \tag{3}$$

wobei N_M die Elektronendichte zur Zeit des wahren Mittags ist.

Bei der Auswertung von Sonnenfinsternissen integriert man im allgemeinen die Bilanzgleichung (1) numerisch mit verschiedenen konstanten λ-Werten als Parameter, wobei q der unbedeckten Sonnenfläche proportional gesetzt wird. Man bestimmt dann λ durch die beste Übereinstimmung zwischen einer Integralkurve und dem gemessenen Elektronendichteverlauf. Einfacher benutzt man die Meßwerte zum Zeitpunkt des zweiten Kontaktes (Beginn der Totalität), wo $q = 0$ ist und daher aus der Bilanzgleichung (1) folgt

$$\alpha = -\frac{1}{N^2}\left(\frac{dN}{dt}\right) \quad \text{(2. Kontakt) (MINNIS [4]).} \tag{4}$$

Die Abweichungen der Meßwerte von den theoretischen Kurven und die Differenzen zwischen den aus verschiedenen Wertepaaren im Tagesgang ermittelten α-Werte sind natürlich groß. Trotzdem stimmen die Mittelwerte der von verschiedenen Autoren mit verschiedenen Methoden vorgenommenen Bestimmungen von α überraschend gut überein. Aus der Tabelle 1 kann als wahrscheinlichster Wert für die E-Schicht

$$\alpha_E = 1 \cdot 10^{-8}\ \text{cm}^3\,\text{sec}^{-1}$$

entnommen werden.

Tabelle 1

Experimentelle Werte des effektiven Rekombinationskoeffizienten α_E für die E-Schicht

Autor		α_E Einheit $10^{-8}\,\text{cm}^3\,\text{s}^{-1}$	Zitat
BEST u. a. (1938)	T.	1,2	Proc. Roy. Soc. London A **164**, 96
BARAL u. MITRA (1950)	T.	0,1	J. Atmosph. Terr. Phys. **1**, 95
SEATON (1948)	T.	1	J. Meteorol. **5**, 204
GRACE (1951)		0,6–1,7	J. Geophys. Res. **56**, 452
GILLILAND (1942)	S.	6	Nat. Geogr. Soc., Sol. Ecl. Ser. No. 2, p. 88
HIGGS (1942)	S.	1,7	M. Not. R. Astron. Soc. **102**, 24
RYDBECK (1946)	S.	1,2	Trans. Chalmers Univ. Techn., Gothenburg, No. 53
MCLEISH (1948)	S.	1,6	Canad. J. Res. A **26**, 137
DENISSE u. a. (1947)	S.	0,5	C. R. Acad. Sci. Paris **225**, 1169
GILLILAND/PIDDINGTON (1951)	S.	10	J. Geophys. Res. **56**, 409
BARAL (1951)	S.	1	J. Sci. Industr. Res. (India) A **10**, 60
MINNIS (1952)	S.	3	Nature **170**, 453
DELOBEAU (1953)	S.	0,5–1,0	Ann. Géophys. **9**, 317
DELOBEAU (1954)	S.	0,5	Ann. Géophys. **10**, 148
LANDMARK (1954)	S.	3–4	Sympos. Sol. Ecl., London
MINNIS (1955)	S.	1,5	J. Atmosph. Terr. Phys. **6**, 61
SZENDREI u. ELHINNY (1956)	S.	0,6–0,7	J. Atmosph. Terr. Phys. **8**, 108
HAVENS u. a. (1955)	R.	1,5	zitiert nach Szendrei u. Elhinny

Abkürzungen. T. = Tagesgang
S. = Sonnenfinsternis
R. = Raketenmessungen

Außer dem abweichenden Wert von BARAL und MITRA, dessen Ursache nicht geklärt ist, fällt in der Tabelle 1 der Wert von PIDDINGTON mit der Größenordnung 10^{-7} heraus. PIDDINGTON [5] kommt zu diesem Wert durch die Überlegung, daß bei den Sonnenfinsternismessungen die Zeitverzögerung des Minimums der Elektronendichte gegenüber dem Minimum der ionisierenden Strahlung (Totalität) sich als zu kurz ergeben habe, um mit $\alpha_E = 10^{-8}$ erklärt werden zu können.

3. Eine ähnliche Diskrepanz tritt bei einem anderen Effekt auf. Die chromosphärischen Eruptionen auf der Sonne bewirken nicht nur eine abnormale Dämpfung der Radiowellen in der D-Schicht der Ionosphäre (MÖGEL-DELLINGER-Effekt), sondern auch eine Erhöhung der Elektronendichte in der E-Schicht. Man kann theoretisch abschätzen [6], daß für die Zeit t*, in der die Elektronendichte N nach dem Aufhören der Strahlungsstörung (nach Rückkehr der ionisierenden Strahlung auf den Normalwert) bis auf 1% ihren normalen Wert N_0 wieder erreicht, eine obere Grenze angegeben werden kann:

$$t^* \leqq \frac{5{,}30}{2\,\alpha N_M} \tag{5}$$

wo N_M die Elektronendichte zum Ortsmittag ist. Hieraus läßt sich bei vorgegebenem t^* ein Maximalwert von α bestimmen. Die Beobachtungen zeigen, daß die Grenzfrequenz der E-Schicht erst längere Zeit — etwa 1,5 bis 2 Stunden — nach dem Ende des MÖGEL-DELLINGER-Effektes ihren Normalwert wieder erlangt. Macht man die zunächst naheliegende Annahme, daß die ionisierende Strahlung zum Zeitpunkt des Endes des MÖGEL-DELLINGER-Effektes auf ihren ungestörten Wert zurückgekehrt ist, so würde der maximale Wert von α nach (5) in der Größenordnung von 10^{-9} cm^{3}sec^{-1} liegen, also erheblich niedriger als die Werte der Tabelle 1.

Das gibt den Anlaß zu einer Prüfung des gegenwärtigen Standes der Theorie der effektiven Rekombination, um zu klären, ob bei den Experimenten, die man zur Bestimmung von α benutzt, das Ergebnis noch von Versuchsbedingungen beeinflußt sein kann, die man bisher nicht berücksichtigt hat.

4. Der einfachste Rekombinationsvorgang unter Strahlungsemission

$$O^+ + e \rightarrow O + h\nu$$

liefert, wie BATES und MASSEY [7] bereits 1939 berechnet haben, nur die Größenordnung

$$\alpha = 10^{-12}\ \text{cm}^3\,\text{sec}^{-1}$$

also erheblich zu klein. Man versuchte daher, die Anlagerung von freien Elektronen an neutrale Gasteilchen mit in Rechnung zu setzen. (Die so gebildeten negativen Ionen werden ionosphärisch nicht gemessen, da sie wegen ihrer großen Masse keinen Einfluß auf die Dispersion der Radiowellen haben.) Es kommen dann folgende Reaktionen in Frage:

(A)	$X + h\nu \rightarrow X^+ + e$	Photoionisation (q)
(B)	$X^+ + e \rightarrow X + h\nu$	Rekombination mit Emission, Koeffizient α_e
(C)	$X + e \rightarrow X^- + h\nu$	Anlagerung unter Emission, Koeffizient β
(D)	$X^- + h\nu \rightarrow X + e$	Abspaltung durch Strahlungsabsorption, Koeffizient σJ
(E)	$X^- + Y \rightarrow XY + e$ oder $X^- + Y' \rightarrow X + Y + e$	Abspaltung durch Zusammenstoß, Koeffizient K
(F)	$X^+ + Y^- \rightarrow X' + Y'$ oder $X^+ + Y^- + M \rightarrow X + Y + M$	Ionenrekombination im Zweier- oder Dreierstoß, Koeffizient α_i

Bezeichnet man die Teilchendichten der Elektronen mit N_e, der positiven und negativen Ionen mit N^+ bzw. N^- und die der neutralen Moleküle mit N_o, so ergeben sich aus den Reaktionen (A) bis (F) folgende Trägerbilanzgleichungen.

$$\frac{dN_e}{dt} = q + \sigma J N^- + K N_o N^- - \beta N_e N_o - \alpha_e N^+ N_e \tag{6}$$

$$\frac{dN^-}{dt} = -\sigma J N^- - K N_o N^- + \beta N_e N_o - \alpha_i N^+ N^- \tag{7}$$

$$\frac{dN^+}{dt} = q - \alpha_e N^+ N_e - \alpha_i N^+ N^- \tag{8}$$

Die Bedingung, daß das Plasma als Ganzes neutral sein soll, lautet jetzt

$$N^+ = N_e + N^- = N_e(1 + \lambda) \tag{9}$$

worin zur Vereinfachung das Verhältnis λ der negativen Ionen zu den Elektronen eingeführt ist:

$$\lambda = \frac{N^-}{N_e} \tag{10}$$

Dieser Quotient λ wird im allgemeinen in der Rekombinationstheorie als näherungsweise konstant angenommen (TA-YOU WU [8], BATES und MASSEY und [10], GERJUOY und BIONDI [11], MITRA und JONES [12]), so daß

$$\frac{d\lambda}{dt} = 0. \tag{11}$$

Mit der Quasineutralitätsbedingung (9), der Abkürzung λ und der Bedingung (11) folgt aus der Bilanzgleichung für die positiven Ionen (8)

$$(1 + \lambda) \frac{dN_e}{dt} = q - [\alpha_e(1 + \lambda) N_e + \alpha_i \lambda (1 + \lambda) N_e] N_e \tag{12}$$

oder nach Division durch $(1 + \lambda)$

$$\frac{dN_e}{dt} = q' - \alpha_{eff} N_e^2 \tag{13}$$

eine Form, die dem Rekombinationsgesetz entspricht, und in der die effektive Ionenproduktion gegeben ist als

$$q' = \frac{q}{1+\lambda} \tag{14}$$

der effektive Rekombinationskoeffizient dagegen als

$$\alpha_{eff} = \alpha_e + \lambda\alpha_i. \tag{15}$$

5. Für den Rekombinationskoeffizienten α_i von positiven und negativen Ionen, der von BATES und MASSEY [9] zwischen 10^{-7} und 10^{-8} cm^{3}sec^{-1} abgeschätzt worden war, liegen seit kurzem experimentelle Bestimmungen von YOUNG und SAYERS vor, die die Ionenrekombination in einer Gasentladung untersuchten (MASSEY [13]). Es ergab sich bei Temperaturen um 300° K über den Bereich von 0,01 bis 1,0 mm Hg der Wert

$$\alpha_i = 8 \cdot 10^{-8}\ \text{cm}^3\ \text{sec}^{-1}.$$

Auf Grund von Gleichung (11) gewinnt man eine Abschätzung der Größe von λ aus der Bilanzgleichung (7) der negativen Ionen einfach für den stationären Fall $\frac{dN^-}{dt} = 0$ (Mittag). Aus (7) folgt

$$\lambda = \frac{\beta N_o}{\sigma J + K N_o + \alpha_i (1+\lambda) N_e}. \tag{16}$$

Wenn im Nenner dieses Ausdruckes das Glied σJ ausschlaggebend ist, so ist eine Änderung von λ und damit auch eine Änderung des effektiven Rekombinationskoeffizienten nach (15) bei Strahlungsstörungen denkbar. Bei Sonnenfinsternissen geht während der Totalität σJ gegen Null, während bei Strahlungsausbrüchen (etwa chromosphärischen Eruptionen) σJ stark vergrößert werden kann. Das würde bei Sonnenfinsternissen eine Vergrößerung und bei Strahlungsausbrüchen eine Verringerung von λ (und α_{eff}) mit sich bringen. Ein solches Verhalten würde qualitativ einerseits mit der Ansicht PIDDINGTONs in Einklang sein, daß die Rekombinationskoeffizienten für die E-Schicht bei Sonnenfinsternissen höher seien, als allgemein angegeben wird. Andererseits würde es auch das bei MÖGEL-DELLINGER-Effekten beobachtete langsamere Abklingen der E-Schicht-Störung erklären können.

Nach dem gegenwärtigen Stand der theoretischen und experimentellen Forschung können folgende wahrscheinlichste Werte für die in (16) auftretenden Koeffizienten angegeben werden:

$\sigma J = 5 \cdot 10^{-1}$ bis $5 \cdot 10^{-2}$ sec^{-1} (BATES und MASSEY [10])

$\alpha_i N_e \approx 8 \cdot 10^{-3}$ sec^{-1} (siehe oben)

$K N_o \approx 1 \cdot 10^{-1}$ sec^{-1} (BATES und MASSEY [9], [10], [14]).

Über die Prozesse der Stoßabspaltung, die den letzteren Koeffizienten bestimmen, bestehen allerdings noch Unklarheiten. Auf jeden Fall spielt in (16) die Photoabspaltung (σJ) eine entscheidende Rolle. Für die Anlagerung von

Elektronen kommen sowohl neutrale O-Atome als auch neutrale O_2-Moleküle in Betracht. Die wahrscheinlichsten Werte sind

$$\beta[O] = 1{,}1 \cdot 10^{-15}\ \mathrm{cm^3\,sec^{-1}}\ (\text{Bates und Massey [9]})$$

$$N_o[O] = 2 \cdot 10^{12}\ \mathrm{cm^{-3}}\ (\text{Bates und Massey [9]})$$

$$\beta[O_2] = 1{,}5 \cdot 10^{-15}\ \mathrm{cm^3\,sec^{-1}}\ (\text{Biondi [15]})$$

$$N_o[O_2] = 3 \cdot 10^{10}\ \mathrm{cm^{-3}}\ (\text{Jones [16]})$$

somit effektiv

$$\beta N_o = 2{,}3 \cdot 10^{-3}\ \mathrm{sec^{-1}}.$$

Nunmehr ergibt sich nach (16)

$$\lambda = 0{,}4 \ldots 1{,}4 \cdot 10^{-2}$$

nachts oder während der Totalität einer Sonnenfinsternis ($\sigma J = 0$) dagegen

$$\lambda = 2{,}1 \cdot 10^{-2}\ (\sigma J = 0).$$

Diese Werte sind erheblich zu klein, um mit (15) und dem experimentell gesicherten Wert $\alpha_i = 8 \cdot 10^{-8}$ die beobachtete Größe des effektiven Rekombinationskoeffizienten der E-Schicht erklären zu können.

Die dazu erforderliche Größenordnung von α wäre zu erreichen, wenn man annimmt, daß die Stoßabspaltung ($K N_o$) wesentlich geringer, praktisch vernachlässigbar ist. Diese Annahme wird jedoch durch ein neuerdings bekannt gewordenes Ergebnis von PIGGOTT [17] widerlegt, der mittels eines besonderen Verfahrens die Abnahme der Grenzfrequenz der normalen E-Schicht nach Sonnenuntergang verfolgte. In dieser Zeit ist $\sigma J = 0$, so daß nach (16) beim Fehlen der Stoßabspaltung das Rekombinationsglied der Bilanzgleichung (1) in eine lineare Form übergehen würde:

$$\alpha_{\mathrm{eff}} N_e^2 \rightarrow \frac{\beta N_o}{1+\lambda} N_e \approx 2 \cdot 10^{-3} N_e.$$

Hiernach müßte die Elektronendichte der E-Schicht vom Sonnenuntergang an gerechnet innerhalb von etwa 40 Minuten auf ein Hundertstel abfallen. Die Messungen von PIGGOTT zeigen dagegen, daß dies nicht der Fall ist, sondern daß vielmehr die Abnahme der Elektronendichte nach Sonnenuntergang dem quadratischen Rekombinationsgesetz ($-\alpha_{\mathrm{eff}} N_e^2$) mit $\alpha_{\mathrm{eff}} = 1 \cdot 10^{-8}\ \mathrm{cm^3 sec^{-1}}$ entspricht.

6. Zusammenfassend muß man aus diesen Betrachtungen schließen, daß die Berücksichtigung der Bildung negativer Ionen quantitativ nicht ausreicht, um den experimentellen Wert des effektiven Rekombinationskoeffizienten der E-Schicht zu liefern. Dieses zuerst von BATES und MASSEY [9] [10] ausgesprochene Urteil hat sich in den letzten Jahren immer mehr durchgesetzt. Durch die hier kurz beschriebenen neuen experimentellen Tatsachen findet es seine volle Bestätigung.

Zur Erklärung der Größenordnung $\alpha = 10^{-8}$ verbleibt ein Vorgang, der bisher noch nicht berücksichtigt worden ist. Das ist die dissoziative Rekombination

$$O_2^+ + e \rightarrow O' + O''$$

die ebenfalls schon vor zehn Jahren durch BATES und MASSEY [9] in die Diskussion gebracht worden ist und vor einigen Jahren durch Experimente eine Stütze erhalten hat. Durch Anwendung der Mikrowellentechnik auf die Untersuchung der Rekombination in einer Gasentladung gelang BIONDI und BROWN [18] die Bestimmung des Rekombinationskoeffizienten im Helium, der den überraschend großen Wert

$$\alpha = 1{,}7 \cdot 10^{-8}\,\mathrm{cm^3\,sec^{-1}}$$

hatte. BATES hat in eingehenden Diskussionen [19] nachgewiesen, daß es sich hierbei um eine dissoziative Rekombination mit Helium-Molekülen handeln muß und stellt die Vermutung auf, daß sich bei Sauerstoffmolekülen ein Koeffizient gleicher Größenordnung ergeben müsse, der den effektiven Rekombinationskoeffizienten der E-Schicht voll erklären würde.

7. Der dissoziative Rekombinationskoeffizient α_d wird allerdings nicht mehr von Photoprozessen beeinflußt, wird also weder bei Sonnenfinsternissen noch bei Sonneneruptionen eine Änderung erleiden. Man wird daher die Lage des Minimums der Elektronendichte bei Sonnenfinsternissen anders erklären müssen, als durch eine Erhöhung des Rekombinationskoeffizienten[1]). Für die Deutung der Sonneneruptionseffekte muß man nunmehr annehmen, daß das langsame Abklingen des Effektes nicht eine Wirkung der Rekombination ist, sondern die ionisierende Strahlung selbst wesentlich langsamer abnimmt, als man es bisher aus den MÖGEL-DELLINGER-Effekten erschlossen hat. Das liegt insofern im Bereich des Möglichen, als bei den Feldstärkeregistrierungen von Sendern, wie sie der Beobachtung der MÖGEL-DELLINGER-Effekte zugrunde liegen, die Feldstärke nur allmählich, sozusagen asymptotisch, wieder auf ihren Normalwert zurückkehrt und außerdem infolge von Schwankungserscheinungen (Fadings) unscharf aufgezeichnet wird. Es liegt auf der Hand, daß unter solchen Umständen die Zeitangabe des Endes eines solchen Effektes großen Fehlern unterliegen kann.

Der Vergleich mit den spektroheliographischen Eruptionsbeobachtungen zeigt allerdings, daß die ionisierende Strahlung auch oft eine halbe bis eine Stunde über das visuell beobachtete Ende der Eruptionen hinausreicht. Abgesehen davon, daß bei diesen Beobachtungen ähnliche Vorsicht gegenüber den Zeitangaben am Platze ist, wie bei den Feldstärkeregistrierungen, ist jedoch eine weitere Möglichkeit in Betracht zu ziehen. Die Emission verschiedener Spektral-

---

[1]) Eine Deutung des Sonnenfinsterniseffektes, die eine Beibehaltung des Wertes $\alpha_E = 1 \cdot 10^{-8}\,\mathrm{cm^3\,sec^{-1}}$ zuläßt, ist kürzlich von BATES und McDOWELL [20] veröffentlicht worden.

bereiche einer Eruption (etwa H_α-Emission einerseits und ultraviolette Emission andererseits) muß nicht notwendig in einem einheitlichen Vorgang erzeugt werden und braucht daher auch in ihrem zeitlichen Verlauf nicht in allen Spektralbereichen übereinzustimmen. Die in den letzten Jahren aufgekommene Theorie, nach der für die E-Schicht eine weiche Röntgenstrahlung aus der Korona, vielleicht aus deren innersten Schichten, verantwortlich ist, läßt die Hypothese zu, daß die Gebiete der Sonnenatmosphäre, in denen die ionisierende Strahlung erzeugt wird, nicht mit den Gebieten der sichtbaren Eruption zusammenfallen, sondern erst sekundär zur erhöhten Ausstrahlung angeregt werden. Doch bedarf die Klärung dieser Fragen zweifellos der eingehenderen Auswertung eines umfangreicheren Materials, das im Rahmen dieser Betrachtungen nicht zur Verfügung steht.

Literaturverzeichnis

[1] SEELIGER, R., Naturwissenschaften, **36**, 321—327 (1949).
[2] BURKARD, O., J. geophys. Res., **56**, 595—600 (1951).
[3] APPLETON, E. V., J. atmosph. terrestr. Phys., **3**, 282—284 (1953).
[4] MINNIS, C. M., Ebenda, **6**, 91—112 (1955).
[5] PIDDINGTON, J. H., J. geophys. Res., **56**, 409—429 (1951).
[6] TAUBENHEIM, J., J. atmosph. terrestr. Phys., im Druck.
[7] BATES, D. R., BUCKINGHAM, R. A., MASSEY, H. S. W. and UNWIN, J. J., Proc. Roy. Soc. [London], Ser. A, **170**, 322—340 (1939).
[8] TA-YOU WU, Terrestr. Magn. atmosph. Electr., **50**, 57—62 (1945).
[9] BATES, D. R. u. MASSEY, H. S. W., Proc. Roy. Soc. [London], Ser. A, **187**, 261—296 (1946).
[10] BATES, D. R. u. MASSEY, H. S. W., J. Atmosph. terrestr. Phys., **2**,1— 12 (1951).
[11] GERJUOY, E. u. BIONDI, M. A., J. geophys. Res., **58**, 295—303 (1953).
[12] MITRA, A. P. u. JONES, R. E., Ebenda, **59**, 391—409 (1954).
[13] MASSEY, H. S. W., Mixed. Commiss. Ionosphere. Proc. 4th meeting.1954, (Bruxelles 1955), S. 32—40.
[14] BATES, D. R. u. MASSEY, H. S. W., Proc. Roy. Soc. [London], Ser. A, **192** 1—16 (1947).
[15] BIONDI, M. A., Phys. Rev., **84**, 1072 (1951).
[16] JONES, R. E., J. atmosph. terrestr. Phys., **6**, 1—17 (1955).
[17] PIGGOTT, W. R., Ebenda, **7**, 341—342 (1955).
[18] BIONDI, M. A. u. BROWN, S. C., Phys. Rev., **76**, 1697 (1949).
[19] BATES, D. R., Ebenda, **77**, 718 (1950); **78**, 492 (1950).
[20] BATES, D. R. u. McDOWELL, M. R. C., J. atmosph. terrestr. Phys. **10**, 96—102, (1957).

Les fréquences critiques et les couches ionosphériques

par TH. V. IONESCU, Bucarest

Introduction

Toutes les théories qui s'occupent de la propagation des ondes électriques à grande distance admettent comme point de départ les postulats suivants:

a) Les ondes sont réfléchies dans l'ionosphère par les électrons libres qui peuvent se trouver ou non en équilibre thérmique avec l'atmosphère à ces hauteurs.

b) Il y a plusieurs couches ionisées E_1, $E_2 \dots F_1$, $F_2 \dots$, caractérisées par la hauteur où elles se trouvent et par la densité maximum des électrons à l'intérieur de chaque couche.

c) Les ions, positifs ou négatifs ne jouent qu'un rôle secondaire dans la réflexion des ondes puisque leur masse, dans le cas de l'oxygène par exemple, est de $16 \times 1836 = 29376$ fois la masse de l'électron.

Résultats des Expériences

Les recherches entreprises au laboratoire, durant les 25 dernières années, ont montré que les ions négatifs moléculaires, aussi bien de l'oxygène (O_2^-) que de l'hydrogène (H_2^-), peuvent absorber ou émettre des spectres discrets d'ondes électriques (l'oxygène a été étudié entre $\lambda = 2$ m et $\lambda = 10$ m).

Dans cette communication, je tâcherai de démontrer que les principaux phénomènes radioélectriques de l'ionosphère peuvent être expliqués en ne tenant compte que des fréquences propres des ions négatifs moléculaires d'oxygène.

La constante diélectrique et la conductivité de l'air à très basse pression — 10^{-4} mm Hg ont été mesurées dès 1930; le gaz était ionisé au moyen d'un faisceau d'électrons, dans l'espace compris entre une grille et une plaque se trouvant au même potentiel. Les mesures ont été effectuées entre $\lambda = 2$ m et $\lambda = 20$ m. On a trouvé que l'air possédait une fréquence propre correspondant à $\lambda = 9{,}50$ m (voir les courbes dans la figure 1).

En étudiant, pour différentes logueurs d'onde, la conductivité dans un champ magnétique, on a obtenu les courbes de la figure 2, où les valeurs du champ magnétique sont représentées en abscisse et les conductivités en ordonnée. Sur ces courbes, on peut observer l'effet dû aussi bien aux électrons libres (A), qu'aux ions négatifs d'oxygène (B). Il est à remarquer que, aux pressions considérées, les deux effets sont du même ordre de grandeur [1].

En 1940, en procédant à l'étude de la propagation des ondes électromagnétiques entre deux cylindres coaxiaux, aussi bien dans l'air que dans l'hydrogène ionisé, à basses pressions (0,1 ... 0,5 mm Hg), on a déterminé les fréquences

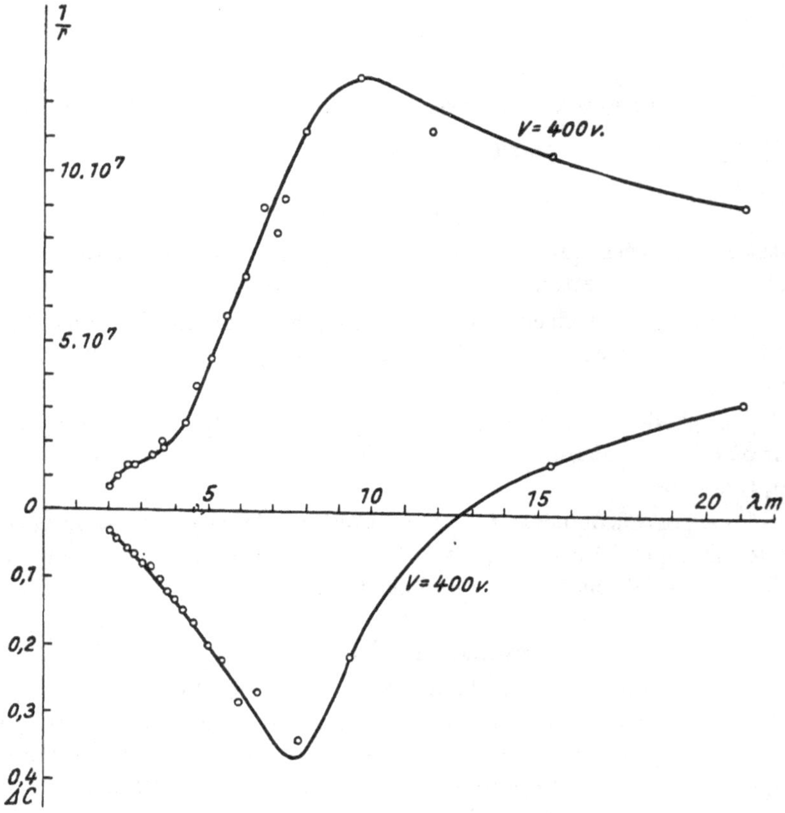

Fig. 1

propres, dans l'air et dans l'hydrogène, correspondant aux longueurs d'onde comprises entre 2 et 4 mètres et indiquées pour l'oxygène dans le tableau 1 [2].

1. Calcul des fréquences propres de vibration

Durant cette même année, on a tâché de confirmer par le calcul les fréquences propres déterminées expérimentalement, en admettant que l'électron attaché à la molécule d'oxygène est animé d'un mouvement de précession dans le champ magnétique de cette molécule. On a admis de même que cet électron possède plusieurs trajectoires stables, dont on peut calculer le rayon en écrivant que:

$$m v_e^2 = \frac{h^2}{8\pi^2 I} K(K+1) \quad \text{et} \quad I = \frac{h}{8\pi^2 c B},$$

où mv_e^2 est le double de l'énergie cinetique de l'électron attaché, les autres lettres correspondant aux grandeurs usuelles de la spectroscopie moléculaire. Si l'on écrit que sur chaque trajectoire $m\omega r^2 = \frac{h}{2\pi}$, où r est le rayon de la trajectoire, on obtient:

$$r = \sqrt{\frac{h}{4\pi^2 mc\ BK(K+1)}}.$$

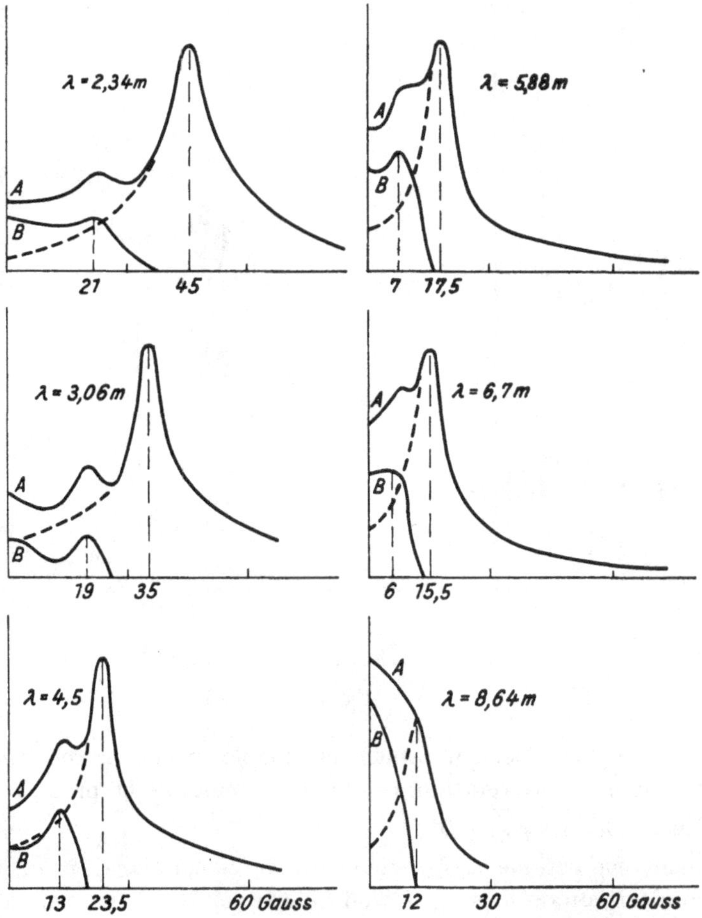

Fig. 2

On trouve, de cette manière, que l'électron attaché possède toute une série d'orbites stables, correspondant au nombre quantique K de rotations de la molécule.

La valeur de r étant connue, on peut calculer le champ magnétique produit par la molécule et trouver ainsi les fréquences de précession pour chaque trajectoire.

En procédant à une confrontation avec l'expérience, on a constaté que les fréquences enregistrées concordent avec les fréquences calculées pourvu qu'on prenne, pour le moment magnétique de la molécule d'oxygène la valeur de 2,66 μ_B au lieu de 2,80 μ_B. Un certain nombre de fréquences restait pourtant en dehors de la série.

Le calcul des fréquences propres de l'ion négatif d'oxygène a été repris, en 1950, en partant du modèle vectoriel représenté par la figure 3. On a réussi alors à démontrer que ces fréquences pouvaient être calculées sans avoir recours à aucune constante arbitraire [3].

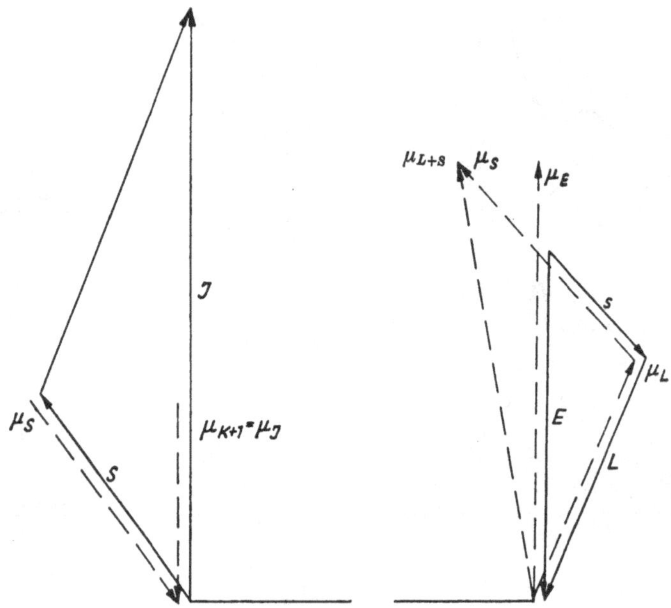

Fig. 3

Le spin $s = 1/2$ de l'électron attaché est couplé au moment cinétique orbital $L = 1$, provenant de sa rotation autour de la molécule et produit le moment cinétique resultant $\vec{E} = \vec{s} + \vec{L}$.

Le moment magnétique μ_{L+s}, provenant de ce couplage, étant projeté sur la direction de E, on obtient $\mu_E = 2{,}58\ \mu_B$. On voit que le moment magnétique de la molécule d'oxygène est dû au couplage des spins de deux électrons en position parallèle et que sa valeur est $\mu_s = 2{,}8\ \mu_B$. Fig. (3).

Dans l'ion négatif, le spin résultant S est couplé au moment cinétique moléculaire K, en donnant le moment resultant $\vec{J} = \vec{S} + \vec{K}$. Les projections sur J du moment magnétique μ_S sont:

$$\mu_J = \mu_S \cos(\vec{S}\vec{J}) = 2{,}8\ \mu \cos(\vec{S}\vec{J})$$

que nous désignerons par μ_{K+1}, μ_K et μ_{K-1}.

Si, pour un même r, on fait varier J, la valeur de la variation $\Delta\mu_J$ du moment magnétique sera

$$\pm (\mu_{K+1} - \mu_K) \text{ ou bien } \pm (\mu_K - \mu_{K-1}).$$

Cette variation du moment magnétique entraînera une augmentation, respectivement une diminution de l'énergie de l'ion négatif, puisque μ_J se trouve dans le champ magnétique

$$H_E = \frac{\mu_E}{r^3} = \frac{2{,}58\,\mu_B}{r^3}, \text{ produit par } \mu_E.$$

Si le champ magnétique produit par μ_S et μ_L est calculé selon les procédés classiques, en admettant le même angle de couplage entre S et L, on trouve que $H_E = \dfrac{2{,}645\,\mu_B}{r^3}$, qui était justement la valeur admise empiriquement en 1940, ce qui permet donc de situer μ_E sur l'orbite de rayon r.

En posant

$$\nu' = \frac{H_E}{h}(\mu_{K+1} - \mu_K) \quad \text{et} \quad \nu'' = \frac{H_E}{h}(\mu_K - \mu_{K-1})$$

ainsi que

$$\lambda' = \frac{ch}{H_E(\mu_{K+1} - \mu_K)} \quad \text{et} \quad \lambda'' = \frac{ch}{H_E(\mu_K - \mu_{K-1})}$$

on obtient une série de doublets dont les longueurs d'onde sont données par les expressions

$$\lambda' = \frac{ch}{2{,}58 \times 2\,\mu_B^2 \left[\sqrt{\dfrac{K+2}{K+1}} - \sqrt{\dfrac{1}{K(K+1)}}\right]} \left[\frac{h}{4\pi^2 mcBK(K+1)}\right]^{\frac{3}{2}} =$$

$$= \frac{\lambda_0}{\left[\sqrt{\dfrac{K+2}{K+1}} - \sqrt{\dfrac{1}{K(K+1)}}\right]\left[K(K+1)\right]^{\frac{3}{2}}},$$

$$\lambda'' = \frac{ch}{2{,}58 \times 2\,\mu_B^2 \left[\sqrt{\dfrac{1}{K(K+1)}} + \sqrt{\dfrac{K-1}{K}}\right]} \left[\frac{h}{4\pi^2 mcBK(K+1)}\right]^{\frac{3}{2}} =$$

$$= \frac{\lambda_0}{\left[\sqrt{\dfrac{1}{K(K+1)}} + \sqrt{\dfrac{K-1}{K}}\right]\left[K(K+1)\right]^{\frac{3}{2}}}.$$

Avec les valeurs admises pour les constantes atomiques:

$$h = 6{,}621 \times 10^{-27}; \quad \frac{h}{cm} = 2{,}4266 \times 10^{-10}; \quad \mu_B = 9{,}274 \times 10^{-21};$$

$$c = 2{,}9977 \times 10^{10}\ \text{cm/s}; \quad B = 1{,}445, \text{ on obtient } \lambda_0 = 3{,}921 \times 10^6\ \text{cm}.$$

Pour l'ion négatif d'hydrogène, on aura deux formules analogues, mais dans lesquelles μ_B^2 sera remplacé par $\mu_B \mu_P$, où μ_P est le moment magnétique du proton et B, a, évidemment, la valeur donnée par la spectroscopie pour la molécule d'hydrogène.

Vérification des formules pour l'oxygène

Le tableau 1 donne, pour l'oxygène, aussi bien les valeurs calculées que les valeurs mesurées, correspondant à des valeurs de K variant de 16 ... 25.

Tableau 1

K	Transition	λ calculée m	Quelques valeurs de λ, observées au laboratoire m	l'observateur
15	$K+1 \rightarrow K$	10,91		
	$K \rightarrow K-1$	10,22		
16	$K+1 \rightarrow K$	9,02	9,00	TH. V. IONESCU et C. MIHUL 1930
	$K \rightarrow K-1$	8,49	8,45	A. SZÉKELY 1934
17	$K+1 \rightarrow K$	7,55		
	$K \rightarrow K-1$	7,13		
18	$K+1 \rightarrow K$	6,37		
	$K \rightarrow K-1$	6,04		
19	$K+1 \rightarrow K$	5,43		
	$K \rightarrow K-1$	5,16		
20	$K+1 \rightarrow K$	4,67		
	$K \rightarrow K-1$	4,45		
21	$K+1 \rightarrow K$	4,04		
	$K \rightarrow K-1$	3,88		
22	$K+1 \rightarrow K$	3,52	3,56	
	$K \rightarrow K-1$	3,37	3,40	
23	$K+1 \rightarrow K$	3,09	3,11	
	$K \rightarrow K-1$	2,96	2,93	
24	$K+1 \rightarrow K$	2,72	2,76	V. MAJERU 1941
	$K \rightarrow K-1$	2,61	2,54	
25	$K+1 \rightarrow K$	2,41	2,38	

Le tableau 2 comprend les valeurs calculées de λ et de ν, ainsi que les fréquences critiques telles qu'elles ont été mesurées par divers observateurs, pour l'ionosphère. Ces valeurs ont, pour la plupart, été extraites de mémoires publiés avant 1940. On constate que le tableau 2 donne généralement les valeurs de λ pouvant être calculées pour des valeurs de K comprises entre 5 et 12. Mais il est bien probable qu'on pourrait trouver aussi des valeurs correspondant à un K variant de 1 ... 4, c'est-à-dire à des enregistrements forts avec de grandes longueurs d'onde.

Il faut mentionner tout spécialement les observations faites par les physiciens hindous R. R. BAJPAI et D. B. PART à Allahabad, pendant la période d'octobre ... décembre 1936 (4).

Tableau 2

K	Transition	λ calculée m	Quelques valeurs de λ observées dans l'ionosphère m	ν calculée kHz	ν observée dans l'ionosphère, et l'observateur ou le lieu d'observation kHz
1	$K+1 \to K$	26766,9		11,207	
1	$K \to K-1$	19601,6		15,292	
2	$K+1 \to K$	3576,23		83,888	
2	$K \to K-1$	2392,69		125,381	
3	$K+1 \to K$	1137,36		263,769	
3	$K \to K-1$	835,52		351,480	
4	$K+1 \to K$	502,92		596,516	
4	$K \to K-1$	402,31		645,69	
5	$K+1 \to K$	265,89		1128,28	H. G. BOOKER
5	$K \to K-1$	219,54		1366,65	1380 et L. V. BERBER 1300 KENSINGTON Déc. 1937 1280 WATERLOO Juin 1941
6	$K+1 \to K$	157,48		1905,39	
6	$K \to K-1$	134,98		2222,45	2080 TH. NETZER
7	$K+1 \to K$	100,92	100,97 F	2972,41	2971 (E) TH. GILLILAND 1933 3000 (F)
			100,00 F		3100 T. L. ECKERSLEY 1941
7	$K \to K-1$	88,32		3396,82	3456 TH. NETZER 3500 SCOTT 1941–46
8	$K+1 \to K$	68,61	69,70 F_1	4372,54	4376 TH. NETZER 4304 TH. GILLILAND 1943 4400 SCOTT 1945–46 4300
8	$K \to K-1$	60,93		4923,45	4903 TH. NETZER 5000 SCOTT 1945–46 5300
9	$K+1 \to K$	48,70	48,00 F_1	6159,27	6250 S. S. KIRBY 1933 5800 SCOTT 1945–46 5900
9	$K \to K-1$	43,81		6847,75	6852 TH. NETZER
10	$K+1 \to K$	35,82	36,92 F_1	8374,06	8125 S. S. KIRBY 1933
10	$K \to K-1$	32,55		9215,77	
11	$K+1 \to K$	27,11	27,24	11063,57	11000 F. T. FARMER C. B. CHILDS A. COWIE 1938
11	$K \to K-1$	24,84	25,00	12074,44	12000 F. T. FARMER C. B. CHILDS A. COWIE 1938

K	Transition	λ calculée m	Quelques valeurs de λ observées dans l'ionosphère m	ν calculée kHz	ν observèe dans l'ionosphère, et l'observateur ou le lieu d'observation kHz
12	$K+1 \rightarrow K$	21,06		14274,36	
12	$K \rightarrow K+1$	19,38		15466,76	
13	$K+1 \rightarrow K$	16,61			
13	$K \rightarrow K-1$	15,43			
14	$K+1 \rightarrow K$	13,37			
14	$K \rightarrow K-1$	12,47			

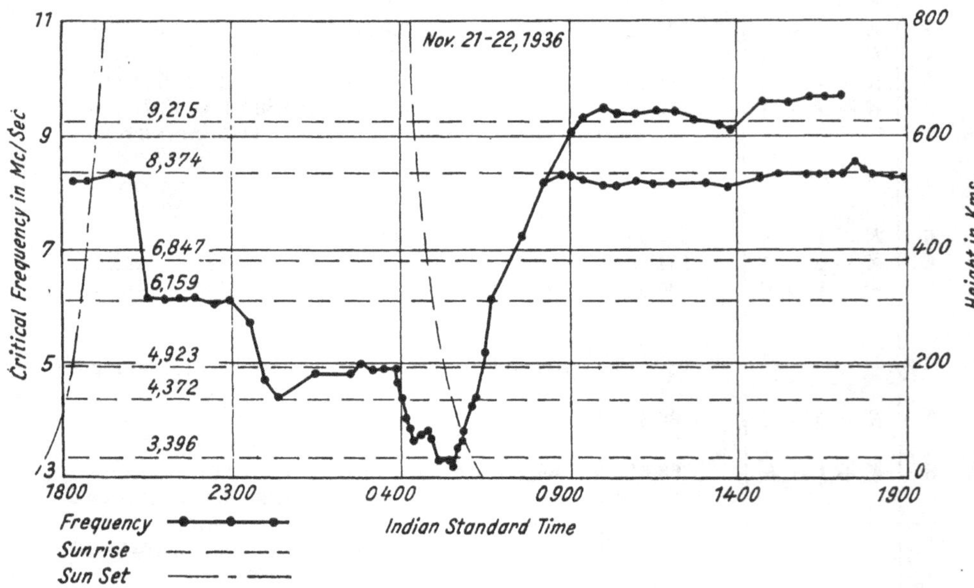

Fig. 4

Deux des courbes publiées par ces auteurs sont représentées par les figures 4 et 5, où la durée des mesures est portée en abscisse, les fréquences des ondes envoyées dans l'ionosphère en ordonnée à gauche et les altitudes apparentes en ordonnée à droite.

Les points répartis sur les courbes en traits pleins représentent les valeurs mesurées des fréquences critiques. Les courbes en points et traits donnent l'instant du coucher du soleil en fonction de l'altitude et les courbes en traits interrompus l'instant du lever du soleil, toujours en fonction de l'altitude. Les lignes horizontales en petits traits représentent les fréquences calculées pour les diverses transitions $K+1 \rightarrow K$ et $K \rightarrow K-1$.

On voit tout de suite que les fréquences critiques calculées correspondent presque exactement aux fréquences critiques mesurées et qu'il y a autant de fréquences mesurées que de fréquences calculées.

On voit aussi que, pendant la nuit, le passage d'une fréquence critique à une autre fréquence critique se fait de manière discontinue et non pas continue,

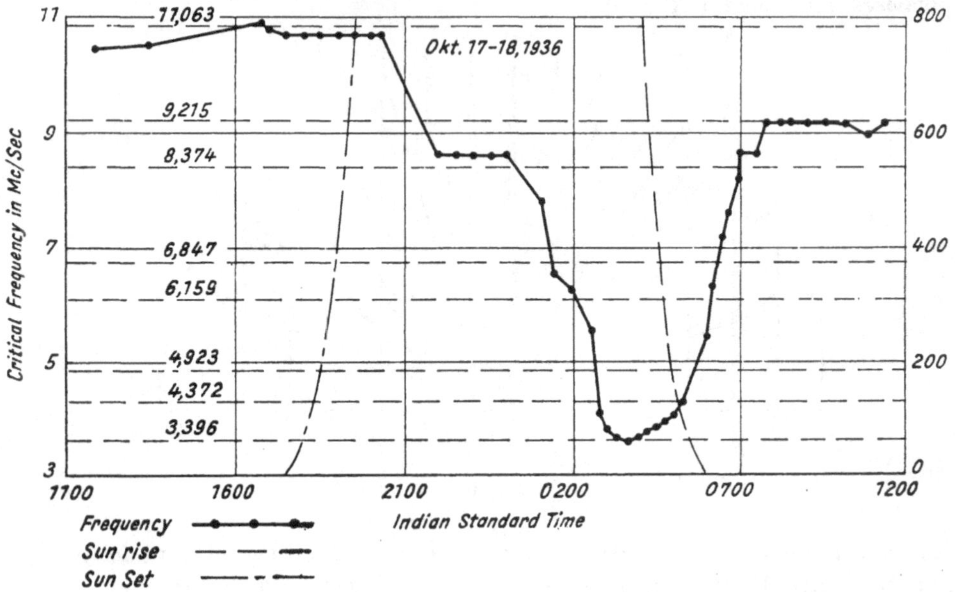

Fig. 5

comme il devrait avoir lieu au cas où les fréquences critiques observées étaient dûes aux vibrations propres du plasma.

Les fréquences de 8374 kHz et de 9215 kHz, appartiennent aux doublets $K + 1 \rightarrow K$ et $K \rightarrow K - 1$, pour $K = 10$. Selon l'interprétation des auteurs, ces fréquences doivent appartenir à la couche F dédoublée en deux couches F_1 et F_2.

Action du champ magnétique terrestre

Considérons maintenant le cas où l'ion négatif d'oxygène est soumis à l'action du champ magnétique terrestre. Désignons par M le moment cinétique total de l'ion négatif d'oxygène; il aura, dans le champ magnétique terrestre, $2M + 1$ positions quantifiées.

Dans ces conditions, il est évident que, au champ magnétique H_E, on doit ajouter la projection du champ magnétique terrestre sur la direction de J. Si H_p est cette projection, on peut écrire:

$$\nu_p' = \frac{H_E + H_p}{h} (\mu_{K+1} - \mu_K) \quad \text{et} \quad \nu_p'' = \frac{H_E + H_p}{h} (\mu_K - \mu_{K-1})$$

$$\Delta \nu_p' = \frac{H_p}{h} (\mu_{K+1} - \mu_K) \quad \text{et} \quad \Delta \nu_p'' = \frac{H_p}{h} (\mu_K - \mu_{K-1})$$

Les absorptions aussi bien que les émissions auront lieu de manière à ce que $\Delta M_{H_0} = \pm 1$ ou $\Delta M_{H_0} = 0$. Nous avons désigné par ΔM_{H_0} la variation de la projection du moment cinétique M sur la direction du champ magnétique terrestre. A $\Delta M_{H_0} = \pm 1$, correspondent les rayons extraordinaires polarisés circulairement, tandis qu'à $\Delta M_{H_0} = 0$ correspondent les rayons ordinaires polarisés linéairement (Fig. 6).

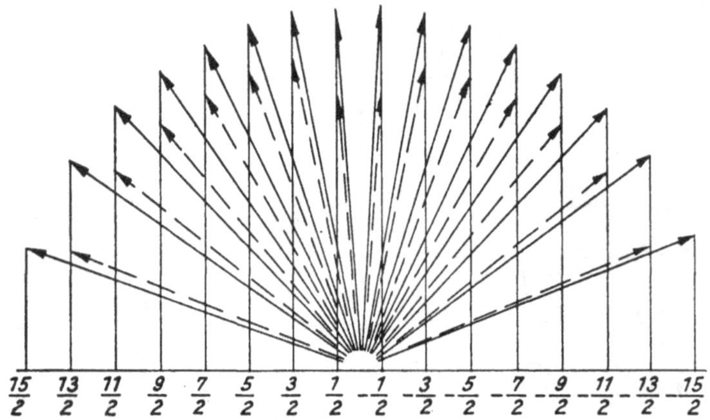

Fig. 6

Les variations des fréquences, correspondant à ces transitions seront désignées par $\Delta\nu_\sigma$ et par $\Delta\nu_\pi$. Elles peuvent être calculées au moyen de la formule:

$$\Delta\nu = \frac{H_0}{2\pi}\frac{e}{m}\left[\sqrt{\frac{K+2}{K+1}}\,\frac{(n_2-\frac{1}{2})\cos(M_{K+1},J)}{\sqrt{M_{K+1}(M_{K+1}+1)}} - \frac{1}{\sqrt{K(K+1)}}\,\frac{(n_1-\frac{3}{2})\cos(M_K,J)}{\sqrt{M_K(M_K+1)}}\right]$$

où n_1 et n_2 sont compris entre $-K$ et $+K$.
On obtient $\Delta\nu'_\sigma$ pour $n_2 = n_1$ et $\Delta\nu'_\pi$ pour $n_2 - 1 = n_1$.

Dans le cas concret, étudié par nous, les fréquences absorbées correspondent à la transition $J_{K+1} \to J_K$, où $K = 8$.

Les clichées, dont nous nous sommes servi, ont été empruntées au travail de TH. NETZER [5] et R. EYFRIG [6].

Les résultats sont représentés par la figure 7.

L'intervalle moyen entre deux fréquences voisines est de $1{,}20 \times 10^5$ Hz et correspond à un champ magnétique de 0,39 Gs. Il peut être facilement déduit si le moment magnétique terrestre est connu.

Normalement, les enregistrements contiennent les rayons ordinaires, correspondant aux transitions $+\frac{1}{2} \to +\frac{1}{2}$ ou $-\frac{1}{2} \to -\frac{1}{2}$ ou bien les deux à la fois, ainsi que les rayons extraordinaires engendrés par les ions dont le moment cinétique M fait le plus petit angle avec la direction du champ magnétique terrestre. Dans notre cas, la séparation maximum entre le rayon ordinaire et le rayon extraordinaire correspondant est de 840 kHz.

Il est de même à remarquer que les fréquences critiques des ondes ordinaires tombent d'un côté ou de l'autre de la fréquence critique, calculée en l'absence

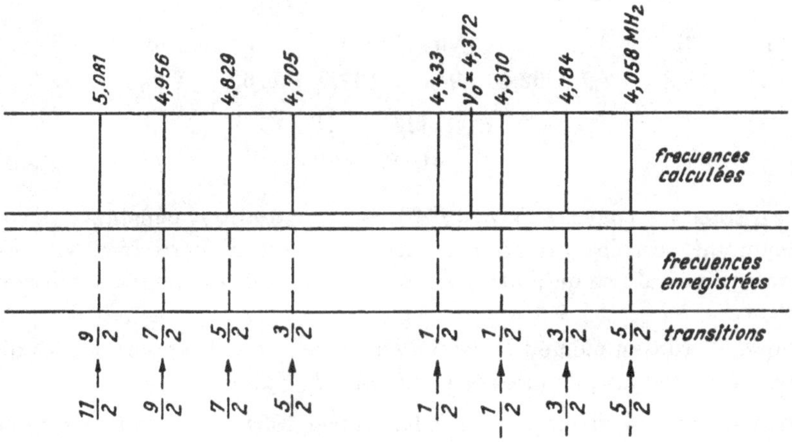

Fig. 7

du champ magnétique, et à une distance qui est la moitié au moins de l'intervalle qui sépare deux rayons contiguës.

TH. NETZER a trouvé, par exemple, la valeur 4376 qui est presqu'identique à la valeur calculeé 4372. Mais on pourrait, tout aussi bien, trouver les valeurs $4376 - 60 = 4316$ et $4376 + 60 = 4436$, trouvées, en effet, par GILLILAND et par SCOtt.

Localisations des altitudes apparentes où l'ionosphère réflédhit les ondes électriques

Les ondes électriques qui traversent l'ionosphère seront réfléchies dans les régions peuplées par le plus grand nombre d'ions négatifs, ayant une fréquence propre voisine de la fréquence des ondes considérées.

Afin de déterminer ces régions, il faudra calculer d'abord, pour chaque catégorie d'ions, la température à laquelle la densité des ions correspondant à un certain K, est maximum. Nous écrirons ensuite que l'énergie d'un ion négatif est la somme des énergies de rotation de la molécule et de l'électron attaché à celle-ci:

$$BK(K+1)hc + \tfrac{1}{2}\, BK(K+1)hc$$

Le nombre des ions ayant un moment total M est donné par la formule:

$$N_M = \frac{NhcB}{kT}\,(2M+1)\,e^{-\frac{3}{2}BK(K+1)\frac{hc}{kT}}$$

N étant le nombre total des ions négatifs contenus dans un centimètre cube. Cette formule n'est valable quantitativement qu'à la condition que T soit suffisamment éloigné du zéro absolut (0° K).

En posant $\frac{d N_M}{d T} = 0$, on trouve que N_M passe par un maximum pour chacune des températures suivantes:

K	1	2	3	4	5	6	7	8	9	10
T	6,28	18,8	37,7	62,8	94,3	132,0	176,0	226,3	282,9	345,7

K	11	12
T	419,9	490,0

Si l'on trace les courbes $N_M = f(T)$, en supposant N constant, on constate que, pour une certaine catégorie d'ions, N_M croît d'abord bien vite avec la température jusqu'à ce qu'il atteigne sa valeur maximum, pour decroître ensuite lentement.

Puisque T croît en même temps que l'altitude, on voit apparaître les diverses couches, désignées jusqu'à présent par $E_1 E_2 \ldots F_1 F_2 \ldots$

Il est évident qu'ainsi que je l'ai déjà fait voir en 1934, je n'admettrai qu'une seule couche ionisée. Ceci est d'accord avec les mesures directes, effectuées dans les dernières années, mais l'interprétation de ces mesures doit nécessairement tenir compte aussi de la présence des ions négatifs moléculaires d'oxygène.

Le problème complet de la réflexion exige une discussion plus ample des phénomènes observés au laboratoire, ainsi qu'une nouvelle interprétation des enregistrements ionosphériques conforméments aux résultats que nous venons d'exposer.

J'espère avoir sous peu, l'occasion de présenter cette étude.

Zusammenfassung

Kritische Frequenzen und Ionosphärenschichten

von Th. V. Ionescu, Bukarest

Es wird gezeigt, daß man das Verhalten der Ionosphärenschichten gegenüber Radiowellen erklären kann, wenn man nur die Eigenfrequenzen der negativen Molekülionen O_2^- dafür verantwortlich macht. Eine Übersicht der vom Autor durchgeführten Berechnungen der Eigenfrequenzen der Molekülionen O_2^- für verschiedene Übergänge wird diskutiert. Außerdem wird die Aufspaltung im Erdmagnetfeld behandelt. An Beispielen wird gezeigt, daß die Theorie gut mit dem Experiment übereinstimmt.

Literaturverzeichnis

[1] Ionescu, Th. V. u. Mihul, C., Annales Scientifiques de l'Université de Jassy, **17**, 1—2, 78 (1951); Le Journal de Physique et le Radium **6**, 35 (1935).

[2] Majeru, V., Annales Scientifiques de l'Université de Jassy, I-ère section **27**, 1, 136 (1941).

[3] Ionescu, Th. V., Revue de Physique **1**, 19 (1956).

[4] Bajpai, R. R. u. Pant, B. D., Indian Journal of Physics **12**, 211 (1938).

[5] Netzer, Th., Hochfrequenztechnik und Elektroakustik **55**, 86 (1940).

[6] Eyfrig, R., Hochfrequenztechnik und Elektroakustik **56**, 161 (1940).

Übergangswahrscheinlichkeiten in der Atomhülle

von R. MANNKOPFF, Göttingen

Um den Sinn des folgenden Berichts klarer hervortreten zu lassen, soll zunächst an eine Reihe bekannter Tatsachen erinnert werden.

Die klassische Mechanik und Elektrodynamik gestattete keine Darstellung der Lichtemission und Absorption ohne eine Anzahl von Zusatzannahmen. Erst die Beschränkung auf die beobachteten Größen machte eine widerspruchsfreie Beschreibung oder sogar Berechnung der Vorgänge im Atom möglich. Solche beobachtbaren Größen sind z. B. Wellenlängen oder Frequenzen von Spektrallinien und die Intensitäten der einzelnen Linien in den Spektren. Ferner ist daran zu denken, daß weitere Größen, die wir messen können, elektrische und magnetische Felder sind, auch stationäre. So ist es zum mindesten verständlich, daß auch in den Atomen stationäre Feldverteilungen möglich sind, die den Energieniveaus der Zustände entsprechen. Aus den Differenzen der Energieniveaus folgen die Linienfrequenzen mit der einfachen Planckschen Quantenbedingung als $\nu = \frac{E_i - E_k}{h}$.

Eine derartig einfache Beziehung gibt es für die Intensitäten der Linien nicht. Für eine strahlende Gasschicht, die so dünn ist, daß in ihr keine merkliche Absorption stattfindet, wird die Intensität I_ν pro Raumwinkeleinheit in erg/sec proportional sein der Schichtlänge l, der Größe des einzelnen Strahlungsquants $h\nu$, der Zahl N_i der Atome im oberen Anregungszustande i, und außerdem der Übergangswahrscheinlichkeit A_{ik}, einem Faktor, der die Zahl der Übergänge $i \rightarrow k$ des Atoms vom Zustand i in den tieferen Zustand k angibt. Es wird demnach

$$I_\nu = l\, h\nu N_i A_{ik} \text{ erg/sec.}$$

EINSTEIN hat gezeigt, daß beim Strahlungsgleichgewicht, also bei einer räumlichen Strahlungsdichte u_ν, die der PLANCKschen Strahlungsformel genügt, für jede Frequenz ν die Zahl der spontanen Übergänge $i \rightarrow k$ im cm^3 ist $= A_{ik} N_i u_\nu$, ebenso die Zahl der Absorptionsübergänge $k \rightarrow i$ ist $= B_{ki} N_k u_\nu$.

Hinzu kommt eine vom Strahlungsfeld erzwungene Emission $= B_{ik} N_i u_\nu$. Also, da Gleichgewicht zwischen in der absorbierten und emittierten Energie herrscht

$$(A_{ik} + B_{ik} u_\nu) N_i g_i = g_k N_k B_{ki} u_\nu.$$

Die statistischen Gewichte g_i und g_k müssen berücksichtigt werden, da sie stets, auch bei Singulettermen für den oberen und unteren Zustand verschieden sind. Nun ist nach BOLTZMANN $N_i/N_k = \frac{g_k}{g_i} e^{-\frac{E_i - E_k}{kT}} = \frac{g_k}{g_i} e^{-\frac{h\nu}{kT}}$, setzt man das in (1) ein, so ergibt sich

$$u_\nu = \frac{A_{ik}}{\frac{g_k}{g_i} B_{ki} e^{\frac{h\nu}{kT}} - B_{ki}}$$

was für $\frac{h\nu}{kT} \ll 1$, wenn man $e^{\frac{h\nu}{kT}}$ in eine Reihe entwickelt, übergehen muß in

$$u_\nu = \frac{8\pi\nu^2}{c^3} kT,$$

(nach RAYLEIGH-JEANS). Daraus folgt dann

$$A_{ik} = \frac{8\pi h\nu^3}{c^3} B_{ik} = \frac{8\pi h\nu^3}{c^3} \frac{g_k}{g_i} B_{ki}.$$

Über diese Übergangswahrscheinlichkeiten A_{ik}, B_{ik} und B_{ki} ist damit zunächst nicht mehr gesagt, als daß sie Atomeigenschaften sind.

Verwandt damit ist ein anderer Begriff, der nach der klassischen Elektrodynamik aus der Absorption in dünner Schicht abgeleitet werden kann, die Oszillatorenstärke f. Durch Integration des klassischen Absorptionsindex $k_\nu = nk \frac{4\pi\nu}{c}$ über die Frequenz findet man die Gesamtabsorption für ein System von $\mathfrak{N}$ Oszillatoren (Schichtdicke l)

$$A_\nu = l\int k_\nu d\nu = \frac{\pi e^2}{mc} l\mathfrak{N},$$

worin $\mathfrak{N}$, die Zahl der Oszillatoren pro cm^3 $= Nf$ gesetzt wird. N ist die Zahl der absorbierenden Partikel, f heißt Oszillatorenstärke. Nach EINSTEIN ist andererseits die absorbierte Energie pro cm Schichtdicke

$$A_\nu = B_{ki}\, g_k\, h\nu = \frac{\pi e^2}{mc} Nf, \text{ so daß sich für } f \text{ ergibt: } f_{ki} = \frac{mc\,h\nu}{\pi e^2} B_{ki}\, g_k.$$

f_{ki} gibt den Bruchteil der absorbierenden Atome (also der Atome im Zustande k) an, der die Frequenz ν_{ki} absorbiert. (Die Oszillatorenstärken sind demnach reine Zahlen, die A_{ik} von der Größenordnung 10^8 pro sec für die Leuchtelektronen der Atomhülle.)

Ähnlich gilt für emittierte Energie pro cm^3 und sec

$$I_\nu = N_i g_i\, A_{ik}\, h\nu = N_i B_{ki} \frac{g_k}{g_i} \frac{8\pi h\nu^3}{c^3} h\nu = N_i \frac{8\pi^2 h\nu^3 e^2}{mc^3} f_{ik}$$

(wenn wir statt A_{ik} das B_{ki} einführen).

Wie hängt die Übergangswahrscheinlichkeit mit den Bewegungen im Atom zusammen?

Die klassische Elektrodynamik lieferte für die Gesamtausstrahlung in erg/sec eines schwingenden elektrischen Dipols $e\mathfrak{r}$ die HERTZsche Lösung:

$$I_\nu = \frac{64\,\pi^4}{3\,c^3}\,\nu^4\,|e\,\mathfrak{r}_o|^2.$$

Die Quantenmechanik gestattete einen ähnlichen Ausdruck zu bilden

$$I_\nu = A_{ik}\,h\nu_{ik} = \frac{16\,\pi^3}{3\,c^3 h}\,e^2 \sum_k \nu_{ik}{}^4 |2\,\mathfrak{r}_{ik}|^2.$$

In der klassischen Formel ist $\mathfrak{r}_o$ einfach die Amplitude der Dipolschwingung. Beim Atom haben wir es nicht nur mit einem Dipol zu tun. Was wir beobachten, sind zahlreiche Frequenzen ν_{ik}, die als $\nu_{ik} = \frac{E_i - E_k}{h}$ zu den Energiezuständen E_i und E_k gehören, denen selbst wieder Eigenwerte der Schrödingergleichung entsprechen.

Obwohl also nicht der einfache klassische Fall vorliegt, lassen sich doch die Intensitäten auch quantenmechanisch ausdrücken bzw. ausrechnen, wenn man nur die Eigenfunktionen Ψ_i, Ψ_k als bekannt voraussetzen darf. Man verfährt hierzu so, daß man das Produkt der Ψ, nämlich $\Psi_i\,\Psi_k$ als die Wahrscheinlichkeit dafür auffaßt, daß eine Atomeigenschaft z. B. die Masse oder Ladung der Elektronen am Ort $\mathfrak{r}$ auftritt. So wird $\varrho = \Psi^*\,\Psi$ die räumliche Dichte der Elektronen, ebenso kann man eine räumliche Dichte des Teilchenstromes $\mathfrak{j} = \frac{h}{2\,\pi\,i\,m}\,(\psi^*\,\mathrm{grad}\,\psi - \psi\,\mathrm{grad}\,\psi^*)$ bestimmen. Durch Multiplikation mit e gehen ϱ und $\mathfrak{j}$ in räumliche elektrische Ladungs- und Stromdichte über. (Es handelt sich dabei um die zeitabhängige ψ-Funktion.) Diese Stromverteilung muß nun ein Strahlungsfeld erzeugen, dessen elektrische und magnetische Feldstärken $\mathfrak{E}$ und $\mathfrak{H}$ aus Anteilen der Frequenzen ν_{ik} superponiert werden können. Beschränken wir uns auf Dipolstrahlung (zulässig falls $\lambda = \frac{c}{\nu} \ll$ als die Dipolabmessungen), so können wir, wie im klassischen Fall, für die Strahlungsintensität den POYNTINGschen Vektor $\mathfrak{S} = \frac{c}{4\,\pi}\,[\mathfrak{E}\,\mathfrak{H}]$ bilden (indem wir die Reihenentwicklung für $\mathfrak{E}$ und $\mathfrak{H}$ hinter dem ersten Gliede abbrechen).

Es treten dabei die Matrixelemente des Impulses

$$\mathfrak{p}_{ik} = \frac{h}{2\,\pi_i}\int \psi^*\,\mathrm{grad}\,\psi\,d\tau$$

auf. Diese $\mathfrak{p}_{ik}$ lassen sich durch die Ortsvektoren $\mathfrak{r}$ mit Hilfe der Beziehung zwischen den Matrizen für $\mathfrak{p}$, $\mathfrak{r}$ und E als

$$\mathfrak{r}\,m = \frac{h}{2\,\pi}\,(E\,\mathfrak{r} - \mathfrak{r}\,E)\,m$$

ausdrücken, wobei die E und $\mathfrak{r}$ Operatoren, also besondere Rechenvorschriften darstellen. Die Matrixelemente des Impulses $\mathfrak{p}_{ik}$ ergeben sich dann als

$$\mathfrak{p}_{ik} = \frac{2\pi i}{h} m (E_i - E_k) \mathfrak{r}_{ik},$$

worin $\mathfrak{r}_{ik}$ die Elemente einer Matrix sind, die die klassische Amplitude vertritt. Diese $\mathfrak{r}_{ik}$, die Elemente der „Koordinatenmatrix" hängen ihrerseits mit den ψ-Funktionen zusammen. Sie ergeben sich als

$$|\mathfrak{r}_{ik}| = \int \mathfrak{r} \psi_i^* \psi_k d\tau.$$

Die Dimension der $\mathfrak{r}_{ik}$ ist die einer Länge, also [cm]. So entsteht durch Integration des Poynting-Vektors über die Kugel der Mittelwert der Gesamtausstrahlung für den Übergang $i \to k$

$$\overline{S}_{ik} = \frac{16\pi^3 e^2}{3c^3} \gamma_{ik}^4 (\mathfrak{r}_{ik}^2 + \mathfrak{r}_{ki}^{*2}) = A_{ik} h\nu = \frac{16\pi^3 e^2 \nu^3}{3hc^3} |\mathfrak{r}_{ik}| h\nu_{ik}.$$

Es sind demnach die Übergangswahrscheinlichkeiten außer durch die Frequenzen und die Konstanten gegeben durch die Elemente $\mathfrak{r}_{ik}$ der Koordinatenmatrix, die ihrerseits wieder mit den Eigenfunktionen zusammenhängen als

$$\mathfrak{r}_{ik} = \int \mathfrak{r} \psi \psi^* d\tau.$$

Kennt man also das vollkommene System der A_{ik}, so müssen sich, wie man die $\mathfrak{r}_{ik}$ aus den Eigenfunktionen berechnen kann, umgekehrt aus den $\mathfrak{r}_{ik}$ auch Schlüsse auf die Eigenfunktionen ziehen lassen, die für Mehrelektronensysteme schwer zu berechnen und daher auch nur zum kleinsten Teile bekannt sind.

Die Gesamtausstrahlung — die Parallele zum Hertzschen Vektor — ist für das Niveau i

$$S_{ik} = \sum_k \overline{S}_{ik} = \frac{16\pi^3 e^2}{3c^3} \sum_k \nu_{ik}^4 |\mathfrak{r}_{ik}|^2 = \sum_k A_{ik} h\nu_{ik}.$$

Damit kommen wir zu der Frage, was denn bisher an f-Werten bekannt ist.

Zur Bestimmung der A_{ik} oder f-Werte standen bisher wesentlich 3 Verfahren zur Verfügung. Der Dispersionsverlauf in der Nähe der Linien, die Messung der Absorption, und zwar der Gesamtabsorption dünner Gasschichten und die Messung der Emission ebenfalls an dünnen Schichten.

1. Bestimmung der f_{ik} aus der anomalen Dispersion

Während der Brechungsindex n in Gasen im allgemeinen von 1 nicht sehr verschieden ist, erreicht er in der Nähe von Absorptionslinien vielfach erhebliche Werte. Es entstehen bei gekreuzten Prismen die bekannten Abweichungen vom geradlinigen Verlauf eines kontinuierlichen Spektrums. Schaltet man in den Lichtweg eines Interferometers zwei identische Rohre, das eine mit dem zu untersuchenden Gas, so entstehen bei spektraler Zerlegung Streifen, mehr oder weniger geneigt, die dort, wo n merklich von 1 abweicht, abbiegen, und zwar ist die Abweichung, wenn λ_o, die Wellenlänge einer hinreichend isolierten Linie $= \lambda_{ik}$, N die Partikelzahl pro cm^3

$$\Delta (n - t) = \frac{e^2}{4 \pi m c^2} \cdot \frac{\lambda_o^3}{\lambda - \lambda_o} N f_{ik},$$

woraus also f zu bestimmen ist, wenn N bekannt ist.

Die Ausmessung der $\Delta (n - 1)$ vereinfacht sich durch die Hakenmethode von ROSCHDESTWENSKY [1]. Einführen eines großen Gangunterschiedes bewirkt steilen Verlauf der Interferenzstreifen im kontinuierlichen Spektrum. Das scharfe Abbiegen der Streifen ist dann sehr gut zu beobachten und für die Nf gilt die Formel

$$N f = \frac{4 \pi m c^2}{e^2} \frac{\lambda' - \lambda''}{\lambda_o^3} \cdot \frac{K}{4 d}.$$

d ist die Schichtlänge, $K = \frac{m \lambda}{\Delta \lambda}$ eine der Methode eigentümliche Konstante, in der m eine Anzahl von Interferenzstreifen in der Nähe der Absorptionslinie bedeutet, λ eine mittlere Wellenlänge und $\Delta \alpha$ die Wellenlängendifferenz zwischen dem ersten und dem m-ten Streifen. Es wird also der Abstand der Hakenspitzen gemessen.

Nach diesem Verfahren sind eine größere Anzahl von f-Werten gemessen, vor allem von PROKOFJEW und Mitarbeitern [2][3], von LADENBURG und Mitarbeitern und von LADENBURG und KOPFERMANN [4][5], zunächst vor allem bei den Alkalimetallen und bei Tl, die man in Flammen oder auch bei geeigneter Anordnung in geheizten Rohren (K-Dampf) untersuchen konnte, ferner (KOPFERMANN und LADENBURG) [6][7] bei Neon, wo man N leicht aus dem gemessenen Gasdruck bestimmen kann. (Kennt man N nicht, so erhält man nur relative f-Werte für die verschiedenen Übergänge.) Bei den Alkalimetallen konnte man die f bzw. A_{ik} auch quantenmechanisch berechnen. Zum Beispiel ergab sich für Li und die Hauptquantenzahlen n die Werte der Tabelle 1.

2. f-Werte bestimmt aus der Absorption dünner Schichten

Eine dünne Schicht absorbiert einfallende Strahlung der Intensität $I_{\nu o}$ proportional der Schichtlänge l und dem Absorptionsindex k_ν. Durchgelassen wird also $I_\nu = I_{\nu o}(1 - k_\nu l)$. Die gesamte absorbierte Energie bezogen auf $I_{\nu o}$ wird für einen Frequenzbereich $\nu_o + \Delta \nu$

$$A_\nu = \int \frac{I_{\nu o} - I_\nu}{I_{\nu o}} d\nu = l \int k_\nu d\nu = l \int \frac{4 \pi n \varkappa}{c} d\nu = \frac{\pi e^2}{m c} l N f,$$

wenn man für k_ν den klassischen Wert für Oszillatoren einführt. Diese Gesamtabsorption ist demnach unabhängig von der Linienbereite und nur abhängig von f. Man hat daher nur zu messen, wieviel aus einem Kontinuum in einem gewissen Bereich $\nu_o + \Delta \nu$, der die ganze Breite der Linie einschließt, herausgenommen wird.

Derartige Messungen sind zahlreich durchgeführt, z. B. von TRUMPY [9] bei Li und Na. Dabei zeigte sich bei Li, daß das Verhältnis $\frac{f_m}{f_{m+1}}$ aufeinanderfolgender f-Werte ein Minimum durchlief — abweichend vom erwarteten Verlauf mit etwa $\frac{1}{n^3}$, was mit dem Ergebnis der genaueren quantenmechanischen Berechnung aus den Eigenfunktionen übereinstimmte (Tabelle 3).

Tabelle 1

f-Werte von Li nach B. TRUMPY (α)

Hauptquantenzahl n	λ (Å)	f (berechnet)	f (gemessen) (relative Werte)
= 2	6708	= 0,750	0,750
3	3233	0,0055	0,0055
4	2741	0,0052	0,0048
5	2563	0,0025	0,0032

Absolutmessungen liegen z. B. vor für Na D (Tabelle 2).

Tabelle 2

f-Werte für Na [8]

Hauptquantenzahl n	λ (Å)	f (berechnet)	f (gemessen)
3	5890/96	0,975	1,00
4	3303	0,0144	0,0144
5	2853	0,00241	0,00211
6	2680	0,00098	0,00065

Die Beobachtungsfehler sind auch bei den besten Messungen noch recht groß und werden von den Autoren auf 7% bis 25% geschätzt, oder bei Neon von LADENBURG und KOPFERMANN mit 10% bis 30% für die einzelnen Linien angegeben.

Tabelle 3

Verhältnis f_m/f_{m+1} aufeinanderfolgender f-Werte einer Serie von Linien bei Li (nach TRUMPY und FILIPPOW)

Laufzahl m	$\frac{f_m}{f_{m+1}}$		
	berechnet (TRUMPY)	gemessen (TRUMPY)	gemessen (FILIPPOW)
1	136,0	—	136,5
2	1,17	1,20	1,15
3	1,86	1,70	1,52

Weitere Bestimmungen relativer f-Werte stammen von KING und Mitarbeitern. Das Temperaturgleichgewicht im KINGschen Kohlerohrofen ermöglicht es, Aussagen auch — wenigstens annähernd — über N zu machen. So sind von KING [10] [11] und von KING und STOCKBARGER [12], außer den früheren Messungen relativer f-Werte für 47 Fe I-Linien auch Absolutwerte für Cd I 3261 Å (0,0023), Cu I 3247/74 Å $\sim$ 0,47/0,8 und mehrere Fe I-Linien bestimmt. Es wurde hierzu das Absorptionsgefäß im inneren, thermokonstanten Raum eines sehr sorgfältig konstruierten Ofens angebracht, da es sich um Resonanzlinien handelte, konnte T niedrig sein.

Um die Unsicherheit bei der Bestimmung des Dampfdrucks auszuschalten, haben KOPFERMANN und WESSEL [13] [14] einen Fe Atomstrahl verwendet, der die von einer Hohlkathode ausgehende Strahlung der gleichen Eisenlinie absorbierte und die Linien interferometrisch aufgelöst. Die Gesamtintensität mit und ohne Absorption wurde mit einer Photozelle gemessen, oder es wurden auch die Flächen photometrisch ausgewertet.

Der Absorptionsindex k_ν der Linie ergab sich zu

$$k_\nu = \frac{\sqrt{\pi} e^2 N l f}{m c} \beta e^{-\beta^2 (\nu - \nu_0)^2},$$

wo β aus der Ofentemperatur und dem Öffnungswinkel des Atomstrahls berechnet wurde.

Charakteristisch ist, daß nicht einfach die „Äquivalentbreite" der Linie benutzt werden kann, wie bei Absorption eines kontinuierlichen Spektrums, sondern eine DOPPLER-Verteilung (GAUSS-Kurve) für die Absatzlinie, wie für die Emissionslinie angesetzt werden mußte. Für letztere wird $i(\nu) = i(\nu_0) e^{-\alpha^2 (\nu - \nu_0)^2}$, für die Absorptionslinie gilt $k(\nu) = c e^{-\beta^2 (\nu - \nu_0)^2}$, worin β aus der Ofentemperatur und dem Öffnungswinkel des Atomstrahls berechnet werden kann, während die Konstante

$$c = \frac{\sqrt{\pi} N l f}{m c} \beta$$

ist. Die Fe-Menge wurde auf der Wagschale einer eigens konstruierten elektrischen Mikrowaage kondensiert. Für Fe I, $\lambda = 3720$ ergab sich der Wert 0,043, während KING 0,013 fand.

3. f-Werte aus der Emission dünner Schichten

Bei dünner Schicht sind die Emissionsintensitäten $I_\nu = A_{ik} N_i h \nu$ den A_{ik} und den f_{ik} proportional.

Es gilt

$$I_\nu = \int_0^e k(\nu)\, u(\nu) e^{-k_\nu x}\, dx = u(\nu)(1 - e^{k_\nu l})$$

und für die Oszillatorenstärke f

$$\int I_\nu d\nu = u_\nu \frac{\pi e^2}{m c} N f l,$$

der für den Übergang $i \to k$ emittierten Gesamtintensität $I\nu_{ik}$ pro cm³ und sec:

$$I\nu_{ik} = A_{ik} N_i g_i h\nu = \frac{8\pi^2 h\nu^3 e^2}{c^3 m} N_i f.$$

Wie schon die Messungen von L. S. ORNSTEIN und Mitarbeitern (die Utrechter Schule, vor allem ORNSTEIN, BURGER und DORGELO) an den Intensitätsverhältnissen der Multiplettlinien zeigten, ist Vorbedingung eine strenge Kontrolle auf optisch dünne Schicht. Hier hat zunächst CARTER [15] aus der Emission eines KINGschen Ofens die relativen f-Werte für 47 Fe I-Linien bestimmt. Gemessen wurden die Intensitäten mit Photomultiplier bei einer Ofentemperatur von 2800° K. Die Werte wurden angeschlossen an die Absolutbestimmungen von KING im Bereich von 4219 bis 5341 Å.

Weitere Bestimmungen verdanken wir H. MAECKER, sie wurden in dem in Kiel entwickelten Hochstromlichtbogen durchgeführt, dem durch eine Wasserhaut stabilisierten Rohrbogen. Betreibt man ihn statt mit Wasser mit Alkohol, so hat man ein Gemisch, das C und H in bekanntem Verhältnis enthält. Daher war es möglich, die Intensität der C-Linien auf die bekannten f-Werte der H-Linien zu beziehen und so Absolutwerte zu erhalten. Da H_β nicht absorbiert war, konnte auch für die C-Linien Selbstabsorption als vermieden angesehen werden. Die Temperatur wurde aus dem H-Kontinuum zu 11 500° C bestimmt.

Gemessen wurden

8 Linien des C I von 2583 bis 5806 Å (Singulett-Triplett-System)

3 Linien von C II von $\underbrace{2509, 2512}_{\text{PD}}$, $\underset{\text{SP}}{2836}$ Å (Dublett-System).

Die Fehlerabschätzung ergab Fehlermöglichkeiten von 13 bis 20%, die Streufehler der Messungen waren 4% bis 25%.

Messungen der f-Werte von O I hat G. JÜRGENS [17] ebenfalls im wasserstabilisierten Lichtbogen durchgeführt. Hier wurde der Bogen von der Seite abgebildet und die Strahlungsintensität nach bekannten Methoden auf die spezifische Emission für die Achsentemperatur umgerechnet, die 12 650° K betrug.

Die Wellenlängen der 18 gemessenen Linien liegen zwischen 3900 und 8300 Å. Relative Fehler werden angegeben von 5,5% über 10, 16, 27% bis zu 30% für die verschiedenen Linien. Die Absolutwerte wurden durch Vergleich mit dem Kohlekrater als Strahlungsnormal gewonnen.

Die Messungen konnten mit bereits vorliegenden Rechnungen von BATES und DAMGARD [18] verglichen werden. Dabei lagen die Abweichungen in der Größenordnung von ± 25%. Bei der Schwierigkeit der Rechnungen wie der Fehlergrenze der Messungen ist diese Übereinstimmung bereits befriedigend.

Ferner hat A. EBERHAGEN in einem Wälzbogen (in der Achse eines 6 cm weiten Glasrohres) Übergangswahrscheinlichkeiten bei Sr bestimmt. Die Absolutintensitäten wurden ebenfalls durch Reduktion auf den Kohlekrater gewonnen. Der große Durchmesser der Bogensäule erleichterte die genaue Messung des Intensitätsverlaufes quer zur Bogenachse. In diesem Falle wurde nicht die Intensität in einem bestimmten Achsenabstand, z. B. in der Bogenachse, zugrunde gelegt, sondern der ganze Intensitätsverlauf quer über den Bogen mit dem vorher gemessenen Verlauf der Elektronendichte verknüpft, die wiederum (über die SAHA-Gleichung) für die Gesamtstromstärke verantwortlich ist.

Auf diese Weise ergaben sich 74 f-Werte, wobei als obere Fehlergrenze etwa 20% angegeben werden.

Eine gewisse Stütze für diese Messungen bedeutet es, daß die Summen der Oszillatorenstärken von Multiplettlinien, die den gleichen oberen oder unteren Term gemeinsam haben, der Summenregel gehorchen, z. B. ergaben sich für die Singulettübergänge $m\,^1D_2$—$5\,^1P_1$ und mP, mF—$4\,^1D_1$ die Werte $\sum f = 0{,}843$ und 0,862. Das spricht für die Güte der Messungen und gegen grobe systematische Fehler.

Nach alledem darf man sagen, daß die Zahl der Absolutmessungen noch nicht groß ist. Außer für die Alkalien besitzen wir Angaben nur für einige Ti I-Linien, für 6 Tl I-Linien, ferner für 18 O I und 12 C-Linien, für einzelne (2) Fe-I sowie je eine Cd und Ba-Linie, außerdem die 74 Werte von Sr I.

Auch die Genauigkeit ist nicht groß, man muß mit wenigen Ausnahmen noch auf Fehlergrenzen von 20—30% gefaßt sein. Daß gelegentlich auch noch erhebliche systematische Fehler auftreten können, zeigt der Vergleich der Absolutmessungen für die beiden Fe I-Linien 3720 Å und 3737 Å von KING mit denen von KOPFERMANN-WESSEL und neuen von ZIOCK [20], wobei die Werte von KING um etwa den Faktor 3 zu klein zu sein scheinen. Jedenfalls reicht die Güte der Messungen vorläufig noch nicht aus, um den Theoretikern bei ihrem Bemühen um Ermittelung der Eigenfunktionen wirksam zu helfen. Der Fortschritt wird wohl davon abhängen, ob es gelingt, die Genauigkeit der Messungen wesentlich zu erhöhen.

Literaturverzeichnis

[1] ROSCHDESTWENSKY, D., Ann. Physik **39**, 307 (1912).
[2] PROKOFJEW, W. K. u. SOLOWJEW, W., Z. Physik **48**, 276 (1928).
[3] FILIPOW, A. u. PROKOFJEW, Ebenda **85**, 647 (1933).
[4] LADENBURG, R., Ebenda **48**, 15 (1928).
[5] LADENBURG, R. u. LEVY, S., Ebenda **65**, 189 (1930).
[6] KOPFERMANN, H. u. LADENBURG, R., Ebenda **48**, 30 (1928).
[7] LEVY, S., Ebenda **72**, 578 (1931).
[8] UNSÖLD, A., Physik d. Sternatmosphärae. II. Aufl.
[9] TRUMPY, B., Z. Physik **34**, 715 (1921); **71**, 720 (1931).
[10] KING, R. B., Ap. J., **82**, 377 (1935); **87**, 24 (1938).
[11] KING, R. B., Ap. J., **91**, 488 (1940).
[12] KING, R. B. and STOCKBARGER, D. C., Ap. J., **95**, 78 (1942).
[13] WESSEL, G., Z. Physik **126**, 440 (1949).
[14] KOPFERMANN, H. u. WESSEL, G., Ebenda **130**, 100 (1951).
[15] CARTER, W. W., Physic. Rev. **76**, 962 (1949).
[16] MAECKER, H., Z. Physik **135**, 13 (1953).
[17] JÜRGENS, G., Ebenda **138**, 613 (1954).
[18] BATES, D. R. u. DAMGARD, A., Philos. Trans. Roy. Soc., London, Ser. A, N 842, **242**, 101 (1949).
[19] EBERHAGEN, A., Z. Physik **143**, 312, 392 (1955).
[20] ZIOK, K., Physik. Verh. **7**, 208 (1956).

Zur Berechnung von Übergangswahrscheinlichkeiten und Oszillatorstärken

von ELEONORE TREFFTZ, Göttingen

Einleitung

Der folgende Vortrag soll einen Überblick geben über Gedanken und Methoden, die der theoretischen Bestimmung der Übergangswahrscheinlichkeiten und Oszillatorstärken dienen. Naturgemäß wird dabei die Lösung der SCHRÖDINGER-Gleichung als solcher im Vordergrund stehen. Eine Vollständigkeit im Hinblick auf die Verfahren im einzelnen wurde nicht angestrebt, noch weniger Vollständigkeit der angeführten Literatur. Im wesentlichen handelt es sich um Übergangswahrscheinlichkeiten im diskreten Spektrum. Rechnungen für das Kontinuum sind nur in Einzelfällen erwähnt.

Problem

Bei der theoretischen Bestimmung der Übergangswahrscheinlichkeiten und Oszillatorstärken handelt es sich um die Lösung der SCHRÖDINGER-Gleichung

$$H\psi = E\psi,$$

wobei für N Elektronen im nichtrelativistischen Fall

$$H\psi = \left(-\frac{1}{2}\sum_{i=1}^{N}{}' \nabla_i^2 + V(r_i)\right)\psi = E\psi, \qquad V(r_i) = -\sum_{i=1}^{N}\frac{Z}{r_i} + \sum_{\substack{i=1\\k>i}}^{N}\frac{1}{r_{ik}} \tag{1}$$

und um die Bestimmung des Integrals für Dipolstrahlung[1])

$$\begin{aligned}\int \psi_m \sum \vec{r_i}\, \psi_n\, dt &= \frac{+1}{E_n - E_m}\int \psi_m \sum_{i=1}^{N}{}' \mathrm{grad}_i\, \psi_n\, d\tau \\ &= \frac{1}{(E_n - E_m)^2}\int \psi_m \left(\sum_{i=1}^{N} \mathrm{grad}_i\, V\right)\psi_n\, d\tau .\end{aligned} \tag{2}$$

Alles in atomaren Einheiten; $E_n - E_m = \nu_{nm}/2$ in RYDBERG. Wir bezeichnen die drei Integrale als Dipollänge, Dipolgeschwindigkeit und -beschleunigung.

Für verbotene Linien und in schwereren Elementen ist Spin-Bahn-Kopplung zu berücksichtigen. Für elektrische Quadrupolstrahlung und magnetische Dipolstrahlung gelten ähnliche Formeln.

---

1) CHANDRASEKHAR [7].

Im allgemeinen muß man sich mit Näherungen für ψ_m, ψ_n begnügen. Als Maß für die Güte der Näherung wird gewöhnlich die Energie genommen; sie nimmt für die wahren Eigenfunktionen einen Extremalwert an:

$$(\psi | H | \psi) = \int \psi^* H \psi \, d\tau = \text{Extr.} = E \text{ unter der Nebenbedingung}$$
$$(\psi, \psi) = \int |\psi|^2 \, d\tau = \text{const} = 1, \tag{3}$$

und ist deshalb ziemlich unempfindlich gegen Fehler in der Wellenfunktion. Auch Gl. (2) kann als Kontrolle herangezogen werden. Welcher der Ausdrücke (2) den besten Wert der Oszillatorstärke liefert, richtet sich danach, in welchem Gebiet $(\vec{r_1}, \ldots, \vec{r_N})$ die Näherungen für $\psi_{m,n}$ die wahren Funktionen am besten annähern. Für Näherungen, die aus dem Variationsprinzip (3) bestimmt sind, dürfte die Dipolgeschwindigkeit am günstigsten sein[2]). Für Übergänge zwischen zwei Zuständen des kontinuierlichen Spektrums gilt (2) nicht mehr. In dem Fall ist nur der letzte Ausdruck (Dipolbeschleunigung) endlich.

Hylleraas' Berechnung des He

Als Grundlage für das Weitere sei zunächst die bekannte Rechnung von Hylleraas [16] am He aufgeführt, die nach der Ritzschen Methode arbeitet. Für den Grundzustand setzt seine erste[3]) Näherung ψ als Produkt von zwei gleichen „Einelektronenfunktionen", 1s-Funktionen im Feld der durch das 2. Elektron abgeschirmten Kernladung $Z - \sigma$

$$\psi = \text{const} \cdot e^{-(Z-\sigma)(r_1+r_2)} \text{[4]}). \tag{4}$$

Mit $\sigma = \frac{5}{16}$ ergibt sich $-2\,\text{E} = 5{,}695$ gegenüber experimentell 5,8075; Fehler 0,113. Die zweite Näherung ist

$$\begin{aligned} \psi &= \text{const} \cdot e^{-k(r_1+r_2)} \cosh c\,(r_1 - r_2) \\ &= \text{const} \cdot \tfrac{1}{2} \left[e^{-(k+c)\,r_1} e^{-(k-c)\,r_2} + e^{-(k-c)\,r_1} e^{-(k+c)\,r_2}\right] \end{aligned} \tag{5}$$

und entspricht der ^1S-Funktion von 2 1s-Elektronen, die in verschiedenem Abstand um den Kern umlaufen, das eine unter der effektiven Kernladung

$$Z - \sigma_1 = k + c = 2{,}20,$$

das andere unter

$$Z - \sigma_2 = k - c = 1{,}20.$$

Es ergibt sich $-2\,\text{E} = 5{,}751$, Fehler 0,057.

In der dritten Näherung wird der gegenseitige Abstand r_{12} der beiden Elektronen explizit eingeführt:

$$\psi = e^{-2k(r_1+r_2)} (1 + c_1 k^2 (r_1 - r_2)^2 + c_2 k r_{12}). \tag{6}$$

---

[2]) Vgl. z. B. [7].

[3]) Die Numerierung der Näherungen ist hier willkürlich eingeführt.

[4]) Da hier im Gegensatz zu Hylleraas atomare Einheiten benutzt sind, haben die Konstanten eine etwas andere Bedeutung als bei Hylleraas, entsprechend der Umrechnung r/at. Einh. = 2 Zr/Hylleraas-Einheiten.

Man erhält $-2\,E = 5{,}805$, Fehler 0,003 ($2\,k = 1{,}91$, $c_1 = 0{,}16$, $c_2 = 0{,}32$), also einen beträchtlich kleineren Fehler als in den vorhergehenden Näherungen. Der letztgenannte Ansatz läßt sich leider schwer auf mehr Elektronen erweitern. Er wurde von HELLMANN [14] auf Mg angewandt, indem die beiden Leuchtelektronen im Felde des Atomrumpfes betrachtet wurden. Jedoch lassen sich Einwände machen gegen die Art, wie das Rumpfpotential bestimmt wurde. In dem Energiewert, für den HELLMANN sich interessiert, kompensieren Fehler im Rumpfpotential weitgehend Fehler in der Wellenfunktion der Leuchtelektronen. Wieweit dies aber für Übergangswahrscheinlichkeiten gilt, ist schwer abzuschätzen. Nach der gleichen Methode hat neuerdings SZÁSZ [29] den Grundzustand der negativen Alkali-Ionen und Ca berechnet. In diesem Zusammenhang sei auf die Bestimmung von Rumpfpotentialen bei GOMBÁS (Statistisches Modell [11]) und bei GÁSPÁR [10] (universales Potential als Funktion des Thomas-Fermi-Radius $x = 1{,}1296\, Z^{1/3} r$, bestimmt in Anlehnung an ,,Self consistent field"-Rechnungen) hingewiesen. Ein reines 2-Elektronen-Ion von astrophysikalischem Interesse ist H^-. CHANDRASEKHAR [7] benutzt den von HENRICH [15] berechneten Grundzustand mit einem HYLLERAAS-Ansatz mit 11 Parametern (höhere Potenzen von $r_1 + r_2$, $r_1 - r_2$, r_{12} berücksichtigt), und MASSEY und MOISEIWITCH [23] erweitern das Verfahren auf Kontinuumzustände. Etwas anders geht PLUVINAGE [25] vor bei He. Er führt die Variabeln $r_1 + r_2$, $(r_1 - r_2)/(r_1 + r_2)$ und $r_{12}/(r_1 + r_2)$ ein und geht bei der Bestimmung von Näherungsfunktionen direkt von der Differentialgleichung aus.

Einelektronen-Näherungen

Die am meisten angewendete Methode für Vielelektronensysteme ist die ,,self-consistent-field"-Methode von HARTREE [13] bzw. ihre Erweiterung von FOCK [9] (vgl. auch HARTREE 1946, wo die Literatur zusammengefaßt ist). HARTREE betrachtet jedes Elektron (i) für sich im Feld des Kerns und der Ladungsdichte $\varrho = \sum_{k \neq i} |\varphi(r_k)|^2$ der übrigen Elektronen [$\varphi(r_k)$ Wellenfunktion des k-ten Elektrons]. Damit das Feld kugelsymmetrisch ist, wird ϱ über die Kugelfläche gemittelt. Dann hat $\varphi(r_i)$ die Form

$$\varphi(r_i) = \varphi(n, l, m, m_s/r_i) = \frac{1}{r_i} P_{nl}(r_i)\, Y_{lm}(\vartheta_i \varphi_i) \cdot \eta\,(m_s/\sigma), \tag{7}$$

n, l, m, m_s wie üblich Haupt-, Neben-, magnetische und Spin-Quantenzahl; $Y_{lm}(\vartheta_i \varphi_i)$ orthonormierte Kugelflächenfunktion; $\eta(m_s/\sigma)$ Spinfunktion; $\eta = +1$ für $m_s = \sigma$; $\eta = 0$ für $m_s \neq \sigma$. Die SCHRÖDINGER-Gleichung wird

$$\left[\frac{d^2}{dr^2} - \frac{l(l+1)}{r^2} + \frac{2Z}{r} - \sum_{k \neq i} \frac{2\, Y_0(k,k)}{r}\right] P_{nl}(r) = \varepsilon_{nl} P_{nl}(r), \tag{8}$$

wobei die $Y_0(k, k)$ die Abschirmung der Kernladung Z bestimmen:

$$Y_0(kk) = \int_0^r P_k^2(r')\,dr' + r \int_r^\infty P_k^2(r')\,dr'/r'.$$

Man hat ein Integro-Differentialgleichungssystem, das so lange iteriert wird, bis die nach (8) berechneten $P(nl/r)$ mit den in das Potential eingesetzten übereinstimmen („Self-Consistency").

Die Gl. (8) läßt sich auch ableiten, indem die Gesamtwellenfunktion

$$\psi = \prod_k \varphi(n_k l_k m_k m_{sk} | r_k) = \varphi(1s, m_s = \tfrac{1}{2} | 1)\, \varphi(1s, -\tfrac{1}{2} | 2) \ldots \varphi(nl, \pm \tfrac{1}{2} | N) \quad (9)$$

mit dem Ansatz (7) in das Variationsproblem (3) eingeführt wird. Wenn man nun darüber hinaus das PAULI-Prinzip berücksichtigt, d. h. ψ gegen Vertauschung von 2 Elektronen antisymmetrisch sein läßt durch den Ansatz

$$\psi = \text{const. Det} \begin{vmatrix} \varphi(1s, \tfrac{1}{2} | 1) & \varphi(1s, -\tfrac{1}{2} | 1) & \ldots & \varphi(nl, \pm \tfrac{1}{2} | 1) \\ \varphi(1s, \tfrac{1}{2} | 2) & \ldots & \ldots & \varphi(nl, \pm \tfrac{1}{2} | 2) \\ \cdot & & & \\ \cdot & & & \\ \cdot & & & \\ \cdot & & & \\ \varphi(1s, \tfrac{1}{2} | N) & \ldots & \ldots & \varphi(nl, \pm \tfrac{1}{2} | N) \end{vmatrix} \quad (10)$$

so folgt man dem FOCKschen Verfahren. Man führt (10) mit den Formen (7) in (3) ein, entwickelt $1/r_{12}$ nach Kugelfunktionen und integriert über die Winkel; vgl. SLATER [28]. Variation nach den $P(nl/r)$ ergibt die HARTREE-FOCKschen Gleichungen als EULERsche Gleichungen unter der Nebenbedingung $\int P^2(nl|r)\, dr = 1$. Ein Beispiel zur Veranschaulichung: Für He $(1s, 2s)\,^3S\,(Z = 2)$ ist nach (3)

$$(\psi | H | \psi) = \int_0^\infty P(1s)\left(-\frac{1}{2}\frac{d^2}{dr^2} - \frac{Z}{r}\right) P(1s)\,dr + \int_0^\infty P(2s)\left(-\frac{1}{2}\frac{d^2}{dr^2} - \frac{Z}{r}\right) P(2s)\,dr +$$
$$+ \int_0^\infty\!\!\int_0^\infty P^2(1s|r_1)\, P^2(2s|r_2)\, \frac{1}{r_{\text{maj}}}\, dr_1 dr_2 - \int_0^\infty\!\!\int_0^\infty P(1s|r_1)\, P(2s|r_1) \cdot$$
$$\cdot\, P(1s|r_2)\, P(2s|r_2)\, \frac{1}{r_{\text{maj}}}\, dr_1 dr_2 \quad (11)$$

wobei r_{maj} der größere der beiden Radien r_1, r_2 ist.

Die Radialfunktionen $P(nl|r)$ werden unabhängig von magnetischer Quantenzahl m und Spin m_s angenommen. Für die Handlichkeit des FOCKschen Verfahrens ist wesentlich, daß die Funktionen $\varphi(nlmm_s/r)$ zueinander orthogonal sind. HARTREE [13 (1935)] führt deshalb die Orthogonalitätsbedingungen bei der Variation von (3) mit Hilfe von LAGRANGE-Multiplikatoren explizit ein. Wird die Wellenfunktion ψ wie in (10) durch eine Determinante dargestellt, so können stets orthogonale $\varphi(nlmm_s/r)$ gefunden werden (durch Addieren eines passenden Vielfachen einer Spalte zu einer andern). In Fällen, wo die Symmetrie die Linearkombination mehrerer Determinanten (10) verlangt, ist dies nicht mehr allgemein der Fall. Das wichtigste Beispiel sind die angeregten ^1S-Terme von 2-Elektronenspektren. Leitet man hier die FOCKschen Gleichungen formal unter der Nebenbedingung der Orthogonalität aus (3) ab, so kann man zeigen, daß das Integral $\int P(ns)\, P(n's)\, dr$ unabhängig vom entsprechenden LAGRANGE-

Multiplikator $\neq 0$ ist. Hat man in diesem Fall einmal die FOCKschen Gleichungen erweitert auf nichtorthogonale Wellenfunktionen, so ist es ein kleiner Schritt, sie auch auf den Grundzustand anzuwenden, indem den beiden Elektronen verschiedene Bahnen zugeordnet werden (vgl. HYLLERAAS' zweite Näherung). Beim He Grundzustand zeigt sich, daß der Fehler, der im gewöhnlichen HARTREE-FOCK-Verfahren kaum unter HYLLERAAS' erster Näherung (0,085 Ry gegenüber HYLLERAAS' 0,113 Ry) liegt, durch die Einführung verschiedener Bahnen auf etwa die Hälfte sinkt (0,052 Ry gegenüber 0,057 Ry in HYLLERAAS' zweiter Näherung). Nebenbei bemerkenswert ist, daß die Erweiterung von dem entsprechenden HYLLERAAS' Ansatz (e-Funktion mit 1 bzw. 2 freien Parametern) auf HARTREE-FOCK (1 bzw. 2 kontinuierlich variable Radialfunktionen) in der Energie wenig ausmacht. Die Benutzung verschiedener Wellenfunktionen für Elektronen, die sich nur im Spin unterscheiden, ist schon mehrfach (vgl. LÖWDIN [22]) vorgeschlagen worden („unrestricted wave functions"). PRATT [26] wendet sie auf Li an. Eine nachträgliche Erweiterung der HARTREE-FOCKschen Wellenfunktion durch ein Korrelationsglied $(1 + a r_{12})$ wurde in Göttingen [31] durchgeführt und ergab für He Grundzustand eine Energie von

E = 5,7911 Ry (Fehler 0,0064 Ry) (HARTREE-FOCK mit Korrelationsfaktor)
gegenüber
E = 5,805 Ry (Fehler 0,003 Ry) in HYLLERAAS' dritter Näherung.

Daß in diesem Fall der HYLLERAAS-Ansatz dem HARTREE-FOCKschen überlegen erscheint, liegt daran, daß bei HYLLERAAS alle Parameter gleichzeitig variiert wurden, während im andern Fall der Korrelationsfaktor nachträglich bei vorgegebener HATREE-FOCK-Funktion durch Variation bestimmt wurde.

Konfigurations-Wechselwirkung

Um das Verfahren der Einelektronenwellenfunktionen systematisch zu erweitern auf die Berücksichtigung von Elektronenkorrelationen, denkt man sich die exakte Lösung der SCHRÖDINGER-Gleichung entwickelt nach Funktionen der Form (10) und (7). Diese bilden dann ein vollständiges System, wenn zu jedem l ein vollständiges System von Radialfunktionen $P(nl|r)$ zur Verfügung steht. Dabei ist zu beachten, daß Lösungen einer SCHRÖDINGER-Gleichung erst dann ein vollständiges System bilden, wenn die Kontinuumsfunktionen mit einbegriffen werden. Die Hoffnung ist natürlich, daß man mit wenig Gliedern (10) auskommt. Zur Wechselwirkung kommen nur Terme in Frage mit gleichem Gesamtimpuls, gleicher Multiplizität (Spin) und gleicher Parität (Verhalten gegen Spiegelung am Nullpunkt). Am günstigsten liegen die Fälle, bei denen die Wirkung eines einzigen Störterms ausschlaggebend ist. Es ist dann zweckmäßig von der HARTREE-FOCK-Lösung des Hauptterms auszugehen. Wie die Konfigurations-Wechselwirkung in die HARTREE-FOCK-Gleichungen eingebaut werden kann, hat JUTSIS [17, 18] gezeigt. Bekannte Beispiele sind C $2s^2 2p^2 - 2p^4$ (JUTSIS [17], BOLOTIN-LEVINSON-LEVIN [4]) und Mg $3s3d\,{}^1D - 3p^2\,{}^1D$ (BACHER [1]; TREFFTZ [30]). JUTSIS und Mitarbeiter (vgl. z. B. KIBARTAS-KAVETSKIS-JUTSIS [19] erreichen in günstigen Fällen ähnlich dem erstgenannten, daß der Fehler nach der Konfigurationsmischung etwa 1/3 des ursprünglichen HARTREE-FOCK-Fehlers beträgt. Die Oszillatorstärke der Resonanzlinie wird um etwa 20% geändert, während der Einfluß auf schwächere Linien beliebig groß sein kann. Wechselwirkungen zwischen Termen gleicher Nebenquantenzahlen der einzelnen Elektronen (Beispiel Mg $3s$, $3d$ bis $3s4d$) brauchen bei HARTREE-FOCK-Funktionen nicht berücksichtigt zu werden, da das Wechselwirkungsintegral $(\psi_A \,|\, H|\psi_B)$ klein ist entsprechend dem Orthogonalitätsintegral (ψ_A, ψ_B). Eine interessante Untersuchung macht GREEN und Mitarbeiter [12] am He: Er entwickelt die höheren Näherungen von HYLLERAAS für den Grundzustand (mit 3 und 6 Parametern) nach HARTREE-FOCK-Funktionen, um festzustellen, welches Gewicht die einzelnen Mischterme ($1s2s$, $1s3s$, $2s^2$, $2p^2$) in der HYLLERAAS-Wellenfunktion (und wohl ähnlich in der wahren Wellenfunktion) haben. Für die systematische Lösung der SCHRÖDINGER-Gleichung durch Konfigurationswechselwirkung eignen sich HARTREE-FOCK-Funktionen nicht so gut, da sie zu unhandlich und nicht streng orthogonal sind. BOYS [5, 6] schlägt statt dessen die Benutzung einfacher Exponentialfunktionen (vgl. auch MORSE-YOUNG-HAURWITZ [24]) oder sogar GAUSS-Funktionen vor. Schwierigkeiten bereiten in diesem Verfahren die hochangeregten Terme, bei denen die Orthogonalität zu den tieferen nicht explizit berücksichtigt werden kann. Selbst bei einer Mischung von etwa 30 Konfigurationen, aus der im Prinzip ebenso viele Energieeigenwerte folgen, ist kaum zu hoffen, daß mehr als 2 Eigenwerte (im allgemeinen die untersten) brauchbar sind. Ein Vorteil des Verfahrens ist erwähnenswert: Es läßt sich stark schematisieren und ist deshalb für große Rechenautomaten geeignet (BOYS-SAHNI [6]). Stehen solche nicht zur Verfügung, so bereitet die mit dem Verfahren verbundene Lösung der Säkulargleichung

$$\mathrm{Det}\begin{vmatrix} (\psi_A|H|\psi_A) - E & (\psi_A|H|\psi_B)\ldots\ldots \\ (\psi_B|H|\psi_B) & (\psi_B|H|\psi_B) - E \\ \cdot & \cdot \\ \cdot & \cdot \\ \cdot & \cdot \end{vmatrix} = 0 \tag{12}$$

Mühe. Dies vermeiden YILMAZ (C-artige Atome [32]) und KESSLER (He, Li, Be [20]), indem sie die exakte Lösung durch eine Störungsrechnung ersetzen.

Halbempirische Verfahren

Angesichts der Schwierigkeiten bei der Lösung der SCHRÖDINGER-Gleichung sind Verfahren von Interesse, die sich auf experimentelle Daten, insbesondere der Termwerte, aufbauen. Zunächst ist der Einbau eines zusätzlichen Potentialgliedes in die HARTREE-FOCK-Gleichungen von BIERMANN [2] vorgeschlagen worden. Es berücksichtigt die Korrelation der Elektronen in der klassischen Form der Polarisation und bewirkt, daß die Wellenfunktionen näher zum Atomrumpf zusammenrücken. Vergleiche dazu DOUGLAS [8]. BATES und DAM-

GAARD [3] geben eine Formel zur Berechnung von Oszillatorstärken, die dann gute Werte liefern sollte, wenn sich ein Elektron weit außerhalb des Atomrumpfes befindet. Sie beruht auf der Formel für die Dipollänge, für die große Radien besonders ins Gewicht fallen. Für die Wellenfunktion des Leuchtelektrons wird eine Wasserstoffeigenfunktion genommen, die der Ladung z des Ions (ohne das betrachtete Elektron) entspricht, im Unendlichen regulär ist und dessen nicht ganze Quantenzahl n^* aus dem Termwert $E/Ry = z^2/n^{*2}$ bestimmt wird. Ähnlich berechnet SEATON [27] Übergänge ins Kontinuum aus der Extrapolation des Quantendefekts auf $n = \infty$.

Interessant ist auch eine Rechnung von KINGSBURY [21], die auf einem Verfahren beruht, das seit langem zur Deutung und Voraussage komplizierter Spektren Verwendung findet: In dem SLATERschen Energieausdruck $(\psi | H | \psi)$, mit (10) und (7) gebildet [(11) ist ein einfaches Beispiel] treten Integrale der Form auf:

$$R_k(\alpha,\beta,\gamma,\delta) = \int P(\alpha|r_1)\, P(\beta|r_2)\, P(\gamma|r_1)\, P(\delta|r_2)\, \frac{r_{\min}^k}{r_{\mathrm{maj}}^{k+1}}\, dr_1\, dr_2 \tag{13}$$

($r_{\min}$ kleinerer, r_{maj} größerer der beiden Radien r_1, r_2). Die Abstände der verschiedenen Terme ein- und derselben Elektronenkonfiguration (Beispiel: $2p^2$, ${}^1S$—${}^3P$—${}^1D$) sind eindeutig bestimmt durch diese Größen, sofern man annimmt, daß diese nur von der Elektronenkonfiguration, nicht vom Term selbst abhängen (entgegen der exakten HARTREE-FOCK-Rechnung). Diese Größen werden nun als Parameter behandelt und aus den empirischen Termwerten bestimmt (da im allgemeinen mehr Terme als Größen R_k zur Verfügung stehen, nach der Methode der kleinsten Quadrate). Neuerdings wurde bei dieser Methode auch Konfigurations-Wechselwirkung berücksichtigt, wodurch die Anpassung an die Termwerte besser wurde und die Parameter R_k plausiblere Werte gemäß (13) erhielten. Auf diese Weise berechnet KINGSBURY die Konfigurationswechselwirkung beim OI. Damit stellt er die Formel für die Dipolgeschwindigkeit auf. Da nun im allgemeinen die Oszillatorstärken weniger von der genauen Form der Wellenfunktionen als von Wechselwirkungseffekten abhängen, setzt er kurzerhand einfache HARTREE-Funktionen nach (8) ein, ohne sich um den Zusammenhang (13) zu bekümmern und berechnet so die Oszillatorstärke des Übergangs $2p^3 3p \rightarrow 2p^3 3s$.

Literaturverzeichnis

[1] BACHER, Physic. Rev. **43**, 264 (1933).
[2] BIERMANN, Z. Astrophysik **25**, 325 (1948).
[3] BATES-DAMGAARD, Philos. Trans. Roy. Soc., London, Ser. A, **242**, 101 (1949).
[4] BOLOTIN-LEVINSON-LEVIN, J. exp. theoret. Physik **29**, 449 (1956).
[5] BOYS, Proc. Roy. Soc. [London], Ser. A, **200**, 542 (1950).
[6] BOYS-SAHNI, Philos. Trans. Roy. Soc., London, Ser. A, **246**, 463 (1954) (dort weitere Hinweise).
[7] CHANDRASEKHAR, Astrophys. J. **102**, 223 (1945).
[8] DOUGLAS, Proc. Cambridge, Philos. Soc. **52**, 687 (1956).
[9] FOCK, Z. Physik **61**, 126 (1930).
[10] GÁSPÁR, Acta Physica Acad. Sci. Hung. **2**, 151 (1952); **3**, 263 (1954).
[11] GOMBAS, Ann. Physik (5), **35**, 65 (1939); Z. Physik **118**, 164 (1941); **119**, 318 (1942); Acta Physica Acad. Sci. Hung. **1**, 285 (1952); **3**, 105 und 127 (1954); **5**, 313 (1955); **5**, 503 (1955).
[12] GREEN-MULDER-UFFORD-SLAGMAKER-KRAWITZ-MERTZ, Physic. Rev. **85**, 65 (1952).
[13] HARTREE, Proc. Cambridge Philos. Soc. **24**, 89 (1927/28); Proc. Roy. Soc. [London], Ser. A, **150**, 9 (1935); Reports on Progress in Phys. XI, 113 (1946) (Literatur-Zusammenstellung).
[14] HELLMANN-KASSATOTSCHKIN, Acta physicochim. URSS, **5**, 23; zusammengefaßt in: J. chem. Physics **4**, 324 (1936).
[15] HENRICH, Astrophys. J **99**, 59 (1943).
[16] HYLLERAAS, Z. Physik **54**, 347 (1929).
[17] JUTSIS, J. exp. theoret. Physik **19**, 565 (1949); **23**, 129 (1952).
[18] JUTSIS-KIBARTAS-GLEMBOTSKI, J. exp. theoret. Physik **27**, 425 (1954).
[19] JUTSIS-KIBARTAS-KAVETSKIS, J. exp. theoret. Physik **29**, 623 (1956) (dort weitere Hinweise).
[20] KESSLER, Comptes Rendues Paris **236**, 1335 (1953); **242**, 350 (1955) (dort weitere Hinweise).
[21] KINGSBURY, Physic. Rev. **99**, 1846 (1955).
[22] LÖWDIN, Physic. Rev. **97**, 1509 (1955).
[23] MASSEY-MOISEIWITSCH, Proc. Roy. Soc. [London], Ser. A, **205**, 483 (1951).
[24] MORSE-YOUNG-HAURWITZ, Physic. Rev. **48**, 948 (1935).
[25] PLUVINAGE, J. Physique Radium **16**, 675 (1955).
[26] PRATT, Physic. Rev. **102**, 1303 (1956).
[27] SEATON, Comptes Rendues Paris **240**, 1317 (1955); Ann. d'Astroph. **18**, 206 (1955).
[28] SLATER, Physic. Rev. **34**, 1293 (1929).
[29] SZÁSZ, Acta Physica Acad. Sci. Hung. **6**, 307 (1956).
[30] TREFFTZ, Z. Astrophysik **26**, 240 (1949).
[31] TREFFTZ-SCHLÜTER-DETTMAR-JÖRGENS, Z. Astrophysik (im Druck).
[32] YILMAZ, Physic. Rev. **100**, 1148 (1955).

Bestimmung der Elektronengeschwindigkeiten im Plasma

von J. WILHELM, Greifswald

Der Begriff der Geschwindigkeitsverteilungsfunktion, der eine Angabe über die Verteilung einer gewissen ins Auge gefaßten Teilchenart hinsichtlich Orts- und Geschwindigkeitskoordinaten gestattet, spielt naturgemäßerweise auch in allen Fragen der Gasentladungsphysik eine hervorragende Rolle. Tatsächlich sind mit seiner Hilfe alle erwünschten Aussagen über die zur Kennzeichnung der Entladung erforderlichen wichtigsten Parameter möglich. Ein besonderes Interesse verdient hierbei die Verteilungsfunktion der Elektronen, da diese maßgeblich für die grundlegenden Prozesse gasentladungsphysikalischer Erscheinungen verantwortlich gemacht werden können. Wegen der außerordentlichen Bedeutung und Fruchtbarkeit des genannten Begriffes hat man sich schon früh mit seiner Untersuchung beschäftigt und seit dem mit einer Fülle von Arbeiten zu seiner Klärung beigetragen. Infolgedessen erscheint es im Rahmen des hier vorliegenden Referates als unmöglich, einen auch nur annähernd vollständigen Überblick der Sachlage zu geben, selbst wenn bezüglich einiger wichtiger Teilgebiete auf andere Vorträge dieser Tagung verwiesen werden darf. Vielmehr können die nachfolgenden Ausführungen nur als ein Leitfaden angesehen werden, der vielleicht einen willkommenen Haltepunkt in derVielzahl derErscheinungen darstellt. Benutzt werden hierbei die bekannten Standardwerke der Gasentladungsphysik[1]), sowie die laufend zitierten Einzelveröffentlichungen.

Wie bei allen physikalischen Problemen, so ist auch dasjenige der Verteilungsfunktion sowohl von theoretischer als auch experimenteller Seite her bearbeitet worden, wobei der Fortschritt der Entwicklung in einer Konvergenz dieser Verfahren zu sehen ist. Wenden wir uns zunächst den Untersuchungen zu, die maßgeblich vom theoretischem Standpunkt aus das genannte Problem in Angriff nehmen:

I. Theoretische Methoden zur Bestimmung der Verteilungsfunktion

Elektronenverteilungsfunktionen sind für verschiedene Teilgebiete der Gasentladungsphysik aufgestellt worden, wobei die Form der Verteilung in erster Linie von der jeweils berücksichtigten Art und Anzahl der auftretenden Prozesse bestimmt wird. Insbesondere erweisen sich die Wirkungsquerschnitte in ihrer

---

1) Insbes. [1, 2, 3, 4, 5, 6].

Abhängigkeit als Funktionen der Geschwindigkeit bei der Durchrechnung als maßgebliche Größen. Es darf als ein überzeugender Erfolg der theoretischen Bemühungen gebucht werden, daß bei alleiniger Berücksichtigung von elastischen Stößen und unter Annahme konstanten Wirkungsquerschnittes die heute als DRUYVESTEYN-Verteilung bezeichnete Darstellung für den symmetrischen Anteil der Verteilungsfunktion auf drei voneinander verschiedenartigen Wegen mit dem gleichen Ergebnis abgeleitet wurde[1]). Darüber hinaus findet man bei DAVYDOV [13] als vierten eine Verteilung, welche zusätzlich die Eigenbewegung der Atome berücksichtigt. Abb. 1 zeigt den bekannten Vergleich zwischen einer MAXWELL- und DRUYVESTEYN-Verteilung, wobei eine Auftragung nach dem Betrage der Geschwindigkeiten gegenüber ihrem Verhältnis zur wahrscheinlichsten Geschwindigkeit vorgenommen worden ist.

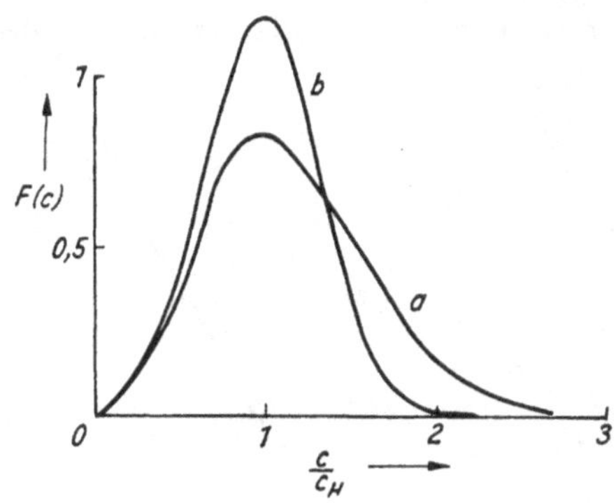

Abb. 1. a: MAXWELL-Verteilung; b: DRUYVESTEYN-Verteilung.

Eine konkrete Durchrechnung der Verteilungsfunktion für die Edelgase Helium, Neon und Argon wurde von ALLEN [14] durchgeführt, wobei auf experimentell bestimmte Wirkungsquerschnitte [15] zurückgegriffen wird. Der Verlauf letzterer ist in Abb. 2a wiedergegeben, während Abb. 2b die Verteilungsfunktion für die einzelnen Gase zeigt. Für die Abszissen wurde dabei ein solcher Maßstab gewählt, daß die Wurzeln aus dem mittleren Geschwindigkeitsquadrat $\bar{\bar{c}}$ aufeinander zu liegen kommen. Schließlich findet man eine Berücksichtigung

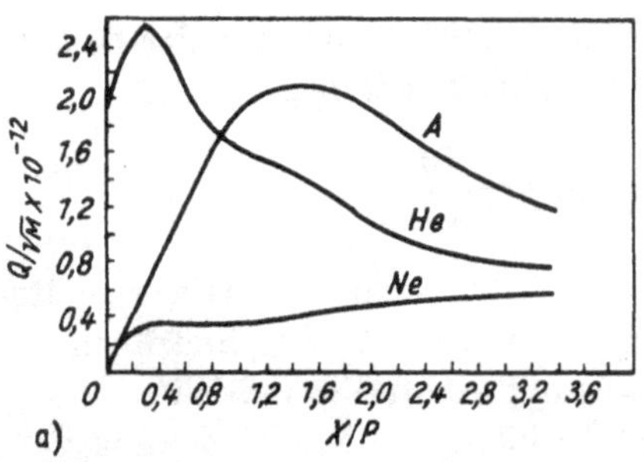

Abb. 2a. Elastische Wirkungsquerschnitte für He, Ne und Ar.

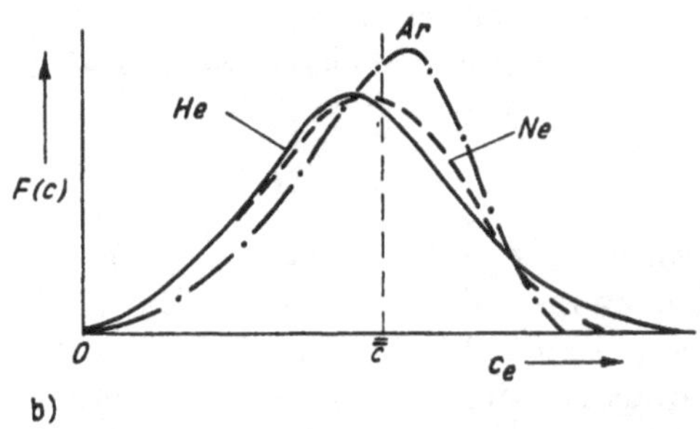

Abb. 2b. Verteilungsfunktionen für He, Ne und Ar nach ALLEN.

[1]) Zuerst von DRUYVESTEYN [7], auf Überlegungen von G. HERTZ [8] fußend, später von CRAVATH [9], bei fehlerfreiem Ausbau der Ansätze von DIDLAUKIS [10] und schließlich von MORSE [11], ALLIS und LAMAR [12], unter Verwendung der BOLTZMANN-Gleichung.

inelastischer Stöße bei ALLEN [14], DRUYVESTEYN [16], ORNSTEIN und BRINKMANN [17], DAVYDOW [18], SMIT [19], sowie DUNLOP und EMELEUS [20], wobei von letzteren eine Erweiterung der SMITschen Untersuchungen auf höhere E/p vorgenommen wird. Abb. 3b zeigt als Beispiel die Energieverteilungskurven nach SMIT für verschiedene E/p-Werte aufgetragen; in Abb. 3a findet man dagegen den hierbei verwendeten Ionisationsquerschnitt $Q = K_e^{\frac{1}{2}} q_u$ [21][2]), wobei die gestrichelte Kurve die benutzte Näherung bedeutet.

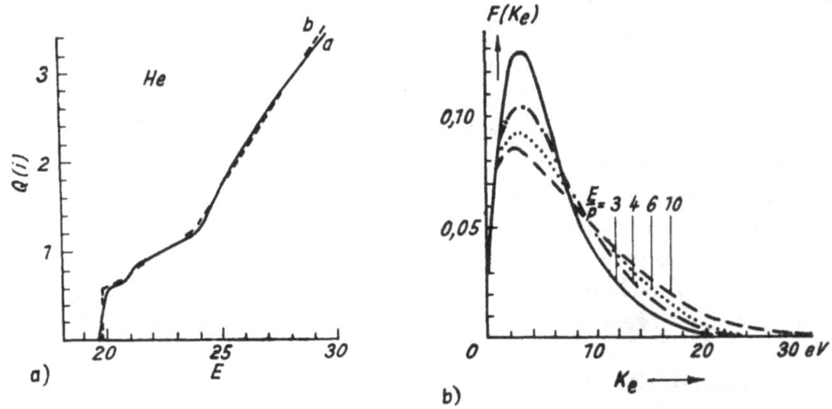

Abb. 3a. Ionisationsquerschnitt für Helium

Abb. 3b. Verteilungskurven für He nach SMIT.

Als eines der fruchtbarsten Mittel hat sich hierbei die Benutzung der BOLTZMANN-Gleichung erwiesen. Sie läßt sich in folgender Form darstellen:

$$\frac{\partial f}{\partial t} + \mathfrak{c}\,\mathrm{grad}_r f + \frac{\mathfrak{F}}{m}\,\mathrm{grad}_c\, f = \frac{\partial f}{\partial t}_{\text{Stöße}}$$

wobei $f(c, r, t)$ die Teilchendichte im 6-dimensionalen Orts- und Geschwindigkeitsraum bedeutet. Ihre zeitliche Änderung setzt sich also aus Beiträgen zusammen, die der Reihe nach durch Eigenbewegung, Kraftfeld und Wirkung der Stöße hervorgerufen werden. Ableitung und Diskussion dieser Gleichung vom heutigen Standpunkt findet man bei CHAPMANN und COWLING [22]. Eine in der Gasentladungsphysik sehr häufig verwendete Lösungsmethode besteht darin, daß f in LEGENDREsche Polynome nach $\frac{u}{c}$ entwickelt wird, wo u die Geschwindigkeit in Richtung des elektrischen Stromes bedeutet:

$$f\left(c, \frac{u}{c}\right) = \sum_{l=0}^{\infty} f_e P_e\left(\frac{u}{c}\right)$$

[1]) Man vgl. hierzu die Kritik von L. W. KERR, Thesis Universität of Belfast (1950).

Dabei wird allgemein nach den ersten beiden Gliedern abgebrochen:

$$f = f_0(c) + \frac{u}{c} f_1(c)$$

wobei der zweite Term dann ein Maß für die Driftbewegung darstellt. Bedingungen für die Brauchbarkeit einer solchen Näherung findet man bei DAVYDOW [18]; hiernach ist bei alleiniger Berücksichtigung elastischer Stöße die Beschränkung des Druckbereiches nach unten erforderlich. Die besondere Bedeutung dieses Ansatzes liegt auch in der Möglichkeit einer getrennten experimentellen Bestimmung der beiden Terme, auf die wir später noch zu sprechen kommen. Die meisten neueren Untersuchungen bewegen sich vor allem in 2 Richtungen, in der einerseits nach Verteilungsfunktionen bei Vorhandensein eines Wechselfeldes gefragt, andererseits der Einfluß von COULOMB-Kräften untersucht wird. Dabei erweisen sich die für das Wechselfeld aufgestellten Beziehungen nicht nur in Hinblick auf ihr ureigenes Anwendungsgebiet als nützlich, sondern ermöglichen darüber hinaus einen interessanten Vergleich mit den früher gewonnenen Verteilungen, wenn man in ihnen den Grenzfall des Gleichstromfeldes betrachtet. Berechnungen der Verteilungsfunktion im HF-Feld werden von MARGENAU [23][1]) bei Vernachlässigung von Diffusion und unelastischen Stößen vorgenommen. Hierzu wird von einer Darstellung der Form :

$$f\left(c, \frac{u}{c}, t\right) = f_0(c) + \frac{u}{c}\,[f_1 \cos \omega t + g_1 \sin \omega t]$$

ausgegangen, da der für die Driftbewegung maßgebliche 2. Term teils in bzw. außerhalb der Phase des Feldes liegt. Bei Berücksichtigung von elastischen Stößen in der üblichen Weise gelingt die Aufstellung folgender Verteilungsfunktion:

$$f_0 = A \left[1 + \frac{\frac{\varepsilon}{kT}}{\frac{\varepsilon_1}{kT} + \alpha}\right]^{\alpha} \exp\left[-\frac{\varepsilon}{kT}\right]$$

wo

$$\alpha = \frac{M}{12\,m}\left(\frac{\varepsilon_2}{kT}\right)^2 \qquad \varepsilon = \frac{m}{2}\,c^2 \qquad \varepsilon_1 = \frac{m}{2}\,(\omega\lambda)^2 \qquad \varepsilon_2 = e E \lambda .$$

Eine Untersuchung zur Frage der Brauchbarkeit der eben benutzten Näherung findet man bei MARGENAU und HARTMANN [24], indem die Verteilungs-

[1]) Dabei wird von der Vorstellung ausgegangen, daß die hiermit abgeleitete Verteilungsfunktion in ihrer Anwendbarkeit durch eine obere Feldgrenze beschränkt sein muß, da mit zunehmender Feldstärke eine Vernachlässigung der höheren Terme in der Entwicklung nach LEGENDREschen Polynomen fraglich erscheint.

funktion sowohl bezüglich $\frac{u}{c}$ nach LEGENDREschen Polynomen, als auch hinsichtlich t in eine FOURIER-Reihe entwickelt wird:

$$f\left(c, \frac{u}{c}, t\right) = \sum_{e=0}^{\infty} P_e\left(\frac{u}{c}\right)\left\{f_{e,o}(c) + \sum_{m=1}^{\infty}[f_{e,m}(c) \cos m\omega t + g_{e,m}(c) \sin m\omega t].\right.$$

Im Gleichstromfalle reduziert sich dieser Ausdruck auf den bereits zitierten. Einsetzen in die BOLTZMANN-Gleichung ergibt Rekursionsformeln für die Änderungen der Verteilungsfunktion, die von den Funktionsbestandteilen im einzelnen hervorgerufen werden. Bei Beschränkung auf rein elastische Stöße kann man nachweisen, daß die erste Näherung sowohl im Gleich- als auch Wechselstromfalle auf MAXWELL-Verteilungen führt; dagegen liefert die zweite Näherung für $T = 0$ die DRUYVESTEYN, für $T \neq 0$ die DAVYDOV-Verteilung, wenn man sich auf den Gleichstromfall bezieht, während sich im Wechselstromfalle eine MARGENAU-Verteilung ergibt. Ergänzungen hierzu sind die Überlegungen von MARGENAU [25], indem durch Aufstellen entsprechender Ausdrücke der Einfluß inelastischer Stöße sowie von Diffusionserscheinungen auf die abgeleiteten Gleichungen untersucht wird. Hierbei ergeben sich Parallelen zu den Untersuchungen von HOLSTEIN [26], der von vornherein von einem allgemeineren Ansatz für die Verteilungsfunktion ausgeht, welcher nämlich noch die Ortsabhängigkeit in einer gewissen Vorzugsrichtung, gekennzeichnet durch die Lage des Feldes, zuläßt:

$$f\left(x, c, \frac{u}{c}, t\right) = f_o(x, c, t) + \frac{u}{c} f_1(x, c, t).$$

Bei Berücksichtigung elastischer und unelastischer Stöße führt dies zu einer Aufspaltung der BOLTZMANN-Gleichung in zwei Differentialgleichungen, deren Gültigkeitsbereich sich in gleicher Weise auf den Wechsel- und Gleichstromfall erstreckt. Insbesondere folgert man im letzteren Ergebnisse, die den eingangs zitierten Fällen der Berücksichtigung elastischer als auch inelastischer Verluste gut entsprechen. Darüber hinaus werden Bedingungen für die brauchbare Verwendung eines zweigliedrigen Ansatzes für die Verteilungsfunktion in der eben genannten Form aufgestellt. Als Ergänzung hierzu wurde von BERNSTEIN und HOLSTEIN [27] der Einfluß eines Gleichstromraumladungsfeldes untersucht, indem die bereits früher gewonnenen Gleichungen auf eine positive Säule im Gleichstromfall angewendet werden. Für den Extremfall eines gegenüber dem äußeren Feld großen Raumladungsfeldes wird eine Verteilungsfunktion errechnet, wobei sich eine Erhöhung der Dichte von Elektronen größerer Energie zeigt. Außer den eben genannten beiden Arbeitsgruppen um MARGENAU und HOLSTEIN sind weiter die Untersuchungen von S. C. BROWN und seinen Mitarbeitern hervorzuheben, die sich im besonderen mit der Zündung im Hochfrequenzfeld befassen. Ihre Überlegungen sind dabei insofern spezieller, als sie von vornherein durch Gebrauch der Diffusionsgleichung [28] auf die durch ambipolare

Diffusion kontrollierte Entladung zugeschnitten sind [29][1]). Unter Verwendung eines zweigliedrigen Ansatzes erfolgt eine Aufspaltung der BOLTZMANN-Gleichung in der üblichen Weise[2]), wobei der symmetrische Anteil der Verteilungsfunktion im wesentlichen durch konfluente hypergeometrische Funktionen beschrieben wird. Solche Berechnungen wurden für Helium + Hg-Zusatz [30], reines Helium [31][3]), Wasserstoff [32][4]) und Neon [33] durchgeführt. Eine hiervon abweichende Methode, die sich besonders für höhere Drucke eignet, wurde darüber hinaus von ALLIS und BROWN [34] entwickelt und auf Wasserstoff angewendet. Seine Durchführung erfordert die getrennte Integration in den beiden Energiebereichen elastischer und inelastischer Verluste, wobei man die wirkliche Verteilung durch Zusammensetzen dieser beiden Teile erhält. Neuerdings findet man auch bei SALMON [35] eine Verteilungsfunktion für die Elektronen in einer Hf-Entladung niedrigen Druckes aufgestellt, indem die BOLTZMANN-Gleichung durch ein schrittweises Näherungsverfahren gelöst wird. Elastische und inelastische Stöße werden mitberücksichtigt und entsprechende Ausdrücke für die Stoßterme abgeleitet. Als erste Näherung ergibt sich hierbei eine MAXWELL-Verteilung. Die Bestätigung der Verteilungsfunktionen wurde auf indirekte Weise durch Vergleich gewisser aus ihr bestimmter Größen mit experimentellen Untersuchungen vorgenommen. BARBIERE [36] errechnet aus der HOLSTEINschen Theorie die Driftgeschwindigkeit in Helium und Argon für schwache Felder und vergleicht diese mit experimentell vorliegenden Ergebnissen [37]; nach Messungen der Zündfeldstärke in Mikrowellenentladungen von KRASIK, ALPERT und MCCOUBREY [38] ergibt sich in Argon Übereinstimmung mit den nach Holstein gefolgerten innerhalb einer Grenze von 5%. HARTMANN [39] überprüft die aus der MARGENAUschen Theorie bei Berücksichtigung von Ionisation und Rekombination errechneten und schließlich BROWN und seine Mitarbeiter die aus ihrer eigenen Theorie folgenden Zündspannungswerte bei Heranziehung von Ionisation und Abdiffusion. Insbesondere weisen die BROWNschen Ergebnisse eine vorzügliche Übereinstimmung mit den von ihm und anderen Autoren durchgeführten Experimenten auf. Abb. 4a zeigt einen solchen Vergleich für H_2, wobei als Parameter die Ausdehnung des Entladungsbereiches eingeht. In Abb. 4b sind dagegen die Verteilungsfunktionen in He

---

[1]) Diese Begrenzungen erfordern, daß die freie Weglänge kleiner als irgendeine Ausdehnung des Entladungsbereiches ist; die der Entladung aufgeprägte Frequenz selbst muß so groß sein, daß kein merklicher Energieverlust der Elektronen innerhalb einer Periode auftritt und daß schließlich die durch die Wirkung des Feldes und der Stöße hervorgerufene durchschnittliche Bewegung der Elektronen hinreichend klein ist, um einen Transport der Träger aus dem Entladungsbereich heraus während einer Halbperiode zu vermeiden.

[2]) Hinsichtlich der Energieübertragung wird ein effektives Feld E_e verwendet, daß sich in der Form $E_e^2 = E^2 \nu_c^2/(\nu_c^2 + \omega^2)$ darstellen läßt. Hierbei bedeutet E die Wurzel aus dem mittleren Quadrat der Feldstärke, ν_c die elastische Stoßfrequenz und ω die Kreisfrequenz des angelegten Feldes.

[3]) Hinsichtlich der Stoßfrequenzen wird auf die Untersuchung von MAIER-LEIBNITZ und R. B. BRODE zurückgegriffen.

[4]) Den Berechnungen werden experimentelle Ergebnisse von H. RAMIEN zugrunde gelegt.

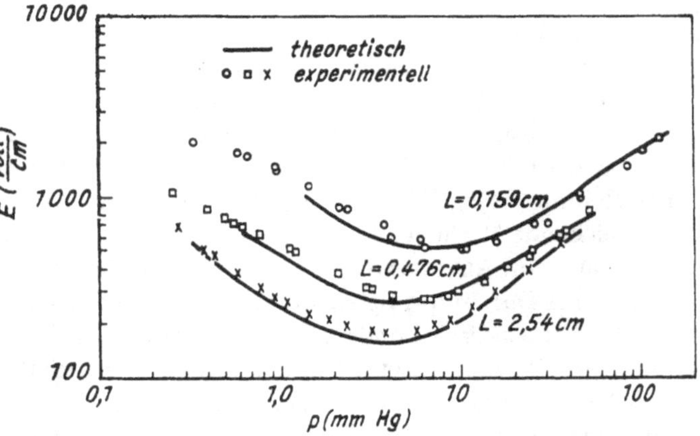

Abb. 4a. Zündspannungskurve für H_2 nach MACDONALD u. BROWN.

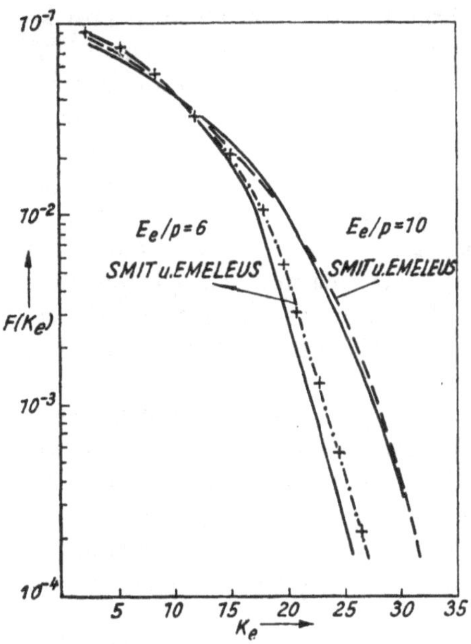

Abb. 4b. Verteilungsfunktionen für He nach SMIT-DUNLOP-EMELEUS und REDER-BROWN.

nach SMIT und DUNLOP-EMELEUS sowie REDER-BROWN aufgetragen, wobei von dem bereits zitierten Ausdruck für die effektive Feldstärke Gebrauch gemacht wurde.

Nachfolgend zitierte Theorien sind etwas allgemeiner als die bisherigen, insofern als in ihnen besonderer Wert auf gewisse die Eigenschaften eines Plasmas kennzeichnende Größen und Vorgänge gelegt wird [40][1]). So findet man eine Berechnung der Verteilungsfunktion für Elektronen in Wechselfeldern bei gleichzeitiger Überlagerung eines konstanten Magnetfeldes in den Untersuchungen von JANCEL und KAHAN [41]. Insbesondere erfolgt eine Berechnung des dielektrischen und des Leitfähigkeitstensors. Hierzu wird eine Integrationsmethode der BOLTZMANN-Gleichung entwickelt, wobei als Spezialfälle dieser Theorie für ein konstantes elektrisches bzw. verschwindendes magnetisches Feld von CHAPMAN und COWLING bzw. von MARGENAU und von DRUYVESTEYN angeführte Ergebnisse enthalten sind. In späteren Überlegungen wird die

[1]) In diesem Zusammenhang sind auch die Untersuchungen von YU. L. KLIMONTOWICH hervorzuheben, der außer Stößen COULOMB-Wechselwirkung berücksichtigt und dessen Überlegungen im Zusammenhang mit der Frage nach der Existenz periodischer Vorgänge in einem Plasma stehen. Man vgl. hierzu ebenfalls A. A. LOGUNOV, A. A. VLASSOW, I. P. BAZAROW.

Methode auf zwar homogene, aber anisotrope Plasmen in konstanten Magnet- und starken elektrischen Feldern angewendet [42], sowie eine Untersuchung über die Ausbreitung elektromagnetischer Wellen durchgeführt, wobei Ergebnisse der klassischen Theorie der Ionosphäre erhalten werden. BAYET, DELCROIX und DENISSE [43] geben eine Methode zur strengen Integration der BOLTZMANN-Gleichung für den Fall eines schwachionisierten Gases in einem elektromagnetischen Feld an, was durch Aufspaltung in lineare Differentialgleichungen und Reihenentwicklung nach Kugelfunktionen erreicht wird. Insbesondere erfolgt eine Anwendung des Verfahrens auf ein vollkommenes LORENTZ-Gas.

Die Theorien, die den Einfluß COULOMBscher Wechselwirkung auf die Verteilungsfunktion untersuchen, werden in ihrer Entwicklung maßgeblich durch die Probleme des vollständig ionisierten Plasmas gefördert, welches in astrophysikalischen Fragen eine bedeutsame Rolle spielt. Nach LANDAU [44] kann die durch die COULOMB-Kräfte hervorgerufene Änderung der Verteilungsfunktion in eine Reihe nach der bei der Einwirkung auftretenden Impulsänderung entwickelt werden. Hieraus errechnet sich eine Stromdichte im Impulsraum, deren Divergenz als zusätzliches Glied in die BOLTZMANN-Gleichung eingeht. Letzten Endes bildet diese Untersuchung die Grundlage für eine Reihe weiterer Arbeiten. Das ist insbesondere der Fall bei CAHN [45], der eine Erweiterung der DAWYDOW-Verteilung auf höhere Stromdichten angibt, indem außer elastischen Stößen noch Wechselwirkung zwischen den Elektronen berücksichtigt wird. Die Erweiterung erfolgt durch Einführung eines Wechselwirkungsgliedes, welches auf die eben zitierten Berechnungen von LANDAU zurückgeht. Aufspaltung der BOLTZMANN-Gleichung führt auf 2 Differentialgleichungen für f_0 und f_1, die die Energie bzw. Impulsbilanz darstellen. Damit ergibt sich dann eine nichtlineare Integralgleichung für die Größe f_0, die für zwei Fälle funktioneller Abhängigkeit des Wirkungsquerschnittes von der Geschwindigkeit gelöst wurde. Man erhält für $Q \sim \frac{1}{c}$ MAXWELL-Verteilungen; dagegen zeigt sich für $Q = \text{const}$, daß bis etwa $n_e = 10^9\,\text{cm}^{-3}$ Verteilungsfunktionen ähnlich einer DAWYDOW-Verteilung vorliegen, die dann, sich stark ändernd, bei etwa $n_e = 10^{12}\,\text{cm}^{-3}$ in eine MAXWELL-Verteilung übergehen. Analog zu diesen Überlegungen im Gleichstromfall läßt sich auch im Wechselstromfall eine Erweiterung der Ergebnisse MARGENAUS auf höhere Stromdichten durchführen, was von CAHN [46] in einer anschließenden Arbeit unternommen wird. Hierbei folgt für f_0 eine Integralgleichung, aus der man die MARGENAU-Verteilung als Spezialfall erhält, wenn die in ihr auftretenden Wechselwirkungsglieder vernachlässigt werden. Die Integration wird für die oben erwähnten Geschwindigkeitsabhängigkeiten des Wirkungsquerschnittes vorgenommen; im Falle $Q \sim \frac{1}{c}$ erhält man eine von der Elektronendichte unabhängige MAXWELL-Verteilung, während sich solche Verteilungsformen für $Q = \text{const}$ als Grenzfälle niedriger und hoher Dichten ergeben.

Nach CHANDRASEKHAR [47] kann der Einfluß weitreichender Kräfte auf die Verteilungsfunktion am besten unter Zuhilfenahme einer Diffusionsgleichung vom FOKKER-PLANCK-Typ beschrieben werden, was eine Vervollständigung der LANDAUschen Überlegungen bedeutet. COHEN, SPITZER jr. und ROUTLY [48], sowie SPITZER jr. und HÄRM [49] haben auf dieser Grundlage die Verteilungsfunktion für ein nichthomogenes Plasma errechnet. Unter Zulassung eines elektrischen Feldes und eines Temperaturgradienten wird dann eine Lösung nach ENSKOG und CHAPMAN angesetzt. Diese Methode besteht nach CHAPMAN und COWLING darin, daß für die BOLTZMANN-Gleichung $B(f) = 0$ die Lösung f in Form einer Reihe

$$f = \sum_{v=0}^{\infty} f_v$$

mit der Forderung:

$$B(f) = B_0(f_0) + B_1(f_0, f_1) + B_2(f_0, f_1, f_2) + \ldots = 0$$

angesetzt wird. Selbstverständlich ist diese Beziehung dann erfüllt, wenn die Größen im einzelnen verschwinden, woraus die Glieder der Reihe errechnet werden können. Im vorliegenden Falle werden wegen der kleinen Abweichungen die beiden ersten Terme in der Reihenentwicklung berücksichtigt, wobei die Integration selbst nur auf numerischem Wege möglich ist. Auch von BOHM und ALLER [50] wird die Verteilungsfunktion der Elektronen in planetarischen Nebeln und stellaren Atmosphären errechnet, indem nur geringe Abweichung von der MAXWELL-Verteilung angenommen und eine Entwicklung der Änderung der Verteilungsfunktion auf Grund der COULOMB-Wechselwirkung hinsichtlich der hervorgerufenen Energieänderung vorgenommen wird, was auf eine Gleichung ähnlich des FOKKER-PLANCK-Typs führt. Dementgegen erfolgt bei WATSON [51] die Lösung des Problems dadurch, daß von vornherein eine Kopplung von MAXWELL- und BOLTZMANN-Gleichungen vorgenommen wird. Auf die Notwendigkeit eines solch kombinierten Vorgehens wurde wohl zuerst von WLASSOW [52] hingewiesen. Die Dichte wird dabei so niedrig angenommen, daß der Einfluß der Stöße gegenüber der COULOMB-Wirkung vernachlässigt werden kann. Für den Fall eines starken äußeren Magnetfeldes ergibt sich dann über die Bahnbewegung der Teilchen eine Lösung der BOLTZMANN-Gleichung. Darüber hinaus werden in einem weiteren Beitrag von BRUECKNER und WATSON [53] zeitliche Änderungen der Verteilungsfunktion in der Nähe der eben gefundenen Lösung untersucht, indem eine Linearisierung der MAXWELL- und BOLTZMANN-Gleichung dadurch vorgenommen wird, daß kleine Abweichungen vom zeitlich unabhängigen Zustand betrachtet werden.

Wenden wir uns jetzt der Frage zu, inwieweit die Methoden der Bestimmung der Verteilungsfunktion mit Hilfe der BOLTZMANN-Gleichung hinsichtlich ihrer theoretischen Grundlage gerechtfertigt ist. Tatsächlich hat sich bei der Diskussion der einzelnen Theorien gezeigt, daß nicht nur einerseits mit ihr in einigen Fällen Verteilungen abgeleitet werden, die ebenso bei Anwendung anderer Methoden folgen, sondern auch gute Übereinstimmung mit gewissen experimentellen Ergebnissen möglich ist. Immerhin sind eine Reihe anderer Verfahren zur Untersuchung der Verteilungsfunktion in Angriff genommen worden, die nicht zuletzt auch auf einen Zweifel insbesondere hinsichtlich der Verquickung von BOLTZMANN-Gleichung und COULOMB-Wechselwirkung beruhen. So wurde von GABOR [54] die Streuung von Elektronen durch langreichweitige Zwischenkräfte berechnet, indem auf eine Idee von LANGMUIR [55] zurückgegriffen wird. Hiernach kann das von der COULOMB-Wirkung herrührende Mikrofeld durch Plasmawellen repräsentiert werden. Ihre spektrale Energieverteilung wird unter Heranziehung des von BOHM und GROSS [56] aufgestellten Dispersionsgesetzes mit Hilfe der JEANschen Abzählmethode bestimmt, woraus dann die Streuung der Elektronen auf Grund ihres Impuls- und Energieaustausches mit diesen Plasmawellen berechnet werden kann. Ein weiteres in seiner Anwendung auf die Gasentladungsphysik noch in den Anfängen stehendes, aber wahrscheinlich Erfolg versprechendes Verfahren besteht in einer Weiterentwicklung der Methoden statistischer Mechanik auf nicht im Gleichgewicht befindliche, aber stationäre Systeme bei Berücksichtigung von Transportphänomenen. Diesbezügliche Einzelbetrachtungen sind schon seit längerer Zeit in der Literatur vorhanden, darüber hinaus wurde neuerdings eine zusammenfassende Theorie von WAINRIB und SPIWAK [57][1]) gegeben. Hiernach wird die Abweichung vom Gleichgewicht durch Einführung von Energie- Impuls- und Impulsmomentströmen vorgenommen. Die Verteilungsfunktion bestimmt sich dann in der üblichen Weise über die BOLTZMANNsche H-Funktion. Es ist zu hoffen, daß durch weiteren Ausbau solcher Überlegungen Vergleichsmöglichkeiten zwischen den einzelnen Methoden zur Bestimmung der Verteilungsfunktion geschaffen werden. Darüber hinaus ist durch Erscheinen der Arbeiten von ECKER [58] eine Grundlage gegeben, die Grenzen der Anwendbarkeit von BOLTZMANN-Gleichung sowie naher und ferner Wechselwirkung abzustecken. In diesen Überlegungen wird die statistische Grundlage sowohl der Trägerkinetik als auch der Wechselwirkung eingehend untersucht. Bezüglich der ersteren wird von einer Analyse des Begriffes Verteilungsfunktion ausgegangen, woraus sich eine Gleichung aufstellen läßt, die eine Teilchenbilanz im Phasenraum darstellt und welche die übliche BOLTZMANN-Gleichung als Spezialfall enthält. Damit ergibt sich für deren Gültigkeit eine Anzahl von Bedingungen, die sowohl eine obere als auch untere Grenze für die Volumen- und Zeitelemente festlegt. Liegen nun für ein gegebenes Problem die Grenzen in einer vernünftigen Reihenfolge, so gibt es eine raumzeitliche Einteilung, die die geforderten Bedingungen erfüllt und somit die statistische Beschreibung mit Hilfe der BOLTZMANN-Gleichung erlaubt. Solche Zonen des Phasenraumes werden als kollektive bezeichnet. Dementgegen ist in dem Falle, daß sich die Grenzen widersinnig zueinander verhalten, eine Beschreibung durch statistische oder wenigstens durch die einfache Form der BOLTZMANN-Gleichung nicht mehr möglich; es

[1]) Eine erste Anwendung dieser Methode findet man bei G. V. SPIWAK, E. A. WAINRIB für die Verteilungsfunktion in einem Magnetfeld.

wird eine Beschreibung größerer Bestimmtheit unter Berücksichtigung des Teilchencharakters erfordert und deswegen von individuellen Zonen im Phasenraum gesprochen. Analoge Überlegungen unter dem Aspekt der Wechselwirkung ergeben eine zweite Einteilung des Phasenraumes in kollektive und individuelle Zonen hinsichtlich dieser. Es zeigt sich dabei, daß die Einteilung des Phasenraumes in solche Zonen hinsichtlich der Trägerkinetik und hinsichtlich der Wechselwirkung nicht übereinzustimmen brauchen. Darüber hinaus erhält man eine einwandfreie Definition des kritischen Stoßparameters, welcher die Grenzen für die Einteilung in nahe und ferne Wechselwirkung festlegt. Durch die Theorie von ECKER wird somit die Grundlage für Untersuchungen geliefert, brauchbare Aussagen über die Benutzung kollektiver bzw. individueller Beschreibung in Trägerkinetik und Wechselwirkung zu machen.

II. Experimentelle Methoden zur Untersuchung der Elektronengeschwindigkeit

Auf die Bedeutung der Verteilungsfunktion wurde bereits eingangs nachdrücklich hingewiesen. Insbesondere lassen sich aus ihr mittlere und wahrscheinlichste Geschwindigkeit errechnen; eine weitere ableitbare wichtige Größe ist die Elektronendriftgeschwindigkeit, welche besondere Bedeutung hinsichtlich der Bestimmung von Elektronenbeweglichkeiten besitzt. Bei Vorliegen einer MAXWELL-Verteilung kann die Beschreibung durch Angabe einer einzigen Größe, der Elektronentemperatur erfolgen, die durch die Thermodynamik festgelegt wird [59][1]).

Als wichtigste Methoden zur experimentellen Bestimmung der Elektronengeschwindigkeit sind die fünf folgenden Verfahren zu nennen:

A Sondenmethode

B Magnetspektrenverfahren

C Methoden zur Bestimmung der Driftgeschwindigkeit

D Optische und spektroskopische Verfahren

E Rauschmessungen.

Während die beiden ersten Verfahren die Festlegung der Verteilungsfunktion erlauben, sind die letzteren ausgesprochene Bestimmungsmethoden für Temperatur bzw. eine mittlere Geschwindigkeit. Der Umfang des Themas macht hier eine Begrenzung in der Behandlung erforderlich; wir beschränken uns im weiteren auf eine Beleuchtung der ersten Methoden A und B vom heutigen Standpunkt der Entwicklung aus, besonders da im Zusammenhang mit dem weiteren Verfahren auch auf andere Vorträge dieser Tagung verwiesen werden kann.

---

[1]) Für eine Übersicht hinsichtlich der Erweiterung des Temperaturbegriffes auf eine Reihe verschiedener Energieformen und ihr zueinander konvergentes Verhalten bei Annäherung an das thermische Gleichgewicht vergleiche man: M. PIRANI, R. ROMPE, M. STEENBECK, F. L. MOHLER.

A. Die Sondenmethode

LANGMUIR und seine Mitarbeiter [60][1]) haben bekanntlich eine Theorie für Sonden aufgestellt, welche unter bestimmten Verhältnissen erfolgreiche Aufschlüsse über die Entladungsparameter ermöglicht. Ihre Beschränkung im allgemeinen, als auch im besonderen hinsichtlich ihrer Verwendung zur Bestimmung der Verteilungsfunktion, werden in der sich anschließenden Diskussion der Methode besprochen. Für den Elektronenstrom im Sondenbremsfeld gehen die Formeln im Falle einer MAXWELL-Verteilung für alle Sondenformen in die bekannte Beziehung über:

$$i = j_L F_S \exp\left[\frac{[e(V_S - V_L)]}{k T_e}\right],$$

wo V_S bzw. V_L das Sonden- bzw. Plasmapotential, F_s die Sondenoberfläche und j_L die ungeordnete Stromdichte an der Übergangsstelle Plasma-Raumladungsschicht bedeutet. Daher erhält man bei halblogarithmischem Auftrag eine lineare Abhängigkeit zwischen Strom und der Spannung, aus deren Anstieg sich die Elektronentemperatur errechnen läßt. Bereits LANGMUIR und MOTT-SMITH haben aber auf die weitgehende Möglichkeit hingewiesen, bei Nichtlinearität die wirklich vorliegende Geschwindigkeitsverteilungsfunktion aus der aufgenommenen Sondencharakteristik zu entnehmen. Nach ihnen erhält man im Falle der Kugel bzw. ebenen Sonde dieselbe durch zweimalige Differentation nach der Sondenspannung, im zylindersymmetrischen Fall läßt sich dagegen eine LIOUVILLEsche Integralgleichung zur Festlegung der Verteilungsfunktion an-

---

[1]) Zur Ableitung der Beziehungen in dem Umfange, wie sie für unsere Betrachtungen von Interesse sind, wird von der Grenzfläche um die Sonde ausgegangen, durch die die Träger, vom ungestörten Plasma kommend, in eine sich vor der Sonde ausbildende Raumladungsschicht eintreten. Führt man die Geschwindigkeitskoordinaten u, v, w in dem Sinne ein, daß u normal zur Sonde, v und w senkrecht hierzu liegen, wobei im Falle einer Zylindersonde w insbesondere parallel zur Achse verlaufen soll, so läßt sich der durch die Grenzfläche hindurchtretende Strom mit:

$$i = e \int dF \int_{u_1}^{u_2} u\,du \int_{v_1}^{v_2} dv \int_{w_1}^{w_2} f(u, v, w)\,dw$$

angeben. Bei Vernachlässigung von Randeffekten und bei Voraussetzung einer hinreichend isotropen Verteilungsfunktion — abgesehen von ebenen Sonden, wo auch bei anisotroper Verteilung durch jedes Element dF die gleiche Stromstärke fließt — läßt sich die Integration über dF sofort ausführen. Nicht alle Träger, die in die Sondenschicht eintreten, brauchen zur Sonde zu gelangen. Vielmehr können gewisse Teilchen im Bremsfeld auf einer vom Sondenmittelpunkt weggekrümmten Bahn wieder ins Plasma zurückkehren. Aber auch im Beschleunigungsfeld ist es möglich, daß Träger auf einer zur Sonde hin gekrümmten Flugbahn an ihr vorbeischießen und so dem Sondenstrom verlorengehen, was im wesentlichen von den Anfangsbedingungen der Träger und vom Sondenfeld selbst abhängt. Bei Vernachlässigung jeglicher Wechselwirkung der Teilchen untereinander handelt es sich um die Bewegung in einem Zentralfeld. Dementsprechend kann die dynamische Beschreibung durch Energie und Flächensatz erfolgen, woraus sich die Integrationsgrenzen für die auszuführenden Integrationen ergeben.

geben. Tatsächlich führt zweimalige Differentation für die Kugelsonde auf folgenden Ausdruck:

$$F\left(\sqrt{\frac{2\,e\varphi}{m}}\right) = \frac{4\,\mathrm{m}}{e^2 F_S}\,\varphi\,\frac{d^2 i}{d\varphi^2}, \text{ wo } \varphi = V_L - V_S \text{ ist}$$

und $F(c) = 4\,\pi\,c^2 f(c)$ die Verteilungsfunktion nach dem Betrage c der Geschwindigkeiten bedeutet. Diese Beziehung besitzt darüber hinaus nach Druyvesteyn [61] auch für alle anderen Sondenformen Gültigkeit. Da nun schon bereits bei einer einfachen, um so mehr erst bei einer zweifachen graphischen Differentation erhebliche Ungenauigkeiten auftreten können, wurde von Sloane und McGregor [62] ein Verfahren entwickelt, welches eine direkte Messung der zweiten Ableitung gestattet. Diese Methode hat außerdem den Vorzug, daß sie eine sinnvolle Festlegung des Raumpotentials, welches nach der oben angegebenen Gleichung zur Errechnung der Verteilungsfunktion erforder-

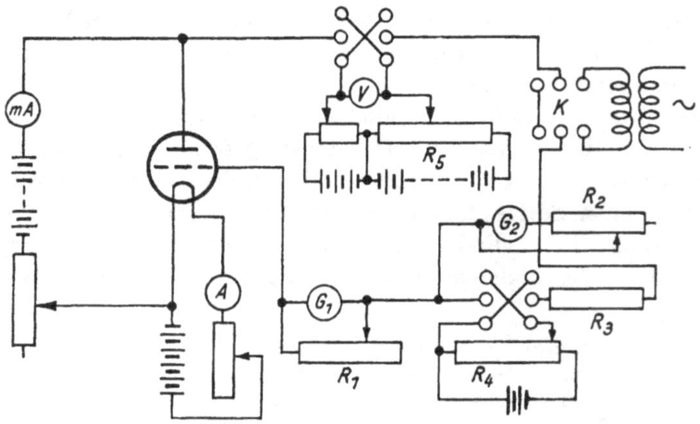

Abb. 5. Meßanordnung nach Sloane und MacGregor.

lich ist, möglich macht. Das Prinzip besteht darin, daß der Sondengleichspannung eine zusätzliche Wechselkomponente überlagert wird, deren Amplitude hinreichend klein ist. Entwickelt man jetzt die Sondencharakteristik in eine Taylor-Reihe, so kann die Änderung des Gleichstromanteils durch folgende Größe angegeben werden:

$$\Delta i = \frac{A^2 i''}{4}.$$

Dabei bedeutet A die Amplitude des Wechselfeldes. Somit erhält man die Möglichkeit, durch Messen dieser Änderung die zweite Ableitung des Stromes direkt zu bestimmen. Darüber hinaus ergibt sich das für die Berechnung der Verteilungsfunktion erforderliche Raumpotential aus dem Maximum der zweiten Ableitungskurve, welches sich an dieser Stelle ausbildet.

In Abb. 5 ist die schematische Meßanordnung wiedergegeben, wie sie von Sloane und McGregor angegeben wird. Während sich im linken Teil der

Abbildung der eigentliche Entladungskreis befindet, ist auf der rechten Hälfte der Sondenstromkreis eingetragen. Er unterscheidet sich von der sonst üblichen Schaltung im wesentlichen dadurch, daß rechts oben durch den Polwechsler K nach Belieben eine Wechselstromquelle in den Stromkreis eingefügt werden kann. Während bei SLOANE und McGREGOR die Änderung der Gleichstromkomponente gemessen wird, ermöglicht eine von VAN GORCUM [63] angegebene Methode gerade durch experimentelle Bestimmung der Wechselstromkomponente die Durchführung der erwünschten Differentation. Hierzu wird von einer besonderen Brückenschaltung ausgegangen. Auch von KAGAN, FEDOROV, MALYSKEV und GAVALLAS [64] sowie schließlich neuerdings von BOYD und TWIDDY [65] werden Verfahren angegeben, die die zweite Ableitung auf meßtechnischem Wege zu bestimmen gestatten und welche sich im wesentlichen in der technischen Durchführung der Anordnung unterscheiden. Wir verzichten hier auf eine weitere Angabe von Einzelheiten und wenden uns vielmehr einer Diskussion der Verfahren zu, wobei alle grundlegenden Voraussetzungen und Einschränkungen der Sondentheorie in dem Maße besprochen werden müssen, als sie Einfluß auf die Bestimmung der Verteilungsfunktion gewinnen können.

1. Trennung von Elektronen und Ionen

Die experimentelle Bestimmung der Verteilungsfunktion erfordert Trennung der anlaufenden Elektronen von den durch das Feld beschleunigt werdenden positiven Ionen. Eine solche Analyse ist einerseits dadurch möglich, daß man über die Verteilungsfunktion der positiven Ionen entsprechende Annahmen macht und mit ihrer Hilfe die Charakteristik des positiven Ionenstromes errechnet und in das Gebiet des Elektronenanlaufstromes hinein extrapoliert. Durch Subtraktion dieses Ionenstromes vom insgesamt gemessenen Sondenstrom erhält man die Elektronenkomponente. Die Durchführung dieses Verfahrens hängt im wesentlichen von Verteilungsfunktion, Sondenform, Schichtdicke und Stromdichte ab und erfordert deshalb stets eine ausreichende Abschätzung der begleitenden Umstände. Tatsächlich lassen sich auf diese Weise in einer Reihe von Fällen brauchbare Extrapolationsformeln angeben [66][1]).

---

[1]) Hierbei besteht die bereits erwähnte Annahme bezüglich der Verteilungsfunktion der Ionen im allgemeinen in der Voraussetzung einer MAXWELL-Verteilung. Für eine solche hat man, wenn $r_L \gg r_S$:

$$i = 4\,\pi r_S^2 j_L \left(1 + \frac{e\varphi}{k T_e}\right) \qquad \text{bzw.} \qquad i = 4\sqrt{\pi}\, l r_S j_L \sqrt{1 + \frac{e\varphi}{k T_e}}$$

für eine Kugel- bzw. Zylindersonde, wo r_S und r_L der Sondenradius bzw. der Radius der Raumladungsschicht ist. Diese Formeln — großen Schichtdicken und kleinen Stromdichten entsprechend — beschreiben den sogenannten bahnbegrenzten Strom, wo das Vorbeischießen der Träger an der Sonde wesentlich mitberücksichtigt werden muß. Hierbei ist also i bzw. i^2 linear zu φ. Im entgegengesetzten Fall $r_L - r_S \ll r_S$, für den das Vorhandensein großer Stromdichten günstig ist, liegen raumladungsbegrenzte Ströme vor, die durch die bei Integration der POISSON-Gleichung entstehenden $^3/_2$-Gesetze der Raumladungs-

Andererseits besteht auch die Möglichkeit einer experimentellen Analyse der verschiedene Ströme. Aus der Struktur der üblichen LANGMUIRschen Sondencharakteristik ist ohne weiteres ersichtlich, daß eine solche mit einer der gewöhnlichen Sondenanordnungen nicht durchführbar ist. Vielmehr dürfte eine Trennung der Komponenten stets ein System mehrerer Sonden erforderlich machen. Die einfachste Lösung besteht darin, daß vor die eigentliche Sonde ein von dieser isoliertes Gitter angebracht wird. Solche Versuche wurden von einer Reihe von Autoren [67] bereits in früherer Zeit durchgeführt, neuerdings auch von BOYD [68] mit verfeinerter Technik. Der den Experimenten zugrunde liegende Gedanke ist folgender: Die eigentliche Sonde wird auf ein festes positives Potential gelegt, während das Gitter eine variable Spannung erhält. Auf diese Weise durchläuft die Gitterspannung die üblichen Werte einer LANGMUIRschen Charakteristik, während auf die Sonde nur die Elektronenkomponente gelangt. Unsicherheiten in der Auswertung ergeben sich vor allem dadurch, daß die Gitterdurchlässigkeit keine konstante Größe, sondern von einer Reihe von Begleitumständen wie Trägergeschwindigkeit, Konzentrationsverteilung auf seiner Oberfläche und von dem sich ausbildenden elektrischen Feld abhängig ist; ferner hat das an die Auffangfläche gelegte Potential eine gewisse Wirkung auf die Gitterspannung. Eine weitere Fehlerquelle besteht in der Unschärfe der sich vor dem Gitter ausbildenden LANGMUIR-Schicht. Das hat nach BOYD eine Änderung der Energieverteilungsfunktion der angezogenen Träger zur Folge; dagegen wird der Einfluß auf die Energieverteilungsfunktion der anlaufenden Träger bei hinreichend geringer Wechselwirkung zu vernachlässigen sein. Aus diesem Grunde wurde von JONOW [69] eine Methode entwickelt, die die eigentliche Sondenmeßanordnung aus dem Entladungsraum heraus in einen besonderen Ansatz nimmt. Das gesamte Sondensystem besteht jetzt aus 4 Platten, die in ihrer Mitte mit kleinen Blenden versehen sind. Platte 1 ist in die Wand des Entladungsgefäßes eingeschmolzen und befindet sich im Kontakt mit der nächstfolgenden 2. Diese beiden ersten werden auf eine Spannung gegenüber der Anode eingestellt, die dem an der Wand herrschenden Raumpotential entspricht. Dagegen wird an die Platten 2 und 3 eine positive bzw.

---

theorie beschrieben werden können. Diese Formeln, die im wesentlichen auf L. LANGMUIR und K. B. BLODGETT zurückzuführen sind, haben im einfachsten Fall die Form:

$$i = \frac{4\sqrt{2}}{9}\sqrt{\frac{e}{m}}\,\frac{\varphi^{3/2}}{a^2\left(\frac{r_L}{r_S}\right)} \qquad i = \frac{2\sqrt{2}\,l}{9}\sqrt{\frac{e}{m}}\,\frac{\varphi^{3/2}}{r_L\,\beta^2\left(\frac{r_L}{r_S}\right)} \qquad i = \frac{\sqrt{2}}{9\pi}\sqrt{\frac{e}{m}}\,F\,\frac{\varphi^{3/2}}{d^2}$$

bei kugel-zylindersymmetrischer bzw. ebener Sondenanordnung. Wegen der vorausgesetzten Kleinheit der Schicht kann man die Extrapolation im Falle der Kugel- und Zylindersonde in erster Näherung mit der zuletzt angegebenen Formel durchführen. Damit hat man

$$i = 4\,\pi\,j_L(r_S + a\,j_L^{-1/2}\,\varphi^{3/4})^2 \qquad \text{bzw.} \qquad i = 2\,\pi\,l\,j_L(r_S + a\,j_L^{-1/2}\,\varphi^{3/4})$$

d. h. es ist $i^{1/2}$ bzw. i linear mit $\varphi^{3/4}$. Das eben geschilderte Verfahren stellt eine in gewissen Grenzfällen gültige Methode dar, die Scheidung der beiden Komponenten in erster Näherung rechnerisch durchzuführen.

negative Gleichspannung gelegt, welche die Trennung der Ladungsträger voneinander ermöglicht. Schließlich erlaubt die Veränderung der zwischen 2 und 4 angelegten Spannung bei Auffangen der Träger auf der letzteren eine Analyse der Geschwindigkeitsverteilung der ins Auge gefaßten Trägerart. Der Vorteil der Methode besteht letzten Endes darin, daß zunächst wegen des gewählten Potentials ein Minimum an Störung des Plasmas erzielt wird. Darüber hinaus kann erreicht werden, daß in der eigentlichen Meßanordnung ein möglichst niedriger Druck vorherrscht. Dies wurde in der zitierten Arbeit, wo die Entladung in Quecksilberdämpfen brannte, dadurch erreicht, daß der das Sondensystem aufnehmende Ansatz durch eine Kühlfalle mit flüssigem Stickstoff abgeschlossen wurde. Da die Verbindung zwischen Entladung und Sondensystem sich nur durch kleine Blenden vollzieht, konnte man hierdurch erreichen, daß der Druck im Ansatz wesentlich geringer als im Entladungsrohr war. Neben diesen ersichtlichen Vorteilen haftet der Methode aber der Nachteil einer einschränkenden Stationierung längs der Rohrwand an [70][1]).

2. Driftüberlagerung

Bei den Ableitungen der Sondenformeln und ihrer Anwendung wurde als eine wesentliche Voraussetzung angenommen, daß die Geschwindigkeitsverteilung keine Anisotropien besitzt. Tatsächlich kann nun aber die Bewegung der Träger im Gas nur dann völlig ungeordnet und damit gleichwahrscheinlich nach allen Richtungen sein, wenn ein Strom überhaupt fehlt. Fließt dagegen ein solcher im Gas, so haben die Träger nicht mehr eine rein isotrope Verteilung. Eine Verteilungsfunktion, die sich in gewissen Grenzen bezüglich einer solchen Erscheinung bewährt hat, läßt sich durch:

$$f(u, v, w) = A \exp\left\{-\frac{m}{2kT_e}\left[(u-u_0)^2 + v^2 + w^2\right]\right\}$$

angeben. Sie stellt also eine MAXWELL-Verteilung dar, die sich mit der Geschwindigkeit u_0 geradlinig fortbewegt. Nach MOTT-SMITH und LANGMUIR[2])

[1]) In Zusammenhang mit diesem Abschnitt ist auch der Bau einer Radio-Frequenz-Sonde für massenspektrometrische Arbeiten zu erwähnen, wie sie von R. L. F. BOYD zunächst in Hinblick auf Trennung von Elektronen und negativen Ionen in elektronegativen Gasen entwickelt worden ist und die bedeutende Verbesserungen in ihren Anwendungsmöglichkeiten gegenüber dem bisherigen magnetischen Verfahren besitzt. Die späteren Untersuchungen verlaufen dann mehr in Richtung der Trennung verschiedener Komponenten von positiven Ionen; man vgl. hierzu R. L. F. BOYD, D. MORRIS.

[2]) Bei Einsetzen der Verteilung in die Formeln der Zylindersonde für $r_L \gg r_S$ und vorhandenem Bremsfeld läßt sich die Lösung in der Form einer unendlichen Reihe der Gestalt:

$$i = 2\pi r_S l j_L \exp\left[-\left(\frac{e\varphi}{kT_e} + a^2\right)\right] \sum_{p=0}^{\infty}{}' \frac{(2p+1)!}{2^{2p}(p!)^2} \left(\frac{a}{\sqrt{\frac{e\varphi}{kT_e}}}\right)^p i^{-p} J_p\left(2a\sqrt{\frac{e\varphi}{kT_e}}\, i\right)$$

darstellen, wo $i^{-p} J_p(xi)$ die BESSEL-Funktion 1. Art und p-ter Ordnung mit rein imagi-

ergibt sich der Korrekturfaktor, mit dem die aus dem halblogarithmischen Auftrag errechnete Temperatur bei nicht zu großen Driftströmen im Falle einer Zylindersonde multipliziert werden muß, zu:

$$1 - \frac{1}{4\pi}\left(\frac{j_d}{j_L}\right)^2.$$

Ähnliche Ergebnisse lassen sich nach LANGMUIR und MOTT-SMITH auch für die anderen Sondenformen angeben. Tatsächlich liefern eine Reihe von Messungen mit ebenen Sonden eine Bestätigung der genannten Verteilungsfunktion innerhalb gewisser Grenzen. So fanden GWOSDOWER und POLIN [71] bei Untersuchungen des gerichteten Elektronenstromes in einem Bereich von 15 mm vor einer Hilfskathode in Hg-Dämpfen bei etwa 10^{-3} Torr eine Bestätigung der obigen Verteilungsfunktion, ebenso ROSHANSKI, KOWALENKO und SENA [72] in Hg-Dampf bei Zimmertemperatur vor einer glühenden Wolframkathode, wobei letztere insbesondere ein System von zwei Sonden verwenden, deren einander zugewandte Flächen isoliert sind. Auch die Messungen von FATALIJEW, SPIWAK und REICHRUDEL [73], welche in Argon mit Glühkathoden im Druckbereich von etwa $^1/_2$ bis 1 Torr durchgeführt wurden, weisen auf die Brauchbarkeit einer solchen Verteilung hin. Darüber hinaus wird hier eine Methode entwickelt, welche es gestattet, die Stromdifferenzen zwischen den beiden Sonden direkt zu messen. Schließlich findet man neuerdings auch bei HOWE [74] eine Bestätigung der Gültigkeit im Niederdruckquecksilberbogen. Von GRANOWSKI [3] wird auf die Möglichkeit hingewiesen, bei Verwendung des bereits mehrfach erwähnten Ansatzes

$$f = f_0 + \frac{u}{c} f_1$$

---

nären Argument darstellt. $\alpha = \frac{1}{2\sqrt{\pi}} \frac{j_d}{j_L}$ bedeutet hierbei im wesentlichen das Verhältnis der gerichteten zur ungeordneten Stromdichte. Damit kann man übersehen, wie sich die überlagerte Driftbewegung bei der Temperaturbestimmung auswirkt. Trägt man nämlich $\ln i$ gegen φ auf, so erhält man mit wachsenden α, also zunehmender Drift, Geraden mit abnehmender Neigung, die schließlich immer mehr in konkav zur Potentialachse gekrümmte Kurven übergehen. Entnimmt man also die Temperatur aus dem Anstieg, so erhält diese wegen der geringeren Neigung zu große Werte. Der hierbei entstehende Fehler läßt sich näherungsweise folgendermaßen angeben:

Bildet man die Ableitung an der Stelle $\varphi = 0$, so erhält man:

$$\frac{d}{d\varphi} \ln i|_{\varphi=0} = \frac{k T_e}{e}\left[1 - \frac{j_L}{j^*}\alpha^2\left(1 + \frac{3\alpha^2}{4} + \frac{5\alpha^4}{32} + \ldots\right)\right],$$

wo

$$j^* = j_L\left(1 + \frac{\alpha^2}{2} - \frac{\alpha^4}{16} + \frac{\alpha^6}{96} - \ldots\right)$$

die Sättigungsstromdichte im Raumpotential darstellt.

den für die Driftbewegung maßgeblichen Anteil f_1 der Verteilungsfunktion mit Hilfe von Sondenmessungen zu bestimmen. Einsetzen in die eingangs angegebene Sondenformel liefert nämlich für eine ebene Sonde im Bremsfalle:

$$i = i_o + \frac{2}{3}\,\pi e F_S \cos\vartheta \int\limits_{\sqrt{\frac{2e\varphi}{m}}}^{\infty} c^3 f_1(c)\left[1-\left(\frac{e\varphi}{mc^2}\right)^{3/2}\right] dc.$$

Dabei ist ϑ der Winkel zwischen Sondennormale und Stromrichtung und i_o stellt den aus dem symmetrischen Anteil der Verteilungsfunktion resultierenden Sondenstrom dar. Dieser Anteil kann offensichtlich eliminiert werden, wenn man Messungen bei verschiedenen Sondenstellungen durchführt und die Differenzen der entsprechenden Sondenströme bildet. Eine weitere Möglichkeit der Elimination besteht in der Verwendung von einem System zweier ebener Sonden im erwähnten Sinne: Die Differenz der Ströme auf die beiden aufnehmenden Flächen enthält dann nicht mehr den symmetrischen Anteil. Nach GRANOWSKI sollte man diese Stromdifferenz Δi nach der von FATALIJEW, SPIWAK und REICHRUDEL angegebene Methode messen unter gleichzeitiger Durchführung eines SLOANE-MCGREGOR-Verfahrens, um f_1 aus der Gleichung

$$f_1\left(\sqrt{\frac{2e\varphi}{m}}\right) = \frac{m^{3/2}\,\varphi^{-3/2}}{2\pi\sqrt{2}\,e^{5/2}F_S}\left[\frac{d^2\Delta i}{d\varphi^2}+\frac{1}{2}\,\frac{d\Delta i}{d\varphi}\right]$$

zu bestimmen.

3. Der Einfluß eines Magnetfeldes

Die Wirkung eines Magnetfeldes muß in unserem Zusammenhang in dreierlei Hinsicht interessieren. Einerseits ist die Frage zu stellen, welchen Einfluß das Magnetfeld eines Sondenstromes auf die Charakteristik hat, um eventuell auftretende, die Auswertung verfälschende Effekte eliminieren zu können; außerdem besteht vielleicht die Möglichkeit, durch Anlegen eines auf einen gewissen Bereich um die Sonde begrenzten Magnetfeldes die Bestimmung der Verteilungsfunktion zu erleichtern, etwa durch Zerlegung des Gesamtstromes in die Einzelströme mit Hilfe dieses zusätzlichen Feldes. Schließlich ist natürlich auch die Frage selbst von Bedeutung, in welchem Maße sich die Energieverteilung bei Anlegen eines äußeren Feldes ändert. SPIWAK und REICHRUDEL [75] haben sowohl das Verhalten einer Zylindersonde in einem zur Achse parallel liegenden Magnetfeld, als auch das von ebenen Sonden mit Magnetfeldern parallel und senkrecht zur Sondenoberfläche untersucht. Setzt man z. B. für die Zylindersonde ein achsenparalleles Feld konstanter Stärke voraus, so erhält man, ausgehend von den Bewegungsgleichungen der Träger im elektrischen und magnetischen Feld bei Vernachlässigung von Zusammenstößen die Integrationsgrenzen. Mit ihrer Hilfe lassen sich bei Annahme einer MAXWELL-Verteilung Ausdrücke für die Stromdichten ableiten, die bei verschwindendem Feld in die analogen Beziehungen der üblichen Theorie ohne Magnetfeld übergehen. Dabei zeigt es sich, daß ein Magnetfeld die Tendenz hat, eine Erniedrigung des Elektronenstromes hervorzurufen, während der Einfluß auf die Ionen demgegenüber nur von untergeordneter Bedeutung ist. Die Durchrechnung für ebene Sonden unter Voraussetzung einer MAXWELL-Verteilung mit Driftüberlagerung führt auf das bereits bei Aufstellung der Integrationsgrenzen zu erwartende Ergebnis: Während man bei parallelem Magnetfeld eine Beeinflussung der Anlaufströme ähnlich der Zylindersonde feststellt, treten im Falle senkrechten Feldes überhaupt keine Änderungen auf, vorausgesetzt, daß gewisse Größenverhältnisse zwischen freier Weglänge und Ausdehnung der Sonde nicht überschritten werden. Dabei ist die Ursache für die Stromverminderung darin zu suchen, daß entgegen dem ursprünglichen LANGMUIRschen Fall eine zusätzliche Planetenbewegung der Elektronen mitberücksichtigt werden muß, welche die Träger aus der Sondenschicht wieder zurück ins Plasma transportiert. Mit dieser Bahnbegrenzung ist eine entsprechende Verminderung des Sondenstromes verknüpft. Eine experimentelle Überprüfung dieser Theorien findet man für die zylindersymmetrische Anordnung bei SPIWAK und REICHRUDEL [76] angegeben. Hiernach wird ein kleiner Elektromagnet in die Entladung gebracht, zwischen dessen Polen die Zylindersonde stationiert ist. Messungen, in Quecksilberdämpfen bei Zimmertemperatur vorgenommen, zeigen bezüglich der Anlaufströme qualitative Übereinstimmung mit den theoretischen Überlegungen. — Die genannten Untersuchungen ergeben im einzelnen, daß erst bei großen nicht in Betracht kommenden Strömen der Einfluß des Eigenmagnetfeldes berücksichtigt werden müßte. Die Möglichkeit einer Trennung der Stromkomponenten, welche auf den unterschiedlichen Einfluß des Magnetfeldes beruht, wird eingehend im zylindersymmetrischen Fall diskutiert. Begrenzungen der Methode ergeben sich jedoch dadurch, daß die Berechnung bis jetzt nur für MAXWELL-Verteilungen durchgeführt wurde; außerdem wird die Brauchbarkeit vor allem durch die Wirkung eingeschränkt, welche das Magnetfeld auf das gesamte Gas ausübt. Während die bisherigen Überlegungen die auftretenden Effekte im Sinne einer Freifalltheorie zu beschreiben versuchen, basieren die von BOHM, BURHOP und MASSEY [77] angegebenen Berechnungen gerade auf dem Gebrauch der Diffusionsgleichungen, setzen also eine hinreichend große Anzahl von Stößen voraus. Dabei wird zunächst durch systematische Messungen vor allem in Argon und Stickstoff bestätigt, daß das Verhältnis der Sättigungsströme von Elektronen und positiven Ionen bei Entladungen mit überlagertem Magnetfeld wesentlich kleiner als ohne ein solches ist, was, wegen der relativ geringen Änderung des Ionenstromes, auf eine entsprechend große Herabsetzung des Elektronenstromes zurückzuführen sein wird. Unter Verwendung der Diffusionsgleichungen, deren Benutzung mit der durch das angelegte Magnetfeld verursachten Verkleinerung der freien Weglänge gerechtfertigt wird, entwickeln die Verfasser eine Theorie des Sondenelektronenstromes. An weiteren Arbeiten, welche auch die Änderung der Elektronentemperatur infolge des magnetischen Einflusses auf die Entladung untersuchen, sind besonders die Arbeiten von REICHRUDEL und Mitarbeitern [78], sowie die kürzlich erschienene Arbeit von

ENGEL und BICKERTON [79] zu erwähnen. Insbesondere beruhen die letzteren Überlegungen auf einer von BICKERTON [80] angegebenen Beziehung, wonach die Stromdichte durch eine zum Magnetfeld senkrechte Fläche bei Anwachsen des ersteren um einen Faktor vermindert wird, welcher im wesentlichen von der LARMOR-Frequenz und der Stoßzeit abhängig ist. Die Elektronentemperatur bestimmt sich dann in derselben Weise wie bei Abwesenheit des Magnetfeldes. Die Untersuchungen beziehen sich auf die positive Säule einer Heliumentladung, welcher ein achsiales Magnetfeld überlagert wird. Die durch dieses zusätzliche Feld veranlaßte Spiralbewegung der Elektronen um die Feldlinien führt zu einer Verminderung der Wandverluste, so daß also theoretisch ein Absinken der Elektronentemperatur zu erwarten ist. Tatsächlich wird ein solches durch die Messung bestätigt.

4. Nichtstationäre Verhältnisse

Wegen der Bedeutung von Untersuchungen in nichtstationären Entladungen, wie sie durch Abkling- und Zündvorgänge sowie durch Wechselstrom- bzw. Impulsentladungen dargestellt werden, verdienen die Arbeiten über die Anwendungsmöglichkeiten der Sondenmethode in solchen Entladungen besonderes Interesse. Die Abweichung von stationären Verhältnissen hat im wesentlichen drei grundlegende Schwierigkeiten zur Folge, die zusätzliche Forderungen über die bisher aufgezählten hinaus bezüglich der Anwendung stellen. Ein erstes Problem besteht darin, daß die sich zeitlich verändernden Entladungsparameter auch entsprechende zeitliche Änderungen der sich um die Sonde ausbildenden Schichten hervorrufen. Aus diesem Grunde wird man von vornherein nur dann ein brauchbares Meßergebnis erwarten dürfen, wenn die Zeitkonstanten der einzelnen Teile des Kreises untereinander in einem vernünftigen Verhältnis stehen. Eine rohe Abschätzung wird durch die Forderung gegeben, daß während der Zeit, in welcher ein Träger die Sondenschichten durchläuft, sich deren Abmessung und das in ihnen vorherrschende Feld nicht allzu erheblich ändert [81][1]). Die zweite grundsätzliche Schwierigkeit, welche durch die Abweichung von der Stationarität hervorgerufen wird, besteht in dem eventuellen Verlust eines Bezugspotentials. Bekanntlich wird ja in einer stationären Gleich-

---

[1]) Rechnet man mit einer Schichtdicke von 10^{-1} cm und einer Elektronen- bzw. Ionengeschwindigkeit von $c_e = 10^8$ cm/sec bzw. $c_+ = 10^5 - 10^6$ cm/sec, so betragen die Durchlaufzeiten $t_e = 10^{-9}$ sec bzw. $t_+ = 10^{-6} - 10^{-7}$ sec. Hieraus ergeben sich entsprechende charakteristische Zeiten für die Messung der Ströme. Nach GRANOWSKI — Z. techn. Phys. 13, 123 (1943) — besteht eine schärfere Abschätzung in der Forderung nach Quasistationarität der Raumladungsschicht um die Sonde. Bei Anwendung eines von GRINBERG abgeleiteten Kriteriums ist dies so lange gewährleistet, als

$$\omega < \frac{10}{3}\left(\frac{2\pi}{3}\,\frac{e}{m}\,\frac{j}{d}\right)^{1/3}$$

erfüllt wird. Das ergibt eine Anwendbarkeit der Sondenmessung bei positiver Sonde bis etwa 10^8 Hz, im Falle negativer Sonde bis ungefähr 10^6 Hz.

stromentladung das Sondenpotential auf eine der Elektroden bezogen. Offensichtlich ist ein solches Vorgehen dann nicht mehr möglich, wenn dieselben selbst ein veränderliches Potential besitzen bzw. wenn es sich um elektrodenlose Entladungen handelt. In diesem Falle hat man sich durch Einführung einer geerdeten Hilfselektrode (sog. Antisonde) geholfen, wodurch ein künstlicher Bezugspunkt geschaffen wird [82][1]). Da eine brauchbare Untersuchung die Werte der Entladungsparameter in jedem Zeitmoment liefern muß, ist schließlich die Aufnahme der Sondencharakteristik für jeden einzelnen Zeitpunkt erforderlich. Bei Berücksichtigung der entsprechenden Einschränkungen kann dies mit einer einfachen Sonde durchgeführt werden[2]).

Darüber hinaus sind in Hinblick auf die bei nichtstationären Verhältnissen auftretenden Schwierigkeiten weitere Verfahren entwickelt worden, in denen an Stelle einer Sonde zur Untersuchung gleichzeitig zwei Sonden verwendet werden. Eine diesbezügliche Methode, wie sie von BARNES und EROS [83] angegeben wird, besteht in folgendem: In die Entladung werden zwei voneinander unabhängige Sonden gebracht, wobei jede dieser Sonden durch einen speziellen Pentodenkreis so geschaltet ist, daß trotz der nichtstationären Verhältnisse zu jeder Sonde ein konstanter Strom fließt. Befindet man sich jetzt im Bereich des Elektronenanlaufstromes, so ist beim Vorliegen einer MAXWELL-Verteilung

$$V_S - V_L = \frac{kT_e}{e} \ln \frac{i_S}{i_L},$$

wo i_S den konstant gehaltenen Strom und i_L den Strom im Raumpotential V_L bedeutet. Sind die beiden Sonden nun so geschaltet, daß sie verschiedene konstante Ströme aufnehmen, so kann man damit durch Messen der zwischen beiden

---

[1]) Diese Methode wird z. B. von BANERJI, GANGULI und BECK bei Untersuchungen der elektrodenlosen Ringentladung verwendet. Die Bezugnahme auf eine solche Hilfselektrode wird aber nur dann brauchbar sein, wenn das sich um die Antisonde ausbildende Raumpotential hinreichend unabhängig vom Sondenstrom selbst ist. Das kann nur dann erwartet werden, wenn die Anzahl von Trägern, die zur Hilfselektrode fließt, entsprechend groß gegenüber dem Fluß zur Sonde sein wird. Eine solche Forderung kann dadurch erfüllt werden, daß die Antisonde eine ausreichend große Oberfläche erhält, was aber auch gleichzeitig wieder eine erhöhte Störung zur Folge haben wird.

[2]) Zum Beispiel wird der Sondenstrom als Funktion der Zeit bei verschiedenen vorgegebenen Sondenspannungen gemessen, wobei ein etwa vorliegender nichtperiodischer Vorgang mit hinreichender Genauigkeit des öfteren reproduziert werden muß. Nachdem man so für genügend viele Spannungswerte den Stromverlauf über der Zeitachse aufgetragen hat, lassen sich auf den Ordinaten die Werte der Sondencharakteristik für den jeweils ins Auge gefaßten Zeitpunkt ablesen. Darüber hinaus kann die Messung aber auch so durchgeführt werden, daß der Sondenkreis während jeder Periode nur für ein kleines Zeitelement Δt geschlossen wird. Trägt man die mit einem Gleichspannungsgalvanometer gemessene Sondenstromstärke auf, indem man die an die Sonde gelegte Gleichspannung variiert, so erhält man die für das Zeitelement Δt aufgenommene Charakteristik. Gerade auf Grund der Weiterentwicklung elektronischer Hilfsmittel sind in den letzten Jahren neue Wege beschritten worden, Aufnahme von Sondencharakteristiken in nichtstationären Entladungen auf einfache Weise zu realisieren.

Sonden herrschenden Spannung die Veränderung der Elektronentemperatur registrieren, da die erstere dieser proportional ist. Darüber hinaus kann auch bei Abweichung von einer MAXWELL-Verteilung eine Aussage über die Verteilungsfunktion gemacht werden. In diesem Falle mißt man nämlich auf Grund der künstlich geforderten Geradlinigkeit der halblogarithmischen Charakteristik eine „effektive" Elektronentemperatur, die von den Punkten der Charakteristik abhängt, welche man als Sondenstromwerte vorgibt. Bei Änderung der Auswahl ergibt sich dementsprechend auch eine andere „effektive" Elektronentemperatur, und durch hinreichend viele Messungen ist somit eine Aussage über die Verteilungsfunktion selbst möglich. Unter der Doppelsondenmethode versteht man schließlich die Verwendung von 2 Sonden, an die eine Spannung V_d gelegt wird. Die Aufnahme der Sondencharakteristik erfolgt entweder dadurch, daß V_d in der üblichen Weise variiert wird, wobei man eine punktweise Aufnahme der Charakteristik vornimmt, oder durch Anlegen einer Wechselspannung, wodurch dann eine oszillographische Aufnahme möglich ist. Doppelsonden in diesem Sinne wurden wohl zuerst von REIFMANN und DOW [84][1]) sowie KOJIMA und TAKAYAMA [85][2]) verwendet. Eingehendere Klärung der Sachlage besonders in theoretischer Hinsicht wird durch die Untersuchung von JOHNSON und MALTER [86] gegeben. Nach ihnen bestimmt sich die Elektronentemperatur aus der Neigung der Geraden, die man erhält, wenn die Größe $\Gamma = \frac{\Sigma i_{+\nu}}{i_{e2}} - 1$ gegen die Spannung V_d halblogarithmisch aufgetragen wird. Es gilt nämlich:

$$\ln \Gamma = -\frac{e V_d}{k T_e} + \ln \sigma,$$

wo:

$$\sigma = \frac{A_1 j_{o1}}{A_2 j_{o2}} \exp\left[\frac{e V_c}{k T_e}\right].$$

Hierin bedeutet $\Sigma i_{+\nu}$ den Gesamtionenstrom zum Sondensystem, i_{e2} den Elektronenstrom zur zweiten Sonde, $j_{o\nu}$ die ungeordneten Elektronenstromdichten im Plasma vor den Sonden 1 bzw. 2, A_ν die Sondenoberflächen und schließlich V_c den Unterschied im Raumpotential zwischen den beiden Sondenstellen. Diese Beziehung ist der aus der BOLTZMANN-Formel für die Einzelsonden folgenden üblichen Relation analog. Sie unterscheidet sich im wesentlichen dadurch von ihr, daß einerseits durch geringeren Ladungsträgerentzug eine ent-

---

[1]) Es werden kurze Mitteilungen über Messungen mit solchen Sonden in der Ionosphäre gemacht, wobei sich auf Raketenversuche bezogen wird. Hiernach sollen die Experimente in guter Übereinstimmung mit einer für diese Untersuchungen entwickelten Theorie stehen. Für die Elektronen werden Abweichungen von der MAXWELL-Verteilung im Sinne einer DAVYDOW-Verteilungsfunktion angegeben.

[2]) Die Doppelsondenmethode wird hier zur Untersuchung von hochfrequenten elektrodenlosen Entladungen verwendet, wobei insbesondere Bestimmungen der Elektronentemperatur vorgenommen werden.

sprechend kleinere Störung des Plasmas verursacht wird[3]), andererseits das Raumpotential selbst nicht explizit in ihr auftritt. JOHNSON und MALTER geben an, wie die Größen $i_{+\nu}$ und i_{e2} aus den aufgenommenen Sondenkennlinien entnommen werden können, sowie eine entsprechende Fehlerdiskussion. Darüber hinaus wurden von ihnen zwei weitere Methoden entwickelt, die das mühselige Auftragen der halblogarithmischen Charakteristik zur Berechnung der Elektronentemperatur vermeidbar machen. Offensichtlich unabhängig von den bisherigen Arbeiten wurde auch von BIBERMANN und PANIN [87] die Verwendung von Doppelsonden vorgeschlagen. Ihre Untersuchungen beziehen sich auf Hg-Dampfentladungen, die mit einer Frequenz von 22,4 MHz betrieben wurden. Zur Untersuchung werden ein Paar Zylindersonden in die Entladung gebracht, zwischen denen eine zusätzliche Gleichspannung liegt. Nach BIBERMANN und PANIN läßt sich die Elektronentemperatur bei Vorgabe einer MAXWELL-Verteilung aus der Beziehung:

$$T_e = \frac{e}{k} \frac{i_{+0}}{2\left(\frac{di}{dv}\right)_{v=0} - \frac{di_+}{dv}}$$

bestimmen. Hierbei bedeutet i_{+0} den Ionenstrom der isolierten Sonden, der durch Extrapolation des Ionenstromes bei großen zwischen den Sonden angelegten Spannungen erhalten werden kann; die erforderlichen Differentialquotienten können aus der Sondencharakteristik entnommen werden. In einer eingehenden Untersuchung wurde von DSHERPETOV und PATEJUK [88] ein Vergleich zwischen den Ergebnissen bei Verwendung der Einzelsonde mit Bezugselektrode und der Doppelsondenmethode in Hochfrequenzentladungen gegeben, wobei zur Berechnung der Elektronentemperatur die eben zitierte Formel verwendet wurde. Nach diesen Untersuchungen ergaben beide Methoden innerhalb der Fehlergrenzen gleiche Werte für die Elektronentemperaturen; darüber hinaus wurden in einem Druckbereich von 0,07 bis 1 mm Hg und bei Frequenzen von 5 bis 130 MHz in homogenen Ar, Ne und H_2 Entladungen MAXWELL-Verteilungen der Elektronen gefunden.

5. Reflektion und Sekundäremission

Eine Veränderung in der Form der Charakteristik kann für den von uns betrachteten Fall einer positiven Sonde sowohl durch Reflektion eines Bruchteils

[3]) Da der Totalstrom zur Sonde nie größer als der Ionenstrom sein kann, ist die durch eine Doppelsonde in der Entladung hervorgerufene Störung tatsächlich wesentlich geringer als die durch eine einfache verursachte. In dem uns hier interessierenden Falle ist damit aber zugleich ein bedenklicher Nachteil verbunden. Nach JOHNSON und MALTER werden nämlich im Höchstfalle nur einige Prozent der Elektronen des ungeordneten Stromes gesammelt, da sich ja die beiden Sonden bei der Messung stets auf negativen Potentialen gegenüber dem Plasmapotential befinden. Während bei der Einzelsonde die MAXWELL-Verteilung aus der Messung praktisch aller Elektronen geschlossen wird, ist hier aus dem Bestehen einer MAXWELL-Verteilung für eine kleine Gruppe von Elektronen auf die Existenz derselben Verteilung aller zu schließen.

der Elektronen an der Sondenoberfläche als auch durch Sekundäremission bei Ionenbombardement, Auslösung durch Metastabile und Photoeffekt hervorgerufen werden. Dabei haben von der Sonde fortfliegende Elektronen zur Folge, daß die Sondencharakteristik nach unten verschoben wird. Im allgemeinen Falle ist der Reflektionskoeffizient sowohl vom Einfallswinkel als auch von der Geschwindigkeit abhängig. Auf Grund der Untersuchungen von TINGWALT [89] kann aber angenommen werden, daß für eine sorgfältig durch Heizen oder durch Auftreffen von Ionen gereinigte Sonde die Abhängigkeit vom Einfallswinkel vernachläßigt werden kann. Besonders einfach gestaltet sich dann nach LANGMUIR und MOTT-SMITH die Erfassung des Einflusses bei Vorliegen einer MAXWELL-Verteilung, indem sich nämlich nur eine Parallelverschiebung des halblogarithmischen Auftrages nach unten ergibt, ohne daß die Neigung und damit die Elektronentemperatur verfälscht wird. Untersuchungen über die Änderung der Sondencharakteristik infolge Auslösung von Sekundärelektronen durch positive Ionen und metastabile Atome findet man vor allem bei OLIPHANT [90], LANGMUIR und FOUND [91], UYTERHOEVEN und HARRINGTON [92], sowie REICHRUDEL und SPIWAK [93]; durch Photoeffekt bei KENTY [94]. Hiernach scheinen die Metastiblen eine Hauptrolle in der Emission von Sekundärlektronen zu spielen, besonders in Edelgasen, während sie in Metalldämpfen, wo die Anregungsenergie der Atome kleiner als die Austrittsenergie der Elektronen aus der Sondenoberfläche und solchen, wo sie nur wenig größer als diese ist, nur von untergeordneter Bedeutung sind. Insbesondere führt eine Änderung der Elektronenaustrittsarbeit zu einer entsprechenden Abweichung in der Form der aufgenommenen Sondencharakteristik. Eine solche kann beispielsweise durch Verunreinigung der Sondenoberfläche aus Bestandteilen der Kathode leicht hervorgerufen werden. VAN BERKEL [95] hat wohl zum erstenmal auf diesen Umstand hingewiesen. Oszillographische Untersuchung dieser Erscheinung wurden von ANDERSON [96] in Edelgasen und in Sauerstoff durchgeführt, wobei die Sondencharakteristiken bei verschiedenen Frequenzen aufgenommen wurden. Dabei zeigten sich in Edelgasen bei Verwendung einer Kupferkathode keine Veränderung mit variierter Frequenz. Hingegen mußte in Sauerstoffentladungen die Frequenz um das 700fache gesteigert werden, um die bei einem Durchgang entstehende Änderung der Sondenoberfläche zu eliminieren. EASLEY [97] hat in Hg-Ar und Hg-Kr-Entladungen mit Oxydkathoden Sondenmessungen vorgenommen, wobei der Einfluß in der Änderung der Elektronenaustrittsarbeit dadurch ausgeschaltet wird, daß jeder Punkt der Sondencharakteristik unmittelbar nach Reinigung der Sonde durch Ionenbombardement gemessen wurde. Dabei ergaben sich keine Abweichungen von einer MAXWELL-Verteilung. Ganz im Gegensatz dazu führte nicht ausreichende Reinigung der Sonde zu Abweichungen im halblogarithmischen Charakteristikendiagramm, die durch eine Erhöhung der Elektronenaustrittsarbeit infolge Verunreinigung der Kupfersondenoberfläche mit Quecksilber gedeutet werden können. Darüber hinaus wurden von WEHNER und MEDICUS [98] Sondenmessungen in Niederspannungsbögen von Oxydkathodenröhren vorgenommen, wobei eingehend die Folgen einer Änderung der Elektronenaustrittsarbeit auf die Form der Sondencharakteristik diskutiert werden. Dabei wird auch der Einfluß der verschiedenen Reinigungsprozesse auf die Elektronenaustrittsarbeit der Sondenoberfläche im einzelnen untersucht. Aufnahme der Sondencharakteristiken mit einem Kathodenstrahloszillographen unmittelbar nach hinreichender Reinigung der Sonde ergeben entgegen der Untersuchungen von DRUYVESTEYN [61], die gerade als Ausgangspunkt für die allgemeine Ableitung einer Beziehung zur Bestimmung der Verteilungsfunktion dienten, keine Abweichungen von der MAXWELL-Verteilung, selbst als sich die Sonde in einem Abstand von 10 mm Entfernung vor der Kathode befand. Von R. SEELIGER [99] werden in Ergänzung insbesondere seiner Arbeit mit BARTHOLOMEYCZYK, wo sich eine Abnahme des Kathodenfalles in Edelgasen mit der Brennzeit infolge Änderung der Elektronenemissivität ergab, die bei Umpolung der Entladung wieder rückgängig gemacht werden kann, analoge Versuche an negativ geladenen Sonden vorgenommen. Tatsächlich ergibt sich hier ein ganz den Verhältnissen an der Kathode entsprechender Stromeffekt. Die Beobachtungen wurden in Neon und Helium durchgeführt. Insbesondere zeigte es sich, daß bei Zusatz von Hg dieser Effekt zum Verschwinden gebracht werden kann, so daß ein maßgeblicher Zusammenhang dieser Erscheinung mit dem Vorhandensein von Metastabilen zu bestehen scheint.

Aus all diesem ist ersichtlich, daß aus der Abweichung von der Linearität beim halblogarithmischen Auftrag nur sehr vorsichtig auf eine Abweichung von der MAXWELL-Verteilung geschlossen werden darf, nämlich erst dann, wenn durch hinreichende Abschätzung sichergestellt ist, daß der festgestellte Effekt nicht auf das Vorliegen von Sekundärerscheinungen zurückzuführen ist.

6. Unschärfe der LANGMUIR-Schicht und Wahl des Druckbereiches

Eine der wesentlichen Voraussetzungen der LANGMUIRschen Sondentheorie besteht in den Annahme, daß die gesamte elektrische Wirkung der Sonde durch die Raumladung der vorgelagerten Freifallschicht abgeschirmt wird; die sie einhüllende LANGMUIR-Fläche absorbiert alle angezogenen Träger, und außerhalb befindet sich das ungestörte Plasma. Bereits LANGMUIR und MOTT-SMITH [60] haben darauf hingewiesen, daß diese Vorstellung bei negativen Potentialen der Sonde die Vernachlässigung eines entsprechenden gestörten Plasmabereiches bedeutet. Darüber hinaus wurde von LANGMUIR [100] mit seiner Theorie über die Doppelschichten vor Kathoden sowie den TONKS-LANGMUIRschen [101] Untersuchungen die Grundlage zu einer Berechnung stetigen Überganges gelegt. Experimentell wurde die Unschärfe einer LANGMUIR-Schicht durch BUCHMANN [102] nachgewiesen, indem die Störung einer Sonde durch eine zweite registriert und deren Abhängigkeit vor allem von Druck und Entladungsstromdichte beobachtet wird. BOHM, BURHOP und MASSEY [103] beschreiben den Übergang durch einen gestörten Plasmabereich sowie die eigentliche Raumladungsschicht, wobei der Wert des Potentials an der Schichtgrenze im Sinne von TONKS und LANGMUIR bestimmt wird. Insbesondere ergibt sich dabei, daß der Ionenstrom zur Sonde nur sehr schwach von der Ionen-, dabei aber maßgeblich von der Elektronentemperatur abhängig ist. WENZL [104] hat ebenfalls nachgewiesen, daß die Annahme einer scharfen Begrenzung auch theoretisch in sich widerspruchsvoll ist. Nach ihm vollzieht sich der Übergang vom ungestörten Plasma zur Sonde in 4 Schichten, wobei seine Überlegungen im wesentlichen auf Energie- und Flächensatz, POISSON-Gleichung und Kontinuitätsgleichung beruhen. Ein wichtiges Kriterium zur Bestimmung der Unschärfe wurde von BOYD [105] gegeben. Danach muß die Energieverteilungsfunktion der angezogenen Träger an der Schichtgrenze ein bestimmtes Kriterium erfüllen, wenn es überhaupt zur Ausbildung einer Freifallschicht kommen soll. Das elektrische Sondenfeld greift eventuell über die Schichtgrenze in das Plasma hinein, um dort eine entsprechende Änderung der Energieverteilungsfunktion hervorzurufen. Unter Zuhilfenahme dieses Kriteriums und der von LANGMUIR übernommenen Grundlagen wird auch von BOYD eine Theorie entwickelt, die den stetigen Übergang vom ungestörten Plasma zur Freifallschicht hin berücksichtigt. Weitere Beiträge zur Unschärfe[1]) werden in Untersuchungen von Entladungen höheren Drucks geliefert, auf die wir im folgenden zu sprechen kommen. Tatsächlich bedeutet die Beschränkung der Theorie auf so niedrige Drucke, daß eine Vernachlässigung von Stößen gerechtfertigt ist, eine weitere grundsätzliche Voraussetzung der Sondentheorie. SEELIGER und HIRCHERT [106] haben abschätzende Überlegungen vorgenommen, um den Druckbereich nach oben festzulegen, bis zu dem man aus den einzelnen Teilen der Charakteristik noch Auswertungen im Rahmen der LANGMUIRschen Theorie vornehmen kann. In einer ganzen Reihe von Arbeiten [107] wurde eine Verallgemeinerung der alten Theorie auf höhere Drucke vorgenommen. Man kann sie geradezu danach einteilen, ob der bereits erwähnte Gesichtspunkt der Unschärfe eine Rolle spielt oder nicht. Diejenigen, welche jene ganz vernachlässigen, arbeiten im wesentlichen mit der POISSON-Gleichung, während der hierzu extreme Standpunkt die maßgebliche Erscheinung in der Ausbildung einer großen gestörten Plasmaschicht sieht. Eine ausgleichende Haltung nimmt demgegenüber die Untersuchung von BOYD ein, welche den Übergang vom ungestörten Plasma zur Sonde sowohl durch quasineutrale Plasmabereiche als auch Raumladungsschicht beschreibt. Neuerdings ist von KAGAN und PEREL [108] der Versuch einer umfassenden Theorie für beliebige Drucke in Angriff genommen worden, indem direkt von der BOLTZMANN-Gleichung ausgegangen wird. Eine Integration wurde bis jetzt aber nur für den Fall durchgeführt, daß sich die Sonde auf Raumpotential befindet. Auch die von SCHULZ und BROWN [109] durchgeführten Untersuchungen beschreiben den Übergang zur Sonde durch einen gestörten Plasmabereich und die eigentliche Raumladungschicht, wobei ihre Darstellung in den verschiedenen Druckbereichen diskutiert wird. Während für den Ionenstrom an der Schichtgrenze im

[1]) In Zusammenhang mit diesem Abschnitt ist auch die Arbeit von D. KAMKE und H. J. ROSE, Z. Phys. **145**, 83 (1956) zu nennen, die mit Hilfe eines Impulssondenverfahrens Werte für die Trägerdichten im Plasma bestimmen, welche unabhängig von expliziten Annahmen hinsichtlich der Beschreibung des Überganges zur Sonde sind.

Falle hohen Drucks der übliche Ansatz für die ungeordnete Stromdichte verwendet wird, läßt sich für den niedrigeren Druckes eine Beziehung angeben, die wieder wesentlich von der Elektronentemperatur abhängt; insbesondere wird ein Vergleich der aus Sondenmessungen und der mit Mikrowellenmethoden bestimmten Ionendichten für Wasserstoff, Argon und Helium im Druckbereich von 0,05 bis 6 mm Hg vorgenommen. – Die Abänderungen der beiden eben genannten Grundvoraussetzungen der Sondentheorie wirken sich in zweierlei Hinsicht auf die hier beschriebene Bestimmung der Verteilungsfunktion aus: Einerseits haben beide Fakten einen Einfluß auf die Form der analytischen Darstellung des positiven Ionenstromes, so daß damit neue Überlegungen bezüglich der Extrapolation derselben in das Anlaufgebiet hinein erforderlich sind; andererseits ist mit anwachsendem Druck nicht mehr die Voraussetzung hinreichend freien Falles erfüllt, die bei der Ableitung der zur Bestimmung der Verteilungsfunktion maßgeblichen Beziehung benutzt wurde. Es erscheint daher als eine nicht unwichtige Aufgabe, eine Theorie zu entwickeln, die einen Ausgleich zwischen den bisher erschienenen schafft und gleichzeitig das Problem der Bestimmung der Verteilungsfunktion unter dem Aspekt einer Erweiterung der grundlegenden Vorstellungen in Angriff nimmt.

B. Die Magnetspektrenmethode

HAIGH und SMITH [110][1]) haben Messungen der Energieverteilungsfunktion in der positiven Säule von Luft- und Argonentladungen durchgeführt, wobei eine Magnetspektrenmethode verwendet wurde. Sie besteht darin, daß ein Untersuchungssystem in die Wand des Entladungsgefäßes eingefügt wird. Die Träger treten dabei durch einen dünnen Spalt, der sich auf Raumpotential befindet, in eine zusammengesetzte Röhre, innerhalb deren sie beschleunigt werden, um sie nach entsprechender Fokkusierung am Ende wieder durch einen Spalt zu verlassen, wo sie der Ablenkung eines homogenen Magnetfeldes unterworfen werden. Die Auswertung des Spektrums, welches durch die verschieden starke Krümmung der Elektronenbahnen hervorgerufen wird, ermöglicht die Bestimmung der Verteilungsfunktion. Andererseits werden Vergleichsmessungen in der Weise durchgeführt, daß der Eintrittsspalt mit einer Metallklappe verschlossen wurde, die als eine ebene Sonde diente. Ein Vergleich zwischen den beiden Meßmethoden zeigte, daß nur im Fall der Sondenmessung MAXWELL-Verteilungen gefunden wurden, während sich die mit der Magnetspektrenmethode bestimmten gut durch DRUYVESTEYN-Verteilungen wiedergeben ließen. Während diese Diskrepanzen von HAIGH und SMITH auf die Nichterfüllung von Voraussetzungen der LANGMUIRschen Theorie zurückgeführt werden, ist nach KLARFELD [111] die maßgebliche Ursache darin zu suchen, daß die Untersuchungen in ihren Versuchsbedingungen ungeschickt gewählt

---

[1]) Die Versuchsanordnung ist dabei ähnlich der von H. JONES und R. WHIDDINGTON zur Bestimmung der Energieverluste von Elektronen in Wasserstoff verwendeten. Der Veröffentlichung ging auch eine Untersuchung der Elektronenenergieverteilung an der Anode mit Hilfe der Magnetspektrenmethode voraus.

wurden. Spezielle Versuche ergaben nämlich, daß bei diesen niedrigen Drucken und Entladungsströmen nicht nur Schwingungen vorhanden, sondern darüber hinaus auch laufende Schichten auftraten. Hierdurch wird an dem Eintrittsspalt ein veränderliches Potential hervorgerufen; der Einfluß auf jede der einzelnen Methoden wird verschieden sein, wodurch die Diskrepanzen hervorgerufen werden. Wegen der Wichtigkeit des Magnetspektrenverfahrens als Vergleichsmethode zur Sondenmessung kommt einer weiteren Klärung der Sachlage, sowie einer Anwendung unter anderen Versuchsbedingungen besondere Bedeutung zu.

Literaturverzeichnis

[1] Dosse u. Mierdel, Der elektrische Strom im Hochvakuum und in Gasen.
[2] v. Engel u. Steenbeck, Elektrische Gasentladungen. Bd. 1 u. 2.
[3] Granowski, Der elektrische Strom im Gas. Bd. 1.
[4] Loeb, Fundamental Processes of Electrical Discharges in Gases.
[5] Massey u. Burhop, Electronic and Ionic Impact Phenomena.
[6] Seeliger, Einführung in die Physik der Gasentladungen.
[7] Druyvesteyn, M. J., Physica **10**, 69 (1930).
[8] Hertz, G., Z. Physik **32**, 298 (1925).
[9] Cravath, A. M., Physic. Rev. **46**, 332 (1934).
[10] Didlaukis, M., Ann. Physik **5**, 221 (1930); Z. Physik **82**, 709 (1933).
[11] Morse, P. M., Allis, W. P. u. Lamar, E. S., Physic. Rev. **48**, 412 (1935).
[13] Davydow, B., Physik. Z. Sowjetunion **8**, 59 (1935).
[14] Allen, H. W., Physic. Rev. **52**, 703 (1937).
[15] Ramsauer, C. u. Kollath, R., Ann. Physik **12**, 529 (1932); Normand, C. E., Physic. Rev. **35**, 1217 (1930).
[16] Druvesteyn, M. J., Z. Physik **33**, 856 (1932); Physica **3**, 65 (1936).
[17] Ornstein, L. S. u. Brinkmann, H., Proc. Amst. **39**, 484 (1936).
[18] Davydow, B., Physik Z. Sowjetunion **9**, 433 (1936); J. exp. theoret. Physik **7**, 1064 (1937).
[19] Smit, J. A., Physica **3**, 543 (1937).
[20] Dunlop, S. H., Nature [London] **164**, 452 (1949); Dunlop, S. H. u. Emeleus, G. G., Brit. J. app. Physic. **2**, 163 (1951).
[21] Maier-Leibnitz, H., Z. Physik **95**, 499 (1935).
[22] Chapman, S. u. Cowling, T. G., The mathematical Theorie of non-uniform Gases.; Sommerfeld, A., Vorlesungen über theoretische Physik. Bd. 5.
[23] Margenau, H., Physic. Rev. **69**, 508 (1946).
[24] Margenau, H. u. Hartmann, H. L., Physic. Rev. **73**, 309 (1948).
[25] Margenau, H., Physic. Rev. **73**, 297 (1948).
[26] Holstein, T., Physic. Rev. **70**, 367 (1946).
[27] Bernstein, I. B. u. Holstein, T., Physic. Rev. **94**, 1475 (1954).
[28] Herlin, M. A. u. Brown, S. C., Physic. Rev. **74**, 291 (1948).
[29] Brown, S. C. u. MacDonald, A. D. Physic. Rev. **76**, 1629 (1949).
[30] MacDonald, A. D. u. Brown, S. C., Physic. Rev. **75**, 411 (1949).
[31] Reder, F. H. u. Brown, S. C., Physic. Rev. **95**, 885 (1954); Brode, R. B., Rev. Mod. Phys. **5**, 257 (1933).
[32] MacDonald, A. D. u. Brown, S. C., Physic. Rev. **76**, 1634 (1949); Ramien, H., Z. Physik **70**, 353 (1931).

[33] MACDONALD, A. D., Physic. Rev. **88**, 420 (1952); MACDONALD, A. D. u. BETTS, D. D., Canad. J. Physics. **30**, 565 (1952).
[34] ALLIS, W. P. u. BROWN, S. C., Physic. Rev. **87**, 419 (1952).
[35] SALMON, J., J. Physique Radium **16**, 210 (1955).
[36] BARBIERE, D., Physic. Rev. **84**, 653 (1951).
[37] TOWNSEND, J. S. u. BAILEY, V. A., Philos Mag. **42**, 873 (1921); **43**, 594 (1922); **44**, 1033 (1922); **46**, 657 (1923).
[38] KRASIK, S., ALPERT, D. u. MCCOUBREY, A. O., Physic. Rev. **76**, 722 (1949).
[39] HARTMANN, L. M., Physic. Rev. **73**, 316 (1948).
[40] KLIMONTOWICH, YU. L., J. exp. theoret. Physik **21**, 1284 (1951); LOGUNOW, A. A., J. exp. theoret. Physik **20**, 458 (1950); VLASSOW, A. A., u. BAZAROW, I. P., J. exp. theoret. Physik **20**, 1098 (1950).
[41] JANCEL, R. u. KAHAN, T., C. R. Acad. Sci. (Paris), **236**, 788 (1953); J. Physique Radium **14**, 533 (1953); **15**, 382 (1954); C. R. Acad. Sci. (Paris) **238**, 995 (1954).
[42] JANCEL, R. u. KAHAN, T., Nuovo Cimento **12**, 573 (1954); J. Physique Radium **15**, 696 (1954); **16**, 136 (1955).
[43] BAYET, M., DELCROIX, J. L. u. DENISSE, J. F., J. Physique Radium **15**, 795 (1954); **16**, 274 (1955); **16**, 431 (1955).
[44] LANDAU, L., Physik Z. Sowjetunion **10**, 154 (1936); ALLIS, W. P., Physic. Rev. **76**, 146 (1949); LANDAU, L., Physic. Rev. **77**, 567 (1950).
[45] CAHN, J. H., Physic. Rev. **75**, 293 (1949).
[46] CAHN, J. H., Physic. Rev. **75**, 838 (1949).
[47] CHANDRASEKHAR, S., Astrophysic. J. **97**, 255, 263 (1943); Rev. mod. Physic. **15**, 1 (1943).
[48] COHEN, R. S., SPITZER, L. jr. u. ROUTLY, P. MCR., Physic. Rev. **80**, 230 (1950).
[49] SPITZER, L. jr. u. HÄRM R., Physic. Rev. **89**, 977 (1953).
[50] BOHM, D. u. ALLER, L. H., Astrophysic. J. **105**, 131 (1947).
[51] WATSON, K. M., Physic. Rev. **102**, 12 (1956).
[52] WLASSOW, A. A., J. exp. theoret. Physik **8**, 291 (1938).
[53] BRUECKNER, K. A. u. WATSON, K. M., Physic. Rev. **102**, 19 (1956).
[54] GABOR, D., Proc. Roy. Soc. [London], **213**, 73 (1952).
[55] LANGMUIR, I., Proc. nat. Acad. Sci, USA, Washington **14**, 628 (1928).
[56] BOHM, D. u. GROSS, E. P., Physic. Rev. **75**, 1851 (1949).
[57] WAINRIB, E. A. u. SPIWAK, G. V., J. exp. theoret. Physik **18**, 539 (1948); SPIWAK, G. V. u. WAINRIB, E. A., Mitt. Akad. Wiss. UdSSR, **49**, 463 (1948).
[58] ECKER, G., Z. Physik **140**, 293, 308 (1955); **141**, 294 (1955).
[59] PIRANI, M. u. ROMPE, R., Trans. Amer. electrochem. Soc. **69**, 417 (1936); ROMPE, R. u. STEENBECK, M., Ergebn. exakt. Naturwiss. **18**, 257 (1939); MOHLER, F. L., Temp. Symp. New York, Reinhold Publ. corp., 734 (1941).
[60] LANGMUIR, I. u. MOTT-SMITH, H., Gen. Electr. Rev. **27**, 449, 538, 616, 762 (1924); Physic. Rev. **28**, 727 (1926).
[61] DRUYVESTEYN, M., Z. Physik, **64**, 781 (1930).
[62] SLOANE, R. H. u. MACGREGOR, E. I. R., Philos. Mag. **18**, 193 (1934).
[63] v. GORCUM, G. H., Physica, **3**, 207 (1936).
[64] KAGAN, YU. M., FEDOROV, W. L., MALYSKEV, G. M. u. GAVALLAS, L. A., Ber. Akad. Wiss. UdSSR **76**, 215 (1951).
[65] BOYD, R. L. F. u. TWIDDY, N. D., Nature, 173, 633 (1954).
[66] LANGMUIR, I. u. BLODGETT, K. B., Physic- Rev. 22, 347 (1923); **24**, 49 (1924).
[67] TONKS, L., MOTT-SMITH, H., LANGMUIR, I., Physic. Rev. **28**, 104 (1926); KOWALENKO W. F., ROSHANSKI, D. A. u. SENA, L. A., Techn. Physic. UdSSR **1**, 9 (1934); SENA, L. A., Elektrotechn. Assoc. **42** (1935).
[68] BOYD, R. L. F., Nature **165**, 228 (1950); Proc. Roy. Soc. [London], Ser. A, **201**, 329 (1950).
[69] JONOW, I. I., Ber. Akad. Wiss. UdSSR **85**, 753 (1952).

[70] BOYD, R. L. F., Nature **165**, 142 (1950); BOYD, R. L. F. u. MORRIS, D., Proc. physic. Soc., A, **68**, 1 (1955).
[71] GWOSDOWER, S. D., Z. techn. Physik **3**, 587 (1933); GWOSDOWER, S. D. u. POLIN, W., J. exp. theoret. Physik **8**, 436 (1938).
[72] ROSHANSKI, D. A., KOWALENKO, W. F., u. SENA, L. A., Z. techn. Physik, **4**, 1271 (1934).
[73] FATALIJEW, C. H., SPIWAK, G. W. u. REICHRUDEL, E. M., J. exp. theoret. Physik **9**, 167 (1939).
[74] HOWE, R. M., J. appl. Physic. **24**, 821 (1953).
[75] SPIWAK, G. u. REICHRUDEL, E., J. exp. theoret. Physik, **6**, 816 (1936), Z. techn. Physik **5**, 715 (1938); Physik Z. Sowjetunion **9**, 655 (1939).
[76] SPIWAK, G. u. REICHRUDEL, E., Nachr. Akad. Wiss. UdSSR, Phys. Serie **4**, 480 (1938).
[77] GUTHRIE u. WACKERLING, Characteristics of Electrical Discharges in Magnetic Fields. S. 13.
[78] REICHRUDEL, E. M., Z. techn. Physik **21**, 733 (1951); REICHRUDEL, E. M., CHERNETSKI, A. W., MICHNEWICH, W. W. u. WASSILJEWA, J. A., Z. techn. Physik **22**, 1945 (1952).
[79] BICKERTON, R. J. u. V. ENGEL, A., Proc. Phys. Soc., B **69**, 648 (1956).
[80] BICKERTON, R. J., D. Phil. Thesis, Oxford 1954.
[81] GRINBERG, G. , J. exp. theoret. Physik **6**, 126 (1936).
[82] BANERJI, D. u. GANGULI, M. A., Philos. Mag. **11**, 410 (1931); **13**, 494 (1932); **15**, 676 (1933); BECK, H., Z. Physik **97**, 355 (1935).
[83] BARNES, B. T. u. EROS, S., J. appl. Physic **21**, 1275 (1950); BARNES, B. T., Phys. Rev. **86**, 351 (1952).
[84] REIFMANN, A. u. DOW, G.W., Physic. Rev. **75**, 1311 (1949); **76**, 987 (1949).
[85] KOJIMA, S. u. TAKAYAMA, K., J. Phys. Soc., Japan **4**, 349 (1949); **5**, 357 (1950); KOJIMA, S. u. TAKAJAMA, K., SHIMANSCHI, A., J. Phys., Japan **8**, 55 (1953).
[86] JOHNSON, E. O. u. MALTER, L., Physic. Rev. **80**, 58 (1950).
[87] BIBERMANN, A. u. PANIN, B., Z. techn. Physik **21**, 12 (1951).
[88] DSHERPETOW, CH. A. u. PATEJUK, G. M., J. exp. theoret. Physik **28**, 343 (1955).
[89] TINGWALT, CF. C., Z. Physik **34**, 280 (1925).
[90] OLIPHANT, M. L. E., Proc. Roy. Soc., A, **132**, 631 (1931).
[91] FOUND, C. G., Physic. Rev., **34**, 1625 (1929); FOUND, C. G. u. LANGMUIR, I., Physic., Rev. **39**, 237 (1932).
[92] UYTERHOEVEN, W., Proc. nat. Acad. Sci. USA **15**, 32 (1929); UYTERHOEVEN, W. u. HARRINGTON, M. C., Physic. Rev. **35**, 124, 438 (1930).
[93] REICHRUDEL, E. u. SPIWAK, G., Physic. Rev. **42**, 580 (1932); Z. techn. Physik **3**, 983 (1933); Ann. Physik **17**, 65 (1933).
[94] KENTY, C., Physic. Rev. **38**, 377, 2079 (1931); **40**, 633 (1932); **43**, 181 (1933).
[95] VAN BERKEL, W. P. J., Physica **5**, 230 (1938).
[96] ANDERSON, Philos. Mag. **38**. 179 (1947).
[97] EASLEY, M. A., J. appl. Physic. **22**, 590 (1951).
[98] WEHNER, G. u. MEDICUS, G., J. appl. Physic. **23**, 1035 (1952).
[99] SEELIGER, R., Miscellanea Academica Berolinensia S 54 (1950); SEELIGER, R., BARTHOLOMEYCZYK, W., Ann. Phys. **1**, 241 (1947).
[100] LANGMUIR, I., Physic. Rev. **33**, 950 (1929).
[101] TONKS, L. u. LANGMUIR, I., Physic. Rev. **34**, 876 (1929).
[102] BUCHMANN, E. F., Z. techn. Physik **15**, 180 (1934).
[103] BOHM, D., BURHOP, E. H. S. u. MASSEY, H. S. W., [77]. Man vgl. hierzu auch D. BOHM, S. 77.
[104] WENZL, F., Z. angew. Physik **2**, 59 (1950).
]105] BOYD, R. L. F., Proc. Roy. Soc., [London], Ser. A, **201**, 329 (1950).
[106] SEELIGER, R. u. HIRCHERT, Ann. Physik, 817 (1931).

[107] McCURDY, Physic. Rev. **27**, 157 (1926); SOMMERMEYER, K., Z. Physik **90**, 232 (1934); DAWYDOW, B. u. ZMANOWSKAJA, L., Physik Z. Sowjetunion **8**, 715 (1936); BORGNIS, F., Ann. Physik **31**, 497 (1938); BOYD, R. L. F., Proc. Roy. Soc. [London], Ser. A., **201**, 329 (1950); BOYD, R. L. F., Ebenda, Ser. B, **64**, 795 (1951); WATANABE, Y. u. KOBAYASHI, H., Technol. Rep. Tokuho Imp. Univ. Sendai, Japan, **18**, 235 (1954).
[108] KAGAN, Y. M., u. PEREL, W. I., Z. techn. Physik **24**, 889 (1954).
[109] SCHULZ, G. J. u. BROWN, S. C., Physic. Rev. **98**, 1642 (1955).
[110] HAIGH, C. u. SMITH, T., Philos. Mag. **41**, 557 (1950); JONES, H. u. WHIDDINGTON, R., Philos. Mag. **6**, 889 (1928); SMITH, T., TAIT, J. F. u. WHIDDINGTON, R., Proc. Leeds philos. Soc. **5**, 207 (1949).
[111] KLARFELD, B. N., J. exp. theoret. Physik **21**, 855 (1951).

Spektroskopisches Verhalten von Molekülen im Plasma

von H. Schüler, Hechingen

Es ist eine Tatsache, daß elektrische Entladungen jeder Art mit Leuchterscheinungen gekoppelt sind. Daraus ergeben sich für den Experimentator zwei prinzipielle Möglichkeiten. Entweder versucht er mit spektroskopischen Methoden den Mechanismus der elektrischen Entladung zu erforschen, oder er benutzt die Verschiedenartigkeit der Entladungen, um Leuchtphänomene zu erzeugen, die ihm Auskunft über die gequantelten Energiezustände der atomaren oder molekularen Materie geben können.

Mit Hilfe der letzteren Methodik ist es dem Spektroskopiker möglich gewesen, innerhalb weniger Dezennien das Elektronengebäude, das der Atomkern um sich herum aufbaut, zu erforschen.

Zeitlich parallel liefen die spektroskopischen Untersuchungen an Molekülen, die außer den Elektronenszutänden noch Schwingungs- und Rotationszustände aufwiesen. Mit diesen Erweiterungen des spektroskopischen Bildes sind auch neue Begriffe verbunden, vor allen Dingen ist es der Begriff der Dissoziationsenergie, der Arbeit, die notwendig ist, die Bindung zweier Atome zu lösen. Bei zweiatomigen Molekülen ist diese Energie ziemlich eindeutig festgelegt. Es entstehen bei der Trennung 2 Atome im Grundzustand oder im angeregten Zustand. Anders liegen nun die Verhältnisse bei mehratomigen Molekülen. Hier gibt es entsprechend der Vielzahl der Bindungen die verschiedensten Trennungsmöglichkeiten.

Was nun bei einer Trennung entsteht, sind in der Hauptsache instabile Molekülkonfigurationen, die beim Ablauf chemischer Reaktionen eine dominierende Rolle spielen. Ihre kurzen Lebensdauern machen sie chemisch nur indirekt nachweisbar, dagegen lassen sie sich spektroskopisch leicht erfassen. Ihre Spektren geben darüber hinaus weitere Informationen für eine theoretische Bearbeitung.

Es existieren nun verschiedene Methoden, sich spektroskopische Unterlagen über solche Molekülkonfigurationen (Radikale) zu verschaffen. Es seien hier, entsprechend dem Thema dieser Tagung, nur diejenigen betrachtet, die die Energiezufuhr an die Moleküle durch Elektronenstoß gestatten.

Die Energie, die für die Trennung einer Einfachbindung in Molekülen notwendig ist, beträgt maximal 4 bis 5 eV und die Ionisierungsenergien der Moleküle liegen im wesentlichen im Bereich von 9 bis 14 eV.

Für die Untersuchung von Molekülen müssen also Lichtquellen herangezogen werden, die den Charakter des Leuchtens des Plasmas der positiven Säule haben.

Die Benutzung des Lichtbogens scheidet aus, weil seine hohe Temperatur zur thermischen Zerlegung der mehratomigen Moleküle führt. Das einzige Anzeichen der Anwesenheit vielatomiger Moleküle im Lichtbogen sind die Spektren nur zwei- oder dreiatomiger Moleküle, d. h. der thermische Abbau verhindert die Beobachtung des Leuchtens der Ursprungssubstanz.

Die positive Säule der Glimmentladung bei kleiner Stromdichte (einige Milliampere pro qcm) weist keine schädlichen Temperaturen auf. Allerdings muß bei der Anwendung der Glimmentladung noch eine Bedingung erfüllt sein: man muß

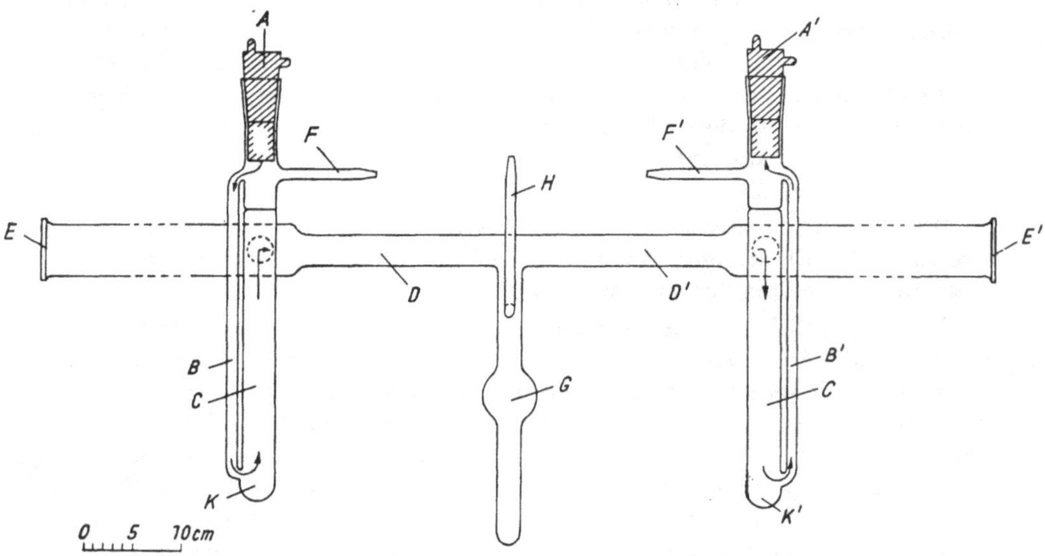

Abb. 1. Entladungsröhre zur Beobachtung organischer Substanzen in der positiven Säule.

die kathodischen Phänomene mit ihren höheren Elektronengeschwindigkeiten irgendwie ausschalten, denn auch dort werden die vielatomigen Moleküle weitgehend in zwei- oder dreiatomige Bruchstücke zerlegt, die in die positive Säule hineindiffundieren und so die gewünschten Vorgänge in der positiven Säule verdecken. Wenn diese Bedingung nicht erfüllt ist, erhält man keine verbindlichen Aussagen über den Energiemechanismus bei Anregung mit langsamen Elektronen.

Abb. 1 zeigt eine Entladungsröhre [1, 2], in der man vielatomige Moleküle nur der Einwirkung einer positiven Säule aussetzt. Die wassergekühlten Elektroden A und A' sind als Schliff ausgebildet, um leicht in die Entladungsröhre eingesetzt werden zu können. Der eigentliche Elektrodenkörper ist ein Hohlzylinder (gewöhnlich aus Stahl). Der Entladungsweg geht von A über B, C, D, C', B', nach A'. Die Untersuchungsmoleküle werden in H dem eigentlichen Beobachtungsraum D, D' zugeführt und kondensieren sich in C resp. C', denn diese Teile des Entladungsrohres (C und B resp. C' und B') werden in ein DEWAR-Gefäß mit flüssiger Luft oder flüssigem Stickstoff getaucht. Dadurch sind zunächst die Moleküle von den Elektroden ferngehalten. Um nun eine Entladung zustande zu bringen, wird die Röhre außerdem mit einem Trägergas beschickt, das von dem Kühlmittel nicht ausgefroren wird (z. B. He, Ar, Kr usw.). Dieses Trägergas hat zunächst die Aufgabe, die Entladung in den Raum $B \rightarrow A$ bzw. $B' \rightarrow A'$ zu tragen. Durch diese Anordung ist erreicht, daß das Trägergas während der Entladung immer das gleiche bleibt, während durch die Pumpwirkung des Kühlmittels der Beobachtungsraum D' dauernd mit neuen Molekülen beschickt wird. Zum Betreiben der Entladung läßt sich Gleichstrom, Wechselstrom und Hochfrequenzanregung benutzen.

Für Substanzen die bei Zimmertemperatur einen zu niederen Dampfdruck haben, ist die Röhre, d.h. vor allem der Beobachtungsraum von einem Ofen geeigneter Temperatur zu umgeben. Die Verwendung von Quarz als Röhrenmaterial hat den Vorteil, daß die Polymerisationsprodukte, die sich während der Entladung an den Wänden niederschlagen, durch Abbrennen der Quarzröhre mit einem Leuchtgas-Sauerstoffgebläse leicht entfernt werden können, was bei Glasröhren mit den üblichen Lösungsmitteln schwer erreicht wird.

Die Anwesenheit des Trägergases in der Entladung hat noch den Vorzug, daß man die Elektronenenergien, die den Molekülen zugeführt werden, in gewissen Grenzen steuern kann, was durch Änderung des Mischungsverhältnisses von Trägergas zu Untersuchungssubstanz erreicht wird.

Bei einem Verhältnis von 30 Trägergasatomen (He) zu 1 Molekül der Untersuchungssubstanz macht sich die Anwesenheit vielatomiger Moleküle (es sei hier zunächst an organische Moleküle gedacht) durch das Auftreten der Spektren von 2-atomigen Molekülen, wie CH, C_2, H_2 usw., bemerkbar. Das Edelgasspektrum dominiert; der Entladungsmechanismus wird bestimmt durch das Edelgas. Dieses Stadium ist in Abb. 2 als Zerstörungsstadium bezeichnet. Das andere Extrem, das man in der Entladung erreichen kann, ist etwa durch das Verhältnis 1 : 1 gekennzeichnet. Es sind mindestens ebenso viel Edelgasatome wie Moleküle in der Entladung vorhanden. In diesem Fall wird kein Edelgasleuchten mehr beobachtet, auch keine 2-atomigen Moleküle, sondern nur das reine Leuchten der Substanz oder evtl. das Leuchten sehr großer Bruchstücke. Dieses Stadium in ist Abb. 2 als Endstadium bezeichnet. Hier wird der Entladungsmechanismus im wesentlichen durch die Untersuchungsmoleküle selbst bestimmt. Man wird solch einen Zustand vielleicht noch mit Überschuß von Molekülen wählen, wenn man das spektroskopische Verhalten des Gesamtmoleküls studieren will.

Für die Untersuchung der Zerfallsmöglichkeiten eines Moleküls sind die Zwischenstadien zu wählen, und zwar muß man das Gebiet der Zwischenstadien sehr sorgfältig durchmustern, weil die einzelnen Spektren mitunter nur in sehr engen Mischbereichen auftreten.

Moleküle, nach dieser Methode untersucht, zeigen oft eine Reihe neuer Spektren, und es ist nun die Aufgabe, die Träger dieser Spektren zu ermitteln, weil man sich dann erst ein Bild machen kann über die Vorgänge innerhalb der Moleküle bei einer Energiezufuhr mit langsamen Elektronen.

Wenn man das gleiche Spektrum bei verschiedenen Muttersubstanzen findet, dann kann man daraus schließen, daß die gleichen Bruchstücke (Radikale) bei diesen Substanzen gebildet werden. Aus ihren Konstitutionsformeln läßt sich dann bereits ein ungefährer Hinweis für den Träger der neuen Spektren ableiten. Gewöhnlich kommen nur 2 oder 3 verschiedene Bruchstücke in Frage.

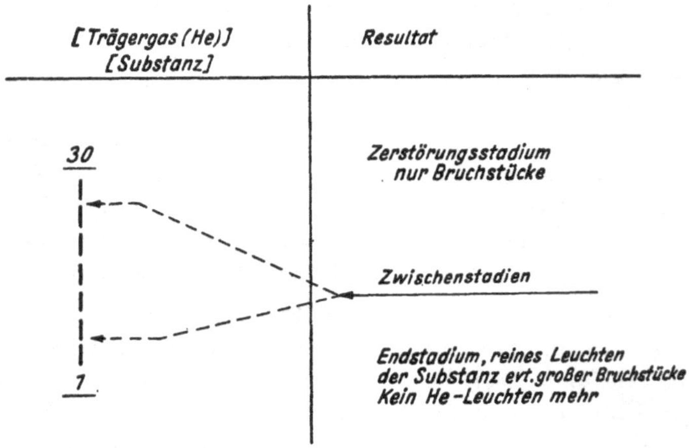

Abb. 2. Änderung der Anregungsenergie durch Variation des Mischungsverhältnisses von Trägergas zu Substanz.

Der letzte Schritt zur definitiven Bestimmung des Trägers ist wesentlich schwieriger und löst sehr viel Diskussionen und Einwände aus. Erst eine sehr genaue Vermessung des Spektrums, mit höherer Dispersion aufgenommen, kann mitunter die Lösung bringen.

Es soll nun an einigen typischen Beispielen gezeigt werden, wie sich die Bestimmung der Träger abgespielt hat [3].

A. Beim Toluol $C_6H_5 \cdot CH_3$ und einer Reihe aromatischer Substanzen mit verschiedenen Substituenten [4] wurde ein gemeinsames Spektrum im Sichtbaren im Wellenlängengebiet 4456 bis über 5000 Å gefunden, das in Abb. 3 mit einem Fe-Vergleichsspektrum wiedergegeben ist. Der Träger dieses Spektrums, das als „*V*-Spektrum" bezeichnet wurde, ließ sich zunächst eingrenzen auf die Konfigurationen $C_6H_5CH_2$ (Benzylradikal) C_6H_5CH (Benzalradikal) und C_6H_5C.

WALKER und BARROW [5] glaubten aus ihren eigenen Versuchen zunächst auf den Träger C_6H_5C schließen zu können. Weitere Untersuchungen vom Verfasser und A. MICHEL [3] konnten diesen Träger aber ausschließen, so daß nur noch $C_6H_5 \cdot CH_2$ und $C_6H_5 \cdot CH$ in Frage kommen.

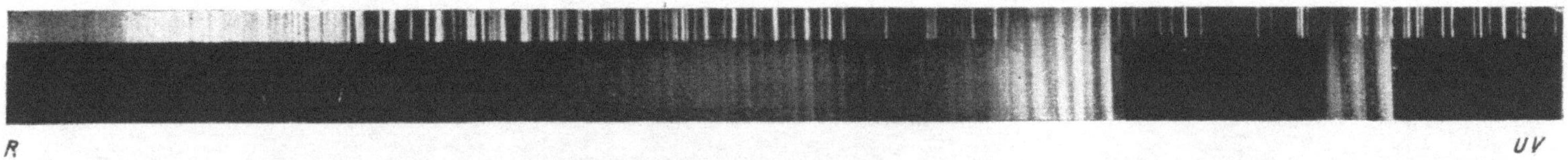

Abb. 3. Spektrum des Benzylradikals ($C_6H_5CH_2$) „V“-Spektrum mit Fe-Vergleichsspektrum.

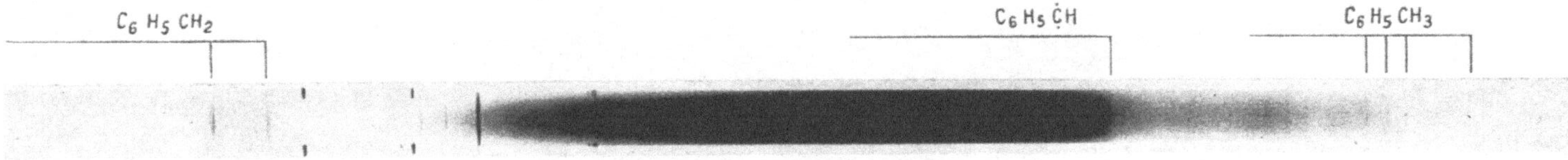

Abb. 4. Spektrum des Benzalradikals (C_6H_5CH).

Aus Untersuchungen am Diphenylmethan ($C_6H_5 \cdot CH_2 \cdot C_6H_5$), Dibenzyl ($C_6H_5 \cdot CH_2 \cdot CH_2 \cdot C_6H_5$) und Toluol ($C_6H_5 \cdot CH_3$ [letzteres bei einer Temperatur des Entladungsraumes von 100 bis 200° C] konnte nun das Spektrum des Benzalradikals ermittelt werden [6]. In Abb. 4 ist dieses Spektrum wiedergegeben. Es beginnt im Ultravioletten mit einer Kante bei 2960 Å und läuft bei der kleinen Dispersion eines mittleren Hilgers als Kontinuum bis in die Gegend von 4000 Å. Mit diesem Befund bleibt für das erwähnte „V-Spektrum" nur noch die Deutung als Spektrum des Benzylradikals $C_6H_5\dot{C}H_2$ übrig.

Nun haben PORTER und Mitarbeiter [7] mit Hilfe der Flash-Photolyse bei einer Reihe von Benzolderivaten in Gasphase, flüssigen und festen Lösungen bei λ 3060 und 3160 Å Absorptionsbanden beobachtet, die sie auf Grund ihrer Befunde dem Benzylradikal zuschreiben können. Es existieren damit jetzt 2 Spektren, die dem Benzylradikal zugeordnet werden. Es erhob sich nun die Frage, wie diese Spektren miteinander in Einklang zu bringen sind. Abb. 5 zeigt im Termschema, wie diese beiden Spektren zugeordnet werden können.

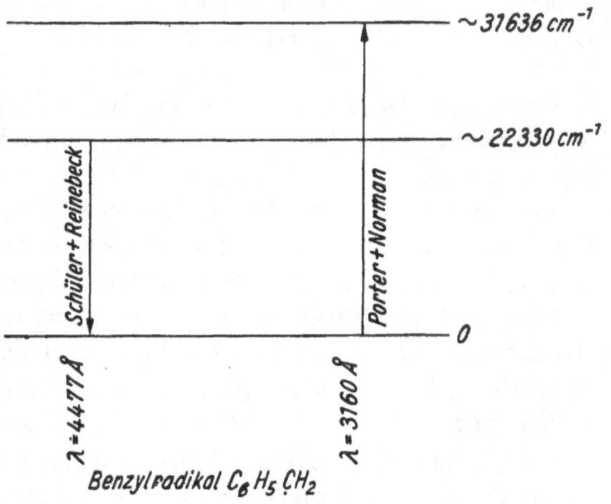

Abb. 5

Berechnungen von LONGUET-HIGGINS [8] einerseits und W. BINGEL [9] andererseits zeigen, daß das Benzylradikal 2 tiefste Anregungszustände A und B besitzt, die sehr verschiedene Übergangswahrscheinlichkeiten haben. Der starke Übergang $X \rightarrow B$ ist von PORTER in Absorption gefunden, während er den Übergang $X \rightarrow A$ mit der wesentlich kleineren Übergangswahrscheinlichkeit vermutlich noch nicht beobachten konnte. In der Emission dagegen ist nur der Übergang vom tiefsten angeregten Zustand zum Grundzustand $A \rightarrow X$ gefunden worden. Der Übergang $B \rightarrow X$ ist nicht zu erwarten, weil bisher bei allen untersuchten vielatomigen Molekülen kein Übergang vom 2. und höher angeregten Zuständen zum Grundzustand vom Verfasser beobachtet worden ist.

B. Wenden wir uns nun einem wesentlich einfacheren Molekül zu, von dem man meinen sollte, daß es hinreichend erforscht wäre, dem OH-Molekül. Auch hier hat die oben beschriebene Entladungsröhre neue Resultate geliefert. Bei Entladungen mit H_2O und D_2O zeigen sich im Sichtbaren entsprechende Spektren. In Abb. 6 ist das Spektrum wiedergegeben, das man mit H_2O erhält. Man sieht, daß die Banden nur aus P- und R-Zweigen bestehen. Ein Wasserspektrum kann es nicht sein, 1. weil es zu einfach ist, und 2. eine gleichteilige Mischung von H_2O und D_2O kein drittes Spektrum HDO erscheinen läßt. Da auch damit die Möglichkeit eines neuen Wasserstoffspektrums ausgeschlossen ist, denn bei einer Mischung müßte auch ein drittes Spektrum HD auftreten, so sind diese Spektren als OH- resp. OD-Spektrum anzusprechen. Damit ist nun zwar der Träger des Spektrums bestimmt, aber es bleiben noch drei verschiedene Deutungen offen: OH^+, OH, OH^-. OH^+ scheidet aus, weil bei Variation der Entladungsbedingungen kein unmittelbarer Zusammenhang zwischen dem neuen Spektrum und dem bekannten OH^+-Spektrum festzustellen ist. Der Verfasser, gemeinsam mit L. REINEBECK und A. MICHEL [10] haben zunächst auf Grund der Bedingungen, unter denen die neuen Spektren beobachtet werden, eine Deutung als OH^- resp. OD^- vorgeschlagen. Diese Deutung gab die Möglichkeit, die Elektronenaffinität von O zu errechnen [11]. Der auf diese Weise bestimmte Wert von ungefähr 1 Volt ist in guter Übereinstimmung mit den theoretischen Werten, die man durch Extrapolation aus den Reihen O^-, O, O^+, O^{++} . . . und O^-, F, Ne^+, Na^{++} . . . erhält. Er stand aber im Gegensatz zu dem Wert von 2,2 V, den HAGSTRUM [12] mit Hilfe von Austrittspotentialen am Massenspektrometer bestimmt hatte. Da BRANSCOMB [13] später nach einer neuen Methode mit Hilfe der Photoionisation einen Wert von 1,45 $\pm$ 0,15 eV fand, so schien der niedrigere Wert an Bedeutung zu gewinnen.

Nun brachte eine Notiz von BARROW [14] eine neue Erklärungsmöglichkeit für die sichtbaren Spektren. Danach sollten diese von einem Übergang von einem bisher unbekannten $B^2\Sigma$-Term mit einem sehr flachen Potentialminimum nach höheren Schwingungen des schon bekannten $A^2\Sigma$-Termes herrühren. Da seine Argumente überzeugend sind, scheint zunächst der Träger dieser Spektren als neutrales OH sehr diskutabel zu sein. Inzwischen haben der Verfasser und A. MICHEL [15] im Gebiet 2545 bis 2249 Å ein neues Bandensystem des OH beobachtet, das im Endzustand die gleichen Schwingungen besitzt wie der Endzustand des sichtbaren Spektrums. Im oberen Zustand tritt eine Termdifferenz von $\Delta\nu = 2275\ \mathrm{cm}^{-1}$ auf, die sich als Schwingungsdifferenz eines weiteren neuen noch höher angeregten OH-Termes z. Z. noch schwer erklären läßt. Außerdem sind bisher in diesem Gebiet keine entsprechenden Banden im D_2O beobachtet worden. Erst wenn eine befriedigende Erklärung des UV-Bandensystems gefunden ist, wird eine eindeutige Zuordnung der neuen Befunde am OH resp. OD möglich sein. Da es sich nach der Deutung als OH^- um $^1\Sigma$-Übergänge und als OH um $^2\Sigma$-Übergänge handeln müßte, könnte vielleicht eine Untersuchung mit hochauflösenden Spektralapparaten eine endgültige Klärung geben.

C. Ein anderes Beispiel dafür, wie weit der Weg ist, ehe man an die Trägerbestimmung eines gelegentlich beobachteten neuen Spektrums kommt, ist die Einordnung des „T-Spektrums“ [16] (siehe Abb. 7). Dieses im Sichtbaren gelegene Spektrum wurde zuerst beim Benzol beobachtet. Es erschien mit relativ geringer Intensität in einem engbegrenzten Zwischenstadium (siehe weiter oben). In der beigefügten Tabelle 1 sind die Vorstadien zu erkennen, die auf dem Weg zur Trägerbestimmung beschritten wurden. Sie endeten zunächst beim Acetylen. Eine erste Schwingungsanalyse [17] führte dann zum Diacetylen C_4H_2

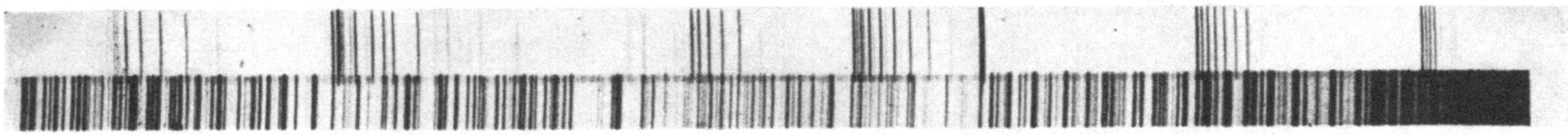

Abb. 6. Im H_2O-Dampf beobachtetes sichtbares Spektrum des OH-Radikals mit Fe-Vergleichsspektrum.

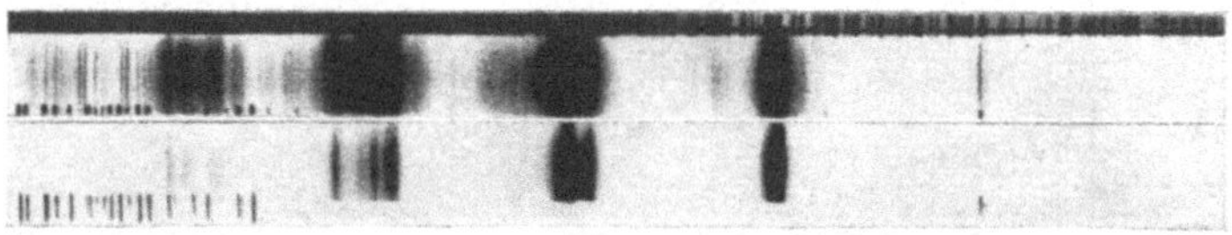

Abb. 7. Spektrum des Diacetylen-Ions ($C_4H_2^+$), verschiedene Intensitäten.

Tabelle 1

	Substanz		He	Ne	Ar	Bemerkungen
A	Benzol		+	−	−	zuerst beobachtet
	Toluol	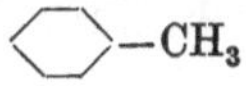	+			
	Benzo-nitril	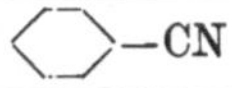	+			
	Diphenyl	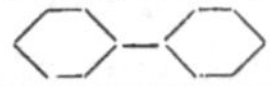	+		−	
	Diphenylmethan	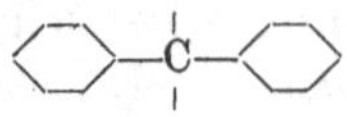	+		−	
	Dibenzyl	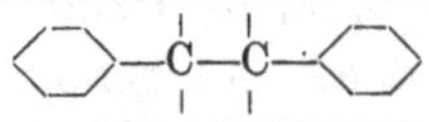	+		−	
	Styrol	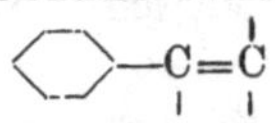	+		−	
	Stilben	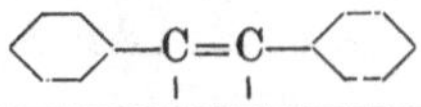	+			
B	Chlorbenzol	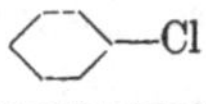	+			sehr schwach
	Anilin	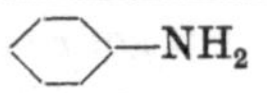	?			fraglich, ob überhaupt vorhanden
	Phenol	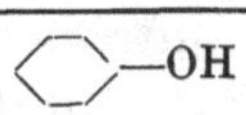	?			
C	Naphthalin	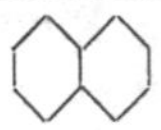	+	−	−	stärker als bei Benzol sehr rein, sehr wenig H_2
	Anthracen	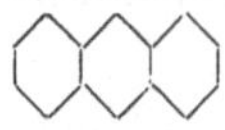	?			fraglich, ob überhaupt vorhanden
	Pyridin	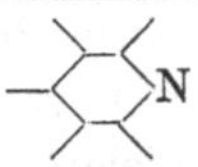	+			
D	Äthylen	$H_2C{=}CH_2$	+			
	Butadien	$H_2{-}C{=}CH{-}CH{=}CH_2$	+			
	n-Hexan	$H_3C\text{-}CH_2\text{-}CH_2\text{-}CH_2\text{-}CH_2\text{-}CH_3$	−			viel H_2
E	Phenylacetylen	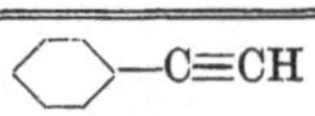	+	+	+	sehr stark
	Acetylen	$HC{\equiv}CH$	+	+	+	bisher stärkstes Spektrum

(H—C≡C—C≡C—H) und eine genaue Rotationsanalyse von J. H. CALLOMON [18] konnte zeigen, daß es sich um ein Spektrum des Diacetylenions handelt. Es muß also bei aromatischen Molekülen bei Anregung durch Elektronen mit geeigneter Geschwindigkeit ein Aufbrechen und Zerfall des Ringes derart stattfinden, daß $C_4H_2^+$-Ionen entstehen. Ob das in einem Einzelprozeß oder in mehreren Prozessen hintereinander vor sich geht, läßt sich nicht ohne weiteres entscheiden.

D. Als letztes Beispiel seien neue Beobachtungen am NH_3 resp. ND_3 erwähnt. In Entladungen mit Ammoniak sind bisher die Bruchstücke NH und NH_2 gefunden worden und bei höherem Druck eine einzelne Doppelbande bei 5653 und 5685 Å. Sie wird als Schusterbande bezeichnet und allgemein dem NH_3-Molekül zugeschrieben. Der Verfasser, A. MICHEL und A. E. GRÜN [19] beobachteten nun ein neues Bandensystem im Gebiet 5300 bis 8500 Å (siehe Abb. 8), dem beim NH_3 die Schusterbande A_H angehört und ein entsprechendes Spektrum beim ND_3. Die Aufnahmen mit verschiedenen Isotopengemischen von NH_3 und ND_3 zeigen, daß der Träger dieses Bandensystems wahrscheinlich 4 H-Atome besitzt. Bemerkenswert ist, daß die Ausbeute von Hydrazin (N_2H_4) in der Entladung parallel läuft mit der Intensität der Schusterbande; aber zum Hydrazinspektrum gehört die Schusterbande nicht.

Diese Beipiele mögen ein kleiner Hinweis dafür sein, was sich im Plasma der positiven Säule bei geeigneter Anordnung der Entladung für neue Resultate ergeben. Es hat sich gezeigt, daß man die zunächst sehr skeptisch zu beurteilende Aufgabe, die Träger vielatomiger Emissionsspektren zu bestimmen, doch erfolgreich lösen kann, wobei die Tatsache des Auftretens indentischer Spektren bei verschiedenen Substanzen schon einen wertvollen Hinweis dafür liefert, in welcher Richtung die Deutung zu suchen ist. Einen weiteren Fortschritt bringt das Ersetzen der H-Atome durch D-Atome. Schwingungs- und schließlich Rotationsanalyse dürften die letzte Entscheidung bringen. Je mehr Erfahrungen im Laufe der Zeit gesammelt werden, desto leichter wird dann auch Trägerbestimmung bei anderen Substanzen werden. Zusammen mit den Beobachtungen der Pyrolyse, der FLASH-Photolyse, der Fluoreszenz und den Beobachtungen am Massenspektrometer wird diese Methode mit dazu beitragen, die komplizierten energetischen Vorgänge in vielatomigen Molekülen zu erforschen.

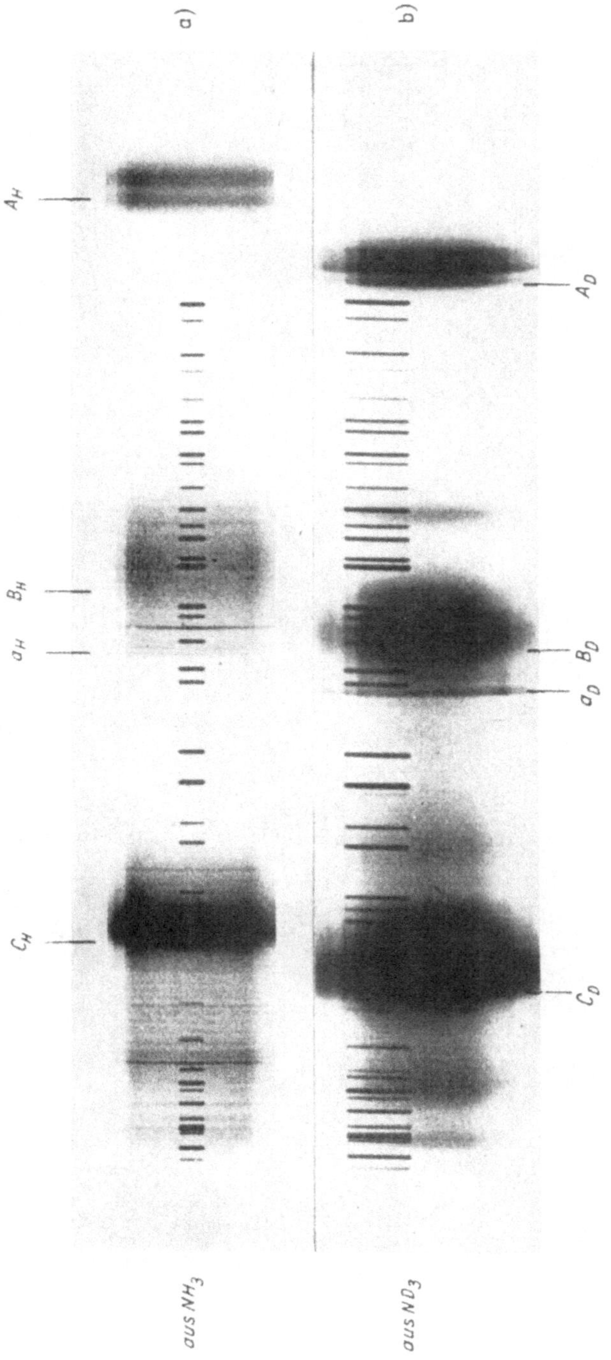

Abb. 8. Spektrum erhalten im NH_3- resp. ND_3-Dampf mit Ne-Vergleichsspektrum.

Literaturverzeichnis

[1] SCHÜLER, H., GOLLNOW, H. u. WOELDIKE, A., Physik. Z. **41**, 381 (1940).
[2] SCHÜLER, H., Spectrochim. Act. **4**, 85 (1950).
[3] SCHÜLER, H. u. MICHEL, A., Z. Naturforsch. **10a**, 459 (1955).
[4] SCHÜLER, H., REINEBECK, L. u. KÖBERLE, R., Z. Naturforsch. **7a**, 421 (1952).
[5] WALKER, S. u. BARROW, R. F., Trans. Faraday Soc. **50**, 541 (1954).
[6] SCHÜLER, H. u. REINEBECK, L., Gazz. chim. ital. **82**, 484 (1952).
[7] PORTER, G. u. Norman, J., Nature [London] **174**, 508 (1954).
[8] LONGUET-HIGGINS, A. C. u. POPLE, I. A., Proc. physic. Soc., London, Sect. A, **68**, 591 (1955).
[9] BINGEL, W., Z. Naturforsch., **10a** 462, (1955).
[10] SCHÜLER, H., REINEBECK, L. u. MICHEL, A., Z. Naturforsch. **9a**, 279 (1954).
[11] SCHÜLER, H. u. BINGEL, W., Z. Naturforsch. **10a**, 250 (1955).
[12] HAGSTRUM, H. D., Rev. mod. Physics. **23**, 185 (1951).
[13] BRANSCOMB, L. M. u. SMITH, S. J., Physic. Rev. **98**, 1127 (1955).
[14] BARROW, R. F., Proc. physic. Soc., London, Sect, A, **69**, 178 (1956).
[15] SCHÜLER, H. u. MICHEL, A., Z. Naturforsch. **11a**, 403 (1956).
[16] SCHÜLER, H. u. REINEBECK, L., Z. Naturforsch. **6a**, 270 (1951).
[17] SCHÜLER, H. u. REINEBECK, L., Z. Naturforsch. **9a**, 350 (1954).
[18] CALLOMON, J. H., Canad. J. Physics **34**, 1046 (1956).
[19] SCHÜLER, H., MICHEL, A. u. GRÜN, A. E., Z. Naturforsch. **10a**, 1 (1955).

Über die Verbreiterung und Verschiebung der Spektrallinien im Entladungsplasma

von M. MASING und S. MANDELSTAM, Moskau

Die Untersuchung der Linienverbreiterung gibt bekanntlich ein gutes Mittel für die Erforschung der Wechselwirkungen der strahlenden Atome mit den umgebenden Plasma-Bestandteilchen. Am wichtigsten sind die Prozesse der Wechselwirkungen mit geladenen Teilchen, Elektronen und Ionen, die zur STARK-Verschiebung der Terme führen, und VAN DER WAALS-Wechselwirkung mit neutralen Atomen und Molekülen. Meistensteils geben die beiden Prozesse zur Linienverbreiterung ihren Beitrag, und es ist notwendig, die Wirkung jedes Prozesses unterscheiden zu können; manchmal genügt es auch, die Hauptrolle eines von ihnen zu bestätigen. Das ist zum Beispiel nötig, wenn man die STARK-Verbreiterung zur Bestimmung der Elektronen- und Ionenkonzentration benutzt; in diesem Falle muß man überzeugt sein, daß gerade die geladenen Teilchen die Linienverbreiterung hervorrufen.

Die theoretische Abschätzung des relativen Beitrags von STARK- und VAN DER WAALS-Wirkung gibt keine Lösung des Problems, da die Zahlenwerte der STARK- und VAN DER WAALS-Konstanten nur wenig bekannt sind.

Die Untersuchung der Linienform gibt auch keine Möglichkeit, das Problem zu lösen. Im Geltungsbereich des Stoßverbreiterungsmechanismus hängt die Linienform von der Form der Wechselwirkung der strahlenden und störenden Teilchen überhaupt nicht ab. Im Bereich, wo der statistische Mechanismus verwendet wird, ist die Linienform vom Charakter der Wirkung wenig abhängig, und im Falle des quadratischen STARK-Effekts $\left(\sim \frac{1}{r^4}\right)$ und der VAN DER WAALS-Wechselwirkung $\left(\sim \frac{1}{r^6}\right)$ ist es praktisch unmöglich, beide Effekte zu unterscheiden.

Es scheint aber möglich, im Rahmen des Stoßverbreiterungsmechanismus die Wirkung und die Rolle der STARK- und VAN DER WAALS-Verbreiterung zu trennen oder wenigstens abschätzen zu können, wenn die Linienbreite und die Linienverschiebung gleichzeitig gemessen werden.

Bekanntlich wird die STARK-Verbreiterung der Linien mit quadratischem Effekt durch folgenden Ausdruck gegeben:

$$\delta_{\mathrm{St}} = \frac{11{,}4\, \lambda^2\, 10^{-8}}{2\pi c}\, C_4^{2/3} \cdot v^{1/3} \cdot N_e,$$

die Linienverschiebung durch

$$\Delta_{\text{St}} = \frac{9{,}8 \cdot \lambda^2 \cdot 10^{-8}}{2\pi c} \cdot C_4^{2/3} \cdot v^{1/3} \cdot N_e,$$

damit sind die Linienbreite und Verschiebung durch das Verhältnis $\delta_{St}/\Delta_{St} = 1{,}16$ verbunden. Bei der VAN DER WAALS-Wechselwirkung gilt:

$$\delta_W = \frac{8{,}16 \cdot \lambda^2 \cdot 10^{-8}}{2\pi c} \cdot C_6^{2/5} \cdot v^{3/5} \cdot N \qquad \Delta_W = \frac{2{,}96 \cdot \lambda^2 \cdot 10^{-8}}{2\pi c} C_6^{2/5} \cdot v^{3/5} \cdot N$$

und $\delta_W/\Delta_W = 2{,}8$.

Wenn die STARK- und VAN DER WAALS-Verbreiterung gleichzeitig stattfinden, addieren sich im Falle der Dispersionslinienform die Linienbreiten bzw. Verschiebungen, die von beiden Faktoren verursacht sind:

$$\delta = \delta_{\text{St}} + \delta_W \tag{1}$$

$$\Delta = \Delta_{\text{St}} + \Delta_W \tag{2}$$

oder

$$\Delta = \frac{\delta_{\text{St}}}{1{,}16} + \frac{\delta_W}{2{,}8}. \tag{2'}$$

Daraus folgt, daß, wenn die Halbwertsbreite und die Verschiebung gemessen werden, man aus den Gleichungen (1) und (2′) die Werte δ_{St} und δ_W erhalten kann.

Wir haben einige Messungen der Linienbreite und Verschiebung im Bogen- und Funkenplasma bei Atmosphärendruck durchgeführt.

Im Plasma des Gleichstrombogens wurden folgende Calciumlinien untersucht: $\lambda\lambda$ 4878 Å ($3^1D_2 - 4^1F_3$), 4578 Å ($3^3D_3 - 4^3F_4$), 5041 Å ($3^1D_2 - 6^1P_1$), 5189 Å ($4^1P_1 - 5^1D_2$). Die Linienbreite wurde wie üblich gemessen. Die Verschiebung der Calciumlinien wurde relativ zu der Lage derselben Linien in der Hohlkathodenentladung, deren Linien praktisch unverschoben sind, gemessen.

Als Spektralapparat wurde der FABRY-PEROT-Etalon benutzt, gekreuzt mit einem 3-Prismen-Spektrographen mit Kamerabrennweite 800 mm. Die optische Anordnung erlaubte, gleichzeitig die Bogen- und Hohlkathoden-Spektren (Abb. 1, 2 und 3) zu erhalten.

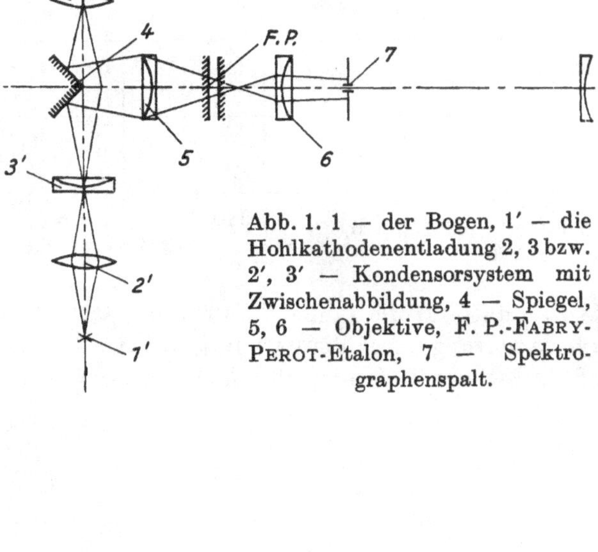

Abb. 1. 1 — der Bogen, 1′ — die Hohlkathodenentladung 2, 3 bzw. 2′, 3′ — Kondensorsystem mit Zwischenabbildung, 4 — Spiegel, 5, 6 — Objektive, F. P.-FABRY-PEROT-Etalon, 7 — Spektrographenspalt.

Von den gemessenen Linienbreiten wurden die Dopplerbreiten und die Apparatefunktionsbreiten nach bekannten Formeln abgezogen. Der verbliebene Teil der Halbwertsbreite jeder Linie wurde als die Stoßverbreiterung durch STARK- und VAN DER WAALS-Wechselwirkung betrachtet.

Die Meßresultate (Mittelwert von 3 bis 5 Messungen) und Resultate der Trennung beider Effekte mittels Gleichungen (1) und (2′) sind in der Tabelle 1 wiedergegeben.

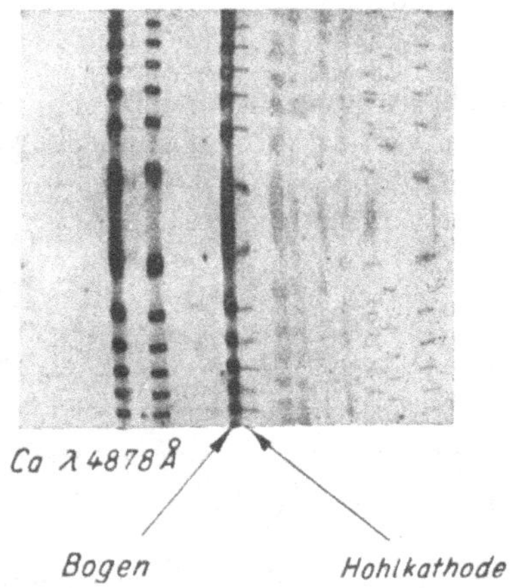

Abb. 2. FABRY-PEROT-Spektrogramme für die Linie Ca 4878 Å in Bogen- und Hohlkathodenentladung.

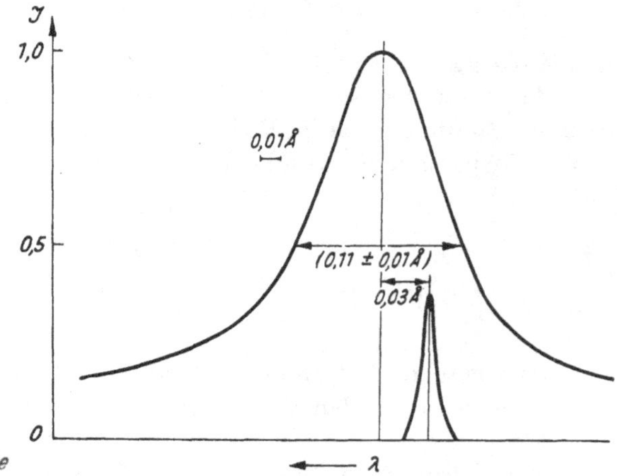

Abb. 3. Linienkontur für die Linie Ca λ 4878 Å in der Bogen- und Hohlkathodenentladung ohne Apparate- und Dopplerkorrektion.

Tabelle 1

Wellen-länge	Gemessene Halbwerts-breite δ in Å	Apparate-funktion-halbwerts-breite in Å	δ_{Stoss}	Gemessene Verschiebung Δ in Å	δ u. Δ Stark	δ u. Δ van der Waals
					nach (1) u (2′) berechnet	
λ 4878 $3^1D_2-4^1F_3$	0,108	0,023	0,066	0,027	0,008 0,006	0,058 0,021
λ 4578 $3^3D_3-4^3F^4$	0,107	0,022	0,067	0,030	0,013 0,011	0,054 0,019
λ 5041 $3^1D_2-6^1P_1$	0,120	0,024	0,077	0,023	—	—
λ 5189 $4^1P_1-5^1D_2$	0,134	0,025	0,092	0,013	0,017 −0,014	0,075 0,027

Betrachten wir zuerst die Resultate für die Linien λλ 4878 und 4578 Å. Es ist zu sehen, daß die Hauptverbreiterung durch die VAN DER WAALS-Wechselwirkung verursacht ist. Die STARK-Verbreiterung spielt nur eine untergeordnete

Rolle. Es ist jedoch möglich, da die STARK-Konstanten der beiden Linien bekannt sind, mit Hilfe der erhaltenen Werte der δ_{St} die Elektronenkonzentration in der Bogensäule zu berechnen. Die Resultate sind in Tab. 2 wiedergegeben. Die beiden Werte für N_e stimmen gut überein und entsprechen den üblicherweise angenommenen Werten der Elektronenkonzentration für die Bogenentladung in Luft.

Tabelle 2

Wellenlänge	Stark-Konstante C $cm^4 sec^{-1}$	δ_{Stark} in Å	Ne el/cm^3
λ 4878	$6{,}5 \cdot 10^{-14}$	0,008	$0{,}8 \cdot 10^{15}$
λ 4578	$11{,}3 \cdot 10^{-14}$	0,013	$1{,}0 \cdot 10^{15}$

Der STARK-Effekt der Linie λ 5041 Å ist nicht quadratisch und liegt in dem Übergangsgebiet zwischen dem quadratischen und linearen Effekt, deshalb ist die Linienverbreiterung sehr klein und die Gleichung (2′) ist in diesem Falle nicht verwendbar.

Für die Linie λ 5189 Å gibt es keine Messungen des STARK-Effekts, es liegen aber die Messungen für die nächste Linie derselben Serie λ 4685 Å vor. Diese Linie zeigt eine violette Verschiebung, die durch den störenden F-Term, der tiefer als der Ausgangsterm liegt, verursacht wird. Da die relative Lage der F- und D-Terme für beide Linien ähnlich ist, muß man auch für die Linie λ 5189 Å einen negativen Wert der STARK-Konstante erwarten.

Um das zu prüfen, haben wir die Breite und die Lage dieser Linie, und gleichzeitig zur Kontrolle auch der Linie λ 4878 Å, im Zentral- und Anodenteil des Bogens verglichen. Da die Elektronenkonzentration infolge der Kontraktion der Bogensäule im Anodenteil größer als im Zentralteil ist, und die Konzentration der neutralen Teilchen in beiden Bogenteilen ungefähr gleich ist, muß im Elektrodenteil die Wirkung des STARK-Effekts verstärkt werden. Wie erwartet, war die Verbreiterung beider Linien im Spektrum des Anodenteils größer. Die Linie λ 5189 Å wurde nach Violett, die Linie λ 4878 Å nach Rot relativ zu der Lage der Linien im Spektrum der Bogenmitte verschoben.

Das bedeutet, daß die Linie λ 5189 Å eine negative STARK-Konstante besitzt und bei dem Vergleich des Bogens mit der Hohlkathode die Differenz zwischen VAN DER WAALS- und STARK-Verschiebung beobachtet wurde. Folglich muß in der Gleichung (2′) vor δ_{st} das Minuszeichen gestellt werden. Die Resultate der so erhaltenen Lösung der Gleichungen (1) und (2′) sind in der Tab. 1 wiedergegeben; das Verhältnis der VAN DER WAALS- und STARK-Verbreiterung ist ungefähr dasselbe wie für die Linien $\lambda\lambda$ 4878 und 4578 Å.

Wir haben auch einige Messungen im Spektrum des Funkenplasmas gemacht. Die Luftdichte ist im Funkenkanal ungefähr 10mal geringer als im Bogen, während die Elektronenkonzentration etwa 100mal höher ist. Das heißt, daß die Linienverbreiterung im Funkenplasma hautpsächlich durch den STARK-Effekt hervorgerufen sein muß.

Die Funkenentladung wurde in Argon bei Atmosphärendruck erregt. Als Spektralapparat diente der 3-Prismen-Spektrograph mit 800 mm-Kamerabrennweite. Die Linienverschiebung im Funkenspektrum wurde auf die Linien im Spektrum der Niederdruckargonlampe bezogen. Beide Spektren wurden mit Hilfe der HARTMAN-Blende erhalten. Mit dem Spektrum der betreffenden Entladung wurde gleichzeitig das Spektrum einer Hg-Lampe aufgenommen. Die Lage der Ar-Linien wurde relativ zu der Lage der Hg-Linien gemessen.

Insbesondere wurde die Ar-Linie λ 4300 Å untersucht. Die Dispersion war in diesem Gebiet 8,5 Å/mm, die Spaltbreite betrug 0,015 mm. Die erhaltenen Ergebnisse sind auf der Abb. 4 und in der Tabelle 3 zusammengestellt:

Tabelle 3

	Die Spektrogrammnummern										Mittelwert in mm	Mittelwert in Å
	I	II	III	IV	V	VI	VII	VIII	IX	X		
δ[mm · 10^2]	7,2	9,0	7,4	8,2	10,0	8,6	8,0	8,2	7,2	7,0	8,1 ± 0,7	0,69 ± 0,06
Δ[mm · 10^2]	6,8	7,4	7,4	7,2	6,6	6,6	6,2	7,2	7,8	7,8	7,1 ± 0,5	0,60 ± 0,04
δ/Δ	1,06	1,22	1,00	1,14	1,51	1,30	1,29	1,14	0,92	0,90	1,15 ± 0,15	

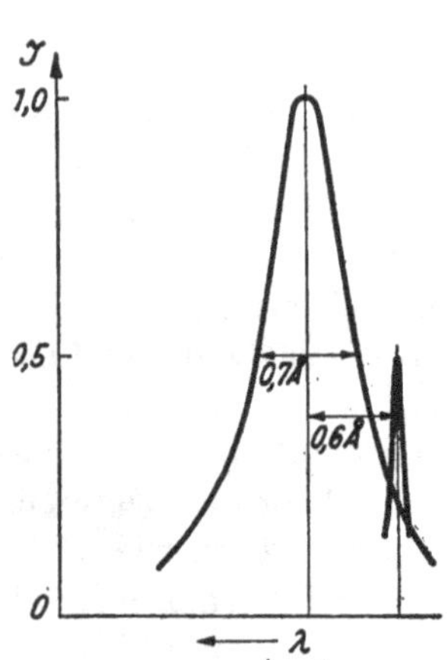

Abb. 4. Linienkontur für die Linie Ar λ 4300 Å in der Funkenentladung und der Niederdruckargonlampe.

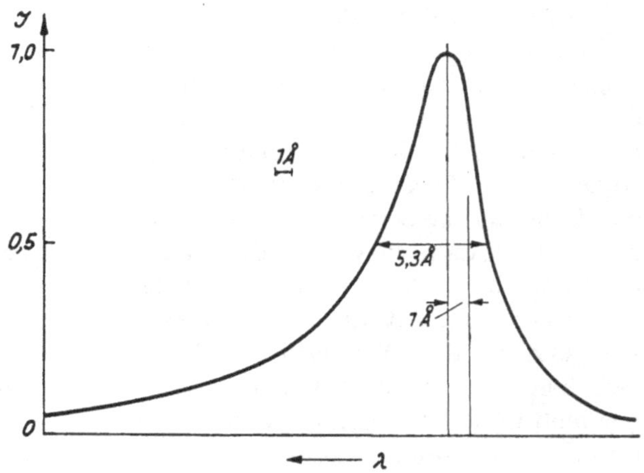

Abb. 5. Linienkontur für die Linie He λ 3187 Å in der Funkenentladung. (Der vertikale Strich bedeutet die Lage der Linie in der Niederdruckheliumlampe.)

Die angeführten Daten sind aber bezüglich der Apparatefunktion und DOPPLER-Verbreiterung nicht korrigiert. Die entsprechende Korrektur wird das Resultat ungefähr um 10 bis 15% vermindern. Mit dieser Korrektur stimmt der mittlere Wert für δ/Δ mit dem theoretischen im Falle der reinen STARK-Verbreiterung noch gut überein.

Die STARK-Konstante der Linie ist $C_4 = 2{,}7 \cdot 10^{-14} \mathrm{cm}^4 \mathrm{sec}^{-1}$, daraus folgt $N_e = 0{,}9 \cdot 10^{17} \mathrm{el/cm}^3$, was mit bekannten Werten gut übereinstimmt.

Es wurden auch die Linien Ar λ 4158 Å und He $\lambda\lambda$ 3187 und 3888 Å untersucht. Diese Linien sind breit und im hohen Grade asymmetrisch, ihre Verschiebungen sind relativ klein (Abb. 5). Die Asymmetrie deutet auf die wesentliche Rolle des statistischen Mechanismus, und die Stoßtheorie ist hier nicht mehr anwendbar.

Über die HOLTSMARKsche Theorie und die Verbreiterung der BALMER-Linien in thermisch leuchtenden Plasmen

von W. LOCHTE-HOLTGREVEN, Kiel

Aus der Vielzahl der interessierenden Probleme der Plasmastrahlung möchte ich die Verbreiterung der BALMER-Linien in thermisch leuchtenden Plasmen herausgreifen, und zwar aus einem besonderen Grunde: Die BALMER-Linien zeigen — wie alle Linien des Wasserstoffes — linearen STARK-Effekt, sind also gegen elektrische Felder besonders empfindlich. Die Anwesenheit von Ionen und von freien Elektronen im Plasma bringt es mit sich, daß sich die emittierenden Atome häufig in der Nachbarschaft dieser Ladungsträger befinden und also im Bereich eines elektrischen Feldes ausstrahlen. Diese Felder sind mit der Bewegung der Gasteilchen ständigem Wechsel unterworfen. Während ein statisches Feld eine Aufspaltung der BALMER-Linien in einzelne Komponenten ergibt, führen die örtlich und zeitlich wechselnden Mikrofelder innerhalb des Plasmas zu Linienverbreiterungen. Umgekehrt kann man aus der Breite der BALMER-Linien etwas über die „mittlere Feldstärke" im Plasma erfahren, die wieder in direktem Zusammenhange mit dem Ionisationsgrad steht. Dieser geht in die SAHA-Gleichung ein, so daß man mit der Messung der verbreiterten BALMER-Linien unmittelbar Daten für die Berechnung weiterer Plasmagrößen zur Hand hat. Hinzu kommt noch, daß in vielen Lichtquellen — in Lichtbögen sowie in Flammen — Wasserstoff anzutreffen ist oder leicht mit feuchten Gasen eingeführt werden kann. Zusammenfassend sind also die BALMER-Linien eines der dankbarsten Meßobjekte in Entladungen aller Art, die uns wichtige Einblicke quantitativer Art vermitteln.

Für eine quantitative Auswertung ist es entscheidend, das Profil der verbreiterten Balmerlinie genau zu kennen. Man erhält bei H_α ein mäßig breites Intensitätsgebirge, bei H_β ein wesentlich breiteres mit einer Einsattlung in der Mitte, Befunde, die damit zusammenhängen, daß die statischen Aufspaltungsbilder von H_α intensive Mittelkomponenten, diejenigen von H_β aber keine Mittelkomponenten zeigen. Durch Berechnung der resultierenden Feldstärke der umgebenden geladenen Teilchen für einen Aufpunkt und durch Integration über alle veränderlichen Parameter haben J. HOLTSMARK [1] ,S. VERWEY [2] und andere [3] den Einfluß dieser Felder auf das Linienprofil statistisch berechnet, d. h. sie haben ein Profil angegeben, wie man es nach der Theorie zu erwarten hat. Es sei das HOLTSMARK-Profil genannt. Dabei sei gleich auf einen entscheidenden Punkt aufmerksam gemacht:

Wenn am strahlenden Atom ein geladenes Teilchen vorbeifliegt, so kommt es für die quasistatische Betrachtungsweise der HOLTSMARKschen Theorie offenbar darauf an, daß der Vorbeiflug nicht zu schnell geschieht. Ist τ die Zeit des Vorbeifluges und $\Delta\omega = 2\pi\nu$ die bewirkte Frequenzverstimmung, so läßt sich abschätzen, daß $\tau \cdot \Delta\omega \gg 1$ sein muß [4]. Das Linienprofil außen in den Linienflügeln wird von *ganz dicht* vorbeifliegenden geladenen Teilchen bestimmt. Die Störzeit τ ist dann sehr klein. Je nachdem die Elektronen wegen ihrer größeren thermischen Geschwindigkeit diese Bedingung noch erfüllen oder nicht, sind entweder die Ionen und Elektronen oder nur die Ionen an der Verbreiterung beteiligt, d. h. im ersteren Fall erscheint — bei quasineutralem Plasma — ein Faktor zwei bei der Anzahl der wirksamen Ladungsträger in der HOLTSMARKschen Theorie. Nun ist bei der in Lichtbögen auftretenden Temperatur von etwa 10000° K die Bedingung $\tau \cdot \Delta\omega \gg 1$ für die Ionen stets erfüllt, für die Elektronen jedoch nur im äußeren Teil des Linienprofiles. Nach A. UNSÖLD [5] ist die statistische Rechenweise für die Elektronen bei H_β in einer Entfernung etwa 50 ÅE von der Linienmitte vertretbar, bei H_γ bereits schon 20 ÅE von der Linienmitte, während bei H_α die Elektronen nicht in die Rechnung eingehen. (Erst 230 ÅE von der Linienmitte beginnt der Gültigkeitsbereich der statistischen Theorie für die Elektronen). Allerdings ist es auch im so abgegrenzten Gültigkeitsbereich der statistischen Theorie noch fraglich, ob die „Quasistatische“ und „adiabatische“ Rechenweise der HOLTSMARK-Theorie bei den Elektronen wegen der sehr schnell wechselnden Felder gerechtfertigt ist. Auch muß man bedenken, daß in einem Gebiet des Linienprofiles, in dem die statistische Theorie für die Elektronen noch keine Gültigkeit hat, die Elektronen trotzdem noch von Einfluß sein werden, der allerdings mathematisch anders erfaßt werden müßte. Aus diesem Grunde haben H. GRIEM [6] und kürzlich H. MARGENAU [7] versucht, die Wirkung der Elektronen durch eine Stoßtheorie zu erfassen, die durch Faltung mit der statistischen Theorie für die Ionen kombiniert wird. Diese Schwierigkeiten bei der theoretischen Erfassung des Einflusses der Elektronen machen die Aussagen der Theorie in gewissem Umfange unsicher, so daß es geboten erscheint, auf breiterer Basis Anschluß an experimentelle Resultate zu suchen.

Eine systematische Untersuchung der Übereinstimmung des HOLTSMARK-Profiles mit den experimentellen Gegebenheiten ist wohl zuerst von G. JÜRGENS [8] durchgeführt worden. Die Messungen ergaben an einem Lichtbogenplasma für die Linienflügel von H_β ausgezeichnete Übereinstimmung mit der Theorie, während für die Linienmitte, für die die HOLTSMARKsche Theorie voraussetzungsgemäß keine Gültigkeit besitzt, das experimentelle Linienprofil von dem theoretischen abwich. G. JÜRGENS arbeitete bei einer Temperatur von 12700° K und Elektronendichten von $n_e = 8 \cdot 10^{16}/\text{cm}^3$ bzw. einer „Normalfeldstärke“ von 200 cgs[1]). Die Übereinstimmung der theoretischen und experimentellen

[1]) Nach MARGENAU l. c. ist unter diesen Bedingungen die Halbwertsbreite von H_β infolge von Elektronenstoß bereits *größer* als die Halbwertsbreite, die aus der HOLTSMARK-Theorie unter alleiniger Berücksichtigung der Ionen folgt!

Kurve erstreckte sich über einen Bereich 30 bis 80 ÅE von der Linienmitte. Bald darauf untersuchte W. D. HENKEL [9] die Verbreiterung der höheren BALMER-Linien.

Bei einer Temperatur von 8000° K und Elektronendichten von $5 \cdot 10^{15}$ ließ sich[1]) bei H_β beginnend in einer Entfernung etwa 20 ÅE von der Linienmitte ebenfalls Übereinstimmung zwischen dem theoretischen und experimentellen Linienprofil feststellen. Ähnliches Verhalten zeigten die anderen BALMER-Linien. Es war allerdings auffallend, daß bei kleinen Werten der Mikrofelder (unter 150 cgs) aus den höheren BALMER-Linien größere Elektronendichten erhalten wurden. Erst bei größeren Feldstärkewerten schien sich ein einheitliches Bild zu entwickeln. Dieses Ergebnis ließ vermuten, daß die wirksamen Verbreiterungsmechanismen in der HOLTSMARKschen Theorie bei Feldstärken unter 150 cgs offenbar nicht voll erfaßt waren. Ein Versuch von H. GRIEM, neben der Wirkung der Ionenfelder auch die Elektronenfelder zu berücksichtigen, ergab rechnerisch eine Verkleinerung der Elektronendichten, so daß bei Anwendung der GRIEMschen Rechenweise auch in dem Bereich unter 150 cgs eine einheitliche Elektronendichte errechnet werden konnte.

Inzwischen wurden Versuche von KANTROWITZ und Mitarbeitern mit Stoßwellen bekannt [10] in denen die aus H_β nach der HOLTSMARKschen Theorie errechneten Elektronendichten mit den Profilen der gleichzeitig und an gleicher Stelle emittierten Argonlinien nicht zusammenpaßten.

Angesichts dieser Unstimmigkeiten hat P. BOGEN [11] in einer mit möglichst großer Variationsbreite von Elektronendruck und Temperatur angelegten Experimental-Untersuchung die vorhandenen Widersprüche nach Möglichkeit zu klären versucht. Um übersichtliche Resultate zu erhalten wurde — im Unterschied zu früheren Untersuchungen — eine möglichst homogen leuchtende Schicht, d. h. ein Lichtbogen („end on") durch eine durchbohrte Elektrode beobachtet, und zudem wurden die photographischen Beobachtungen durch photoelektrische Messungen gesichert. Die Ergebnisse lassen sich wie folgt zusammenfassen:

1. Im Bereich von $T = 10000 - 15000°$ K und $n_e = 2{,}1 \cdot 10^{16}$ bis $18 \cdot 10^{16}$ ergeben sich einander ähnliche Profile. Daraus erkennt man, daß in dem betrachteten Bereich der Verbreiterungsmechanismus für alle Elektronendrucke derselbe bleibt.

2. Die beobachteten Profile lassen sich jeweils nur in einem gewissen Bereich durch die HOLTSMARKsche Theorie annähern. Abb. 1. Stets verläuft das HOLTSMARK-Profil steiler als die experimentelle Kurve: Entweder, bei zu kleinem Wert für die mittlere Feldstärke und damit für n_e schneidet das HOLTSMARK-Profil die experimentelle Kurve relativ steil näher zur Linienmitte oder bei größerem n_e liegt der Schnittpunkt weiter außen zum Linienflügel hin. Gleichzeitig schneiden sich die beiden Kurven unter um so flacherem Winkel, je weiter

[1]) Hier tritt ebenfalls nach MARGENAU der Einfluß der Elektronen auf die Halbwertsbreite von H_β bereits merklich zurück.

außen der Schnittpunkt liegt. Die Übereinstimmung zwischen Theorie und Experiment erstreckt sich dann über einen immer größeren Bereich. Schließlich wird in den äußeren Linienflügeln stets eine ausgezeichnete Übereinstimmung zu finden sein.

3. Ist das aus diesen HOLTSMARK-Kurven ermittelte n nun das „richtige" n_e, wie man es nach der Sahagleichung ausrechnet? Eine Prüfung dieser Frage erfordert, daß man den Ionisationsgrad aus der SAHA-Gleichung unter Zuhilfenahme ganz anderer Meßwerte ermittelt, z. B. aus Absolutmessungen von Linienintensitäten. Hier zeigt sich nun ein unerwartetes Ergebnis:

Die sich den äußeren Linienflügeln anschmiegenden HOLTSMARK-Kurven ergeben eine um den Faktor 2 *zu große* Elektronendichte. Dieser Faktor 2 ist aber gerade der Faktor, der bei Mitberücksichtigung der Elektronen auftritt. Die experimentellen Gegebenheiten zwingen also dazu, in der HOLTSMARKschen Theorie $n = n_e + n_i = 2 n_e$ zu setzen. Wir sind damit wieder in Übereinstimmung mit der Theorie, die ja weiter von der Linienmitte entfernt Mitwirkung der Elektronen forderte.

Man kann das Resultat so zusammenfassen, daß — in dem hier betrachteten Bereich von n_e — in jedem Falle die Elektronen mitberücksichtigt werden müssen, wenn man die HOLTSMARKsche Theorie zugrunde legt, da letztere nur in den Linienflügeln die experimentellen Profile approximiert.

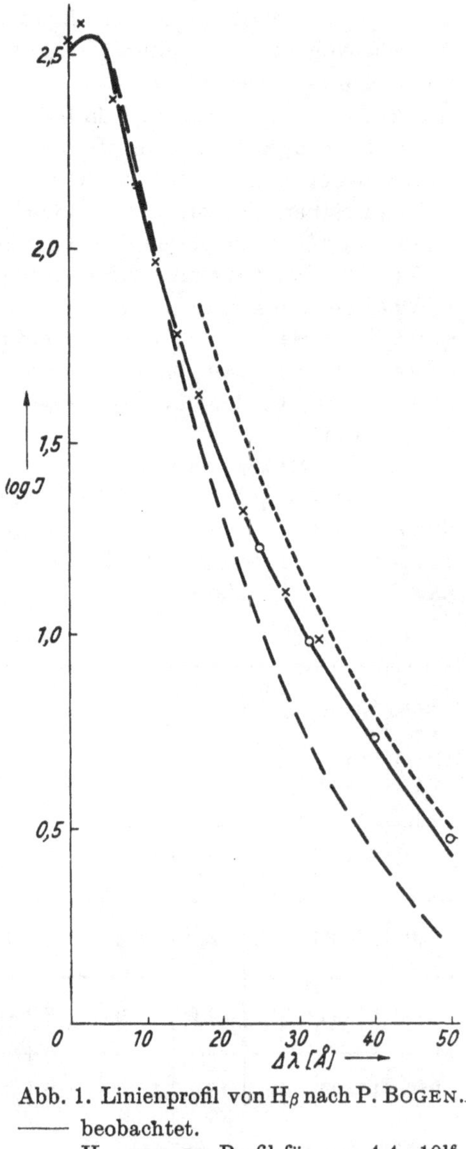

Abb. 1. Linienprofil von H_β nach P. BOGEN.
—— beobachtet.
- - - - HOLTSMARK-Profil für $n = 4{,}4 \cdot 10^{16}$.
— — HOLTSMARK-Profil für $n = 2{,}2 \cdot 10^{16}$.
o o Ein-Teilchen-Näherung (asympt.).
x x Profil nach H. GRIEM.

In den Linienflügeln ist aber als asymptotische Näherung die Einteilchen-Näherung zulässig, bei der an Stelle der integrierten Wirkung aller Störteilchen nur die Wirkung eines einzigen, nächst gelegenen Teilchens berücksichtigt wird. Auch die Einteilchen-Näherung gibt das richtige n_e nur dann, wenn man

$n = n_e + n_i$ setzt. Gegen alle Erwartung zeigt sich außerdem, daß die Einteilchen-Näherung über einen größeren Wellenlängenbereich mit den experimentellen Kurven übereinstimmt, so daß man an Stelle der komplizierten HOLTSMARK-Theorie die einfachere Einteilchen-Näherung mit $n = n_e + n_i$ verwenden kann. Dies Ergebnis ist insofern verständlich, als das Außerachtlassen aller Punktladungen die etwas größeren Abstand haben — wie dies bei der Einteilchen-Näherung geschieht — kleinere Intensität bei geringerer Aufspaltung. ergibt und also zu flacheren Kurven führt als dem HOLTSMARK-Profil entspricht.

Aus der *Halbwertsbreite* der experimentellen Kurven kann man das richtige n_e erhalten, wenn man ein HOLTSMARK-Profil gleicher Halbwertsbreite heraussucht, für dieses aber jetzt eine Verbreiterung nur durch die Ionen ansetzt. Es ist charakteristisch, daß die Halbwertsbreite, die näher bei der Linienmitte gemessen wird, wieder ohne Berücksichtigung der Elektronen den richtigen n_e Wert liefert.

Bei der GRIEMschen Rechenweise endlich, die den Verlauf des Linienprofiles gut darstellt, ergab sich, daß der Einfluß der Elektronen zu hoch gemessen ist, denn die Elektronendichten kommen gegenüber der SAHA-Gleichung um einen Faktor 2 zu niedrig heraus. Eine Übersicht über die Resultate vermittelt die nachfolgende Tabelle 1.

Tabelle 1

Bogenstrom [A]	Temperatur [°K]	Halbwertsbreite H_β [Å]	SAHA	GRIEM H_β	HOLTSMARK $n = n_i$				HOLTSMARK $n = n_i + n_e$			
					Halbwertsbreite	asymptot. Näherung			Halbwertsbreite	asymptot. Näherung		
					H_β	H_α	H_β	H_γ	H_β	H_α	H_β	H_γ
15	10400	16	2,1	1,0	2,5	4,2	4,4	4,4	1,3	2,1	2,2	2,2
50	12000	31	5,8	3,3	6,7	12,9	13,8	— —	3,4	6,5	6,9	— —
60	12300	34	7,0	3,6	7,9	— —	15,0	— —	4,0	— —	7,5	— —
250	15500	63	18,0	11,0	19,0	34,0	36,0	— —	9,5	17,0	18,0	— —

Versucht man den Einfluß der Elektronen auf Grund quantenmechanischer Rechnungen genauer zu erfassen, so kommt man *für die Elektronen allein* zu noch größeren Halbwertsbreiten als H. GRIEM: Die Faltung führt dann zu noch kleineren n_e-Werten als in der Tabelle unter H. GRIEM angegeben. Für die praktische Untersuchung von Plasmen wird man also nach dem gegenwärtigen Stande am besten die Halbwertsbreite der BALMER-Linien vermessen und aus einem HOLTSMARK-Profil gleicher Halbwertsbreite unter alleiniger Berücksichtigung der Ionen $n_i = n_e$ ausrechnen.

Bei geringeren Elektronendichten und entsprechend kleineren Linienbreiten kommt man schließlich in einen Bereich, in dem überhaupt nur noch die Ionen (auch in den Linienflügeln) eine Rolle spielen. Die Grenze dürfte nach den bisherigen Erfahrungen bei mittleren Feldstärken von 100 bis 150 cgs liegen.

Literaturverzeichnis

[1] HOLTSMARK, J., Z. Physik **20**, 162 (1919); **25**, 73 (1924); Ann. Physik **58**, 577 (1919).
[2] VERWEY, S., Diss. Amst. 1936.
[3] SCHMALJOHANN, P., Staatsexamenarbeit, Kiel 1936.
[4] LENZ, W., Z. Physik **83**, 139 (1933).
[5] UNSÖLD, A., Vierteljahresschrift der astronom. Ges. **78**, 251 (1943).
[6] GRIEM, H., Z. Physik **137**, 280 (1954).
[7] MARGENAU, H., frdl. zur Einsicht übersandtes Manuskript.
[8] JÜRGENS, G., Z. Physik **134**, 21 (1952).
[9] HENKEL, W. D., Z. Physik **137** 295 (1954).
[10] PETSCHEK, H. E., ROSE, P. H., GLICK, H. S., KANE, A. K. und KANTROWITZ, A., J. appl. Physics **26**, 83 (1955).
[11] BOGEN, P., Diss., Kiel 1957, im Erscheinen.

Übergangsprozesse bei Schichtbildung im Plasma der positiven Säule

von L. PEKÁREK, Prag

In diesem Vortrag wird eine phänomenologische Theorie der Schichtbildung in der positiven Säule beschrieben, welche auf Grund von eigenen schon veröffentlichten experimentellen Resultaten im Physikalischen Institut der Tschechoslowakischen Akademie der Wissenschaften ausgearbeitet wurde.

Es ist bekannt, daß für ein Gasentladungsplasma bei Drucken, wo Diffusionsprozesse überwiegen, die geschichtete Form der positiven Säule typisch ist. Die Schichten sind entweder stehend, oder sie bewegen sich, wie bei Edelgasen, mit Geschwindigkeiten von 10 bis 1000 und mehr m/sec. Die Erscheinung selbst wurde vor mehr als 100 Jahren entdeckt. Die Arbeiten der letzten 5 bis 10 Jahre haben gezeigt, daß die Anwesenheit von Schichten in Gasentladungen mit positiver Säule außerordentlich häufig ist. Diese Feststellung vergrößert natürlich das Interesse für die Erscheinung, denn jede Theorie des Plasmas der positiven Säule, die eine so häufige und typische Erscheinung nicht in Betracht zieht und nicht erklären kann, muß in einer wesentlichen Weise ungenau und unvollkommen sein.

Doch haben wir zur Zeit keine Theorie, die die Schichtbildung des Plasmas in guter Übereinstimmung mit den Experimenten erklärt.

Dieser Umstand kann durch eine besondere Eigenart der Erscheinung erklärt werden, die bei den Versuchen über stationäre sowie auch laufende Schichten im stationären Regime nicht entdeckt werden konnte.

Erst Übergangserscheinungen, die künstlich mit der Methode kleiner Störungen in der positiven Säule hervorgerufen wurden, konnten diese Eigenart aufdecken [1].

Diese Übergangserscheinung, die Schichtwelle genannt werden kann, ist in Abb. 1 schematisch dargestellt. Die Abbildung entspricht einer Drehspiegelphotographie. Die Zeit verläuft von links nach rechts, die Ordinate entspricht der Rohrachse, die Kathode ist unten, Anode oben. Bei dem Experiment wurden die Bedingungen so gewählt, daß der Entladungsstrom auf einen solchen Wert eingestellt wurde, bei dem die laufenden Schichten sowie Eigenschwingungen nicht mehr existieren. Die positive Säule war ganz homogen. In diesem Zustande wurde in die Entladung durch einen kurzzeitigen Spannungsimpuls eine Störung eingeführt, die die dargestellte Übergangserscheinung hervorrief.

Im Momente der Störung ($t = 0$) war die positive Säule ganz homogen. Sie bleibt auch unmittelbar nach der Störung in ihrer ganzen Länge homogen, mit Ausnahme des Gebietes, welches der Kathode am nächsten liegt. An dem Kathodenende erscheint unmittelbar nach der Störung die erste Schicht, dann mit kleiner Verspätung eine zweite, dritte usw. Jede weitere Schicht erscheint ein wenig später als die vorangehende, näher zur Kathode liegende Schicht. Alle Schichten bewegen sich mit gleicher Geschwindigkeit in der Richtung von der Anode zur Kathode. Wenn wir das Verhalten einer individuellen Schicht verfolgen, so sehen wir, daß die Schicht anfangs eine kleine Intensität hat, die Intensität nimmt allmählich mit der Zeit zu, sie erreicht ein Maximum, dann

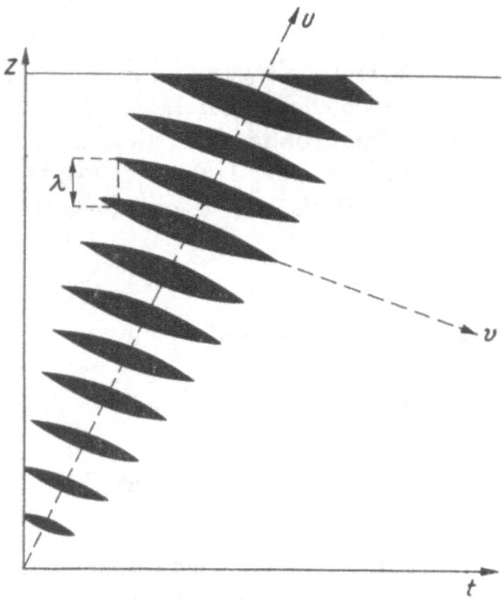

Abb. 1. Schema der Schichtungswelle. Abszisse t — Zeit. Ordinate z — Entfernung von der Kathode.

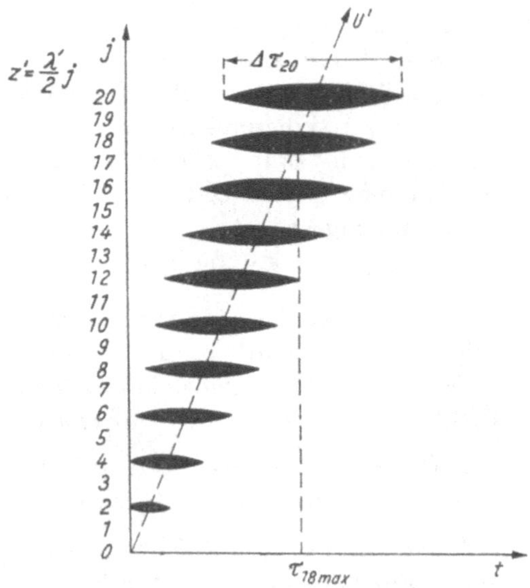

Abb. 2. Schema der Schichtungswelle in einem Koordinatensystem, in welchem die Schichten unbeweglich sind.

sinkt sie allmählich ab und die Schicht verschwindet. Jeder Schicht kann man also eine gewisse Lebensdauer zuordnen. Die Lebensdauer ist größer bei den Schichten, die weiter von der Kathode entfernt sind und demnach später entstanden sind.

Dieser eigenartige Übergangsprozeß kann Schichtungswelle genannt werden: der Zustand des geschichteten Plasmas pflanzt sich von der Kathode zur Anode mit einer gewissen Geschwindigkeit fort. Die Geschwindigkeit der Fortpflanzung dieser Welle kann nach den Drehspiegelaufnahmen aus der Neigung der Geraden bestimmt werden, die die Stellen der maximalen Intensitäten der Schichten verbindet. (Die Intensität der Schicht ist in der schematischen Abbildung durch die Dicke der Schicht dargestellt.) Es soll aber betont werden, daß die eigenartige

Wellenerscheinung keine unmittelbare Analogie in der Mechanik der Kontinua hat.

Bei Anregung der Eigenschwingungen im stationären Zustand, wenn die Schichten dauernd existieren, wiederholen sich die Schichtungswellen periodisch infolge der Anwesenheit einer Rückkopplung [1]. Die einzelnen Wellen überlagern sich dabei und können in der positiven Säule nicht mehr verfolgt werden.

Die Grunderscheinung, die in der Theorie beschrieben und erklärt werden soll, ist die gezeigte Schichtungswelle. Wegen der Eigenart dieser Erscheinung ist es von großer Bedeutung, die Eigenschaften der Schichtungswelle phänomenologisch richtig zu beschreiben.

Für die Formulierung der Theorie ist es bequem, zu einem Koordinatensystem, das bezüglich der Schichten ruht, überzugehen. Die Schichtungswelle in diesem Koordinatensystem $z' = z + vt$ ist in Abb. 2 dargestellt. Einer beliebigen Schicht entspricht in diesem System in verschiedenen Zeitaugenblicken immer eine und dieselbe gewisse Ordinate z'_j. Wir können dann jede Schicht mit einer Ordnungszahl bezeichnen. In der Abbildung ist jeder hellen Stelle der Schicht eine gerade Ordnungszahl, jeder dunklen Stelle eine ungerade Ordnungszahl zugeordnet.

Wir gehen von folgenden Voraussetzungen aus:

1. Prozesse an der j-ten Stelle sind durch Prozesse hervorgerufen, die an der nebenliegenden (näher zur Kathode) (j—1)-ten Stelle verlaufen.

Das helle Gebiet verursacht also die Entstehung eines dunklen Gebietes in der Richtung zur Anode, dieses ruft wieder ein helles Gebiet hervor usw.

2. Die erste helle Stelle an dem Kathodenende der positiven Säule wird durch eine kurzzeitige Störung verursacht.

3. Die Theorie kann als Theorie kleiner Abweichungen des Plasmas vom homogenen Zustand formuliert werden. Diese Voraussetzung wurde experimentell durch die Methode der kleinen Störungen weitgehend bestätigt.

Wir beschränken uns weiter auf eine einzige räumliche Koordinate längs der Rohrachse und ersetzen noch die kontinuierliche Verteilung der Parameter der geschichteten Säule durch eine Verteilung, bei der für jedes dunkle und jedes helle Gebiet ein mittlerer Wert genommen wird. Statt der veränderlichen z' haben wir dann nur diskrete Punkte z'_0, z'_1, z'_2 . . . der Lichtmaxima oder der Lichtminima.

Wir bezeichnen die Elektronentemperatur an der j-ten Stelle als T_j, die Elektronentemperatur der homogenen Säule als T_0, die Abweichung der Temperatur als ϑ_j. Dasselbe wird für die Ionenkonzentration N_j und für die Konzentration der metastabilen Atome M_j geschrieben.

Die Erhöhung der Elektronentemperatur im Kathodenende der positiven Säule einer Neonglimmentladung, die wir als typisches Beispiel anführen, wird zu zwei Ketten von Prozessen führen (s. Abb. 3):

(I.) Die vergrößerte Zahl von unelastischen Stößen erhöht an dieser Stelle die Konzentration der Ladungsträger. Infolge der größeren Beweglichkeit der Elektronen entsteht an dieser Stelle eine positive Raumladung, die mit einer Geschwindigkeit, die durch eine Zeitkonstante α charakterisiert werden soll, absinkt.

(II.) Infolge der höheren Temperatur wird auch die Konzentration der metastabilen Atome vergrößert. Diese Atome können durch einen weiteren Elektronenstoß in Ionenpaare umgewandelt werden. Dieser Prozeß, welcher durch

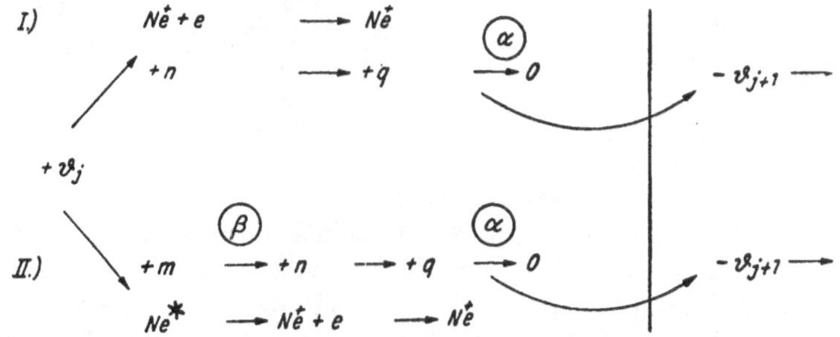

Abb. 3. Schema der Kettenprozesse an einer gewissen Stelle der positiven Säule in der Neonglimmentladung.

eine Zeitkonstante β charakterisiert werden kann, führt ebenso zum Entstehen einer Raumladung, die mit derselben Zeitkonstante α, wie in der Kette (I), abnimmt.

(Nach früher entwickelten Vorstellungen soll die erste Kette die Ursache einer schnellen Schichtungswelle, die zweite Kette die Ursache einer langsamen Schichtungswelle sein [1]. Die phänomenologische Theorie ist aber von der Gültigkeit der Hypothesen über die mikrophysikalische Ursache der Schichtbildung unabhängig.)

Das durch die Entstehung der positiven Raumladung verursachte elektrische Feld schwächt an der Anodenseite der betrachteten Stelle das gesamte elektrische Feld, und dies führt zur Entstehung der dunklen Stelle der Schicht, weil die Elektronentemperatur in dieser Stelle niedriger wird. In der dunklen Stelle wiederholen sich dieselben Prozesse, aber die Abweichungen haben jetzt umgekehrtes Vorzeichen, d. h. die Konzentration der Ionen und metastabilen Atome wird verkleinert, es entsteht eine negative Raumladung, welche an der Anodenseite des Gebietes zur Erhöhung des elektrischen Feldes führt. Die Elektronentemperatur in dieser nebenliegenden Stelle nimmt zu, und es entsteht die helle Stelle der nächsten Schicht.

Alle diese Prozesse haben endliche Geschwindigkeiten. Der Zeitverlauf der Lichtintensität (die Abweichung der Lichtintensität kann bei kleiner Amplitude der Abweichung der Elektronentemperatur proportional gesetzt werden) wird durch die langsamsten Prozesse bestimmt. In der ersten Kette (I) kann nur die endliche Geschwindigkeit des Zerfalls der Raumladung erwähnt werden.

In der Kette (II) ist die Abnahmegeschwindigkeit der überschüssigen Konzentration metastabiler Atome von derselben Größenordnung wie das Absinken der Raumladung. Es müssen deshalb beide Prozesse in Betracht gezogen werden.

Alle anderen Prozesse werden wir als unendlich schnell im Vergleich mit den zwei erwähnten betrachten. Dann kann die Temperaturabweichung an der j-ten Stelle der Raumladung an der $(j-1)$-ten Stelle proportional gesetzt werden, und nach einigen Umformungen und nach Eliminierung von n_j und m_j bekommen wir folgende Gleichungen für die Abweichung der Elektronentemperatur:

$$\frac{d\vartheta_{j+1}}{dt} + \alpha\vartheta_{j+1} = -\alpha A \vartheta_j \tag{I}$$

$$\frac{d^2\vartheta_{j+1}}{dt^2} + (\alpha+\beta)\frac{d\vartheta_{j+1}}{dt} + \alpha\beta\vartheta_{j+1} = -B'\vartheta_j. \tag{II}$$

(I) gilt für den Fall der direkten Ionisation (schnelle Schichtungswelle), (II) für den Fall der Stufenionisation (langsame Schichtungswelle). A, B sind Konstanten, die als „Übertragungskoeffizienten“ von einer Schicht zur anderen bezeichnet werden können. (I) so wie auch (II) stellen Systeme von Differenzialgleichungen dar, aus denen der Zeitverlauf von ϑ an beliebiger Stelle j bestimmt werden kann, wenn der Zeitverlauf von ϑ für $j = 0$, also für das Kathodenende der positiven Säule, bekannt ist.

Für $\vartheta^o(t) = \vartheta^o\delta(t)$ [$\delta(t)$-DIRACsche Impulsfunktion], was dem Experiment gut entspricht, wird der Zeitverlauf der Abweichung ϑ der Elektronentemperatur an der j-ten Stelle durch folgende Ausdrücke für beide Fälle gegeben:

$$\vartheta_j = \vartheta^o(-A)^j \frac{(\alpha t)^{j-1} e^{-\alpha t}}{(j-1)!} \tag{Ia}$$

$$\vartheta_j = \vartheta^o(-B)^j \frac{\pi}{\Gamma(j)} \left(\frac{t}{\alpha-\beta}\right)^{j-1/2} e^{-\frac{\alpha+\beta}{2}t}\, \mathrm{I}_{j-1/2}\left(\frac{\alpha-\beta}{2}t\right). \tag{IIa}$$

Da die Abweichung der Lichtintensität der j-ten Stelle der Abweichung der Elektronentemperatur an dieser Stelle proportional gesetzt werden kann, stellen beide Ausdrücke auch den Verlauf der Lichtintensität in einzelnen Schichten dar.

Auf der Abb. 4 ist der Zeitverlauf der Lichtintensitätserhöhung für helle Gebiete der Schichten graphisch dargestellt für den Fall (I) mit *einer* Zeitkonstanten α (schnelle Schichtungswelle).

Der Zeitpunkt des Maximums ist eine lineare Funktion von j. Die Abbildung zeigt auch deutlich, wie sich die Kurven, die dem Zeitverlauf der Lichtintensität in den Schichten entsprechen, mit zunehmendem j verbreitern. Das entspricht der Verlängerung der Lebensdauer der Schichten mit zunehmender Entfernung von der Kathode.

Die Abb. 5 zeigt [ebenso für die Kette (I)] die berechnete Abhängigkeit der Helligkeitsmaxima der Schichten von der Ordnungszahl j, und zwar für zwei Werte des „Übertragungskoeffizienten“. Für $A = 1$ (sowie auch für $A < 1$)

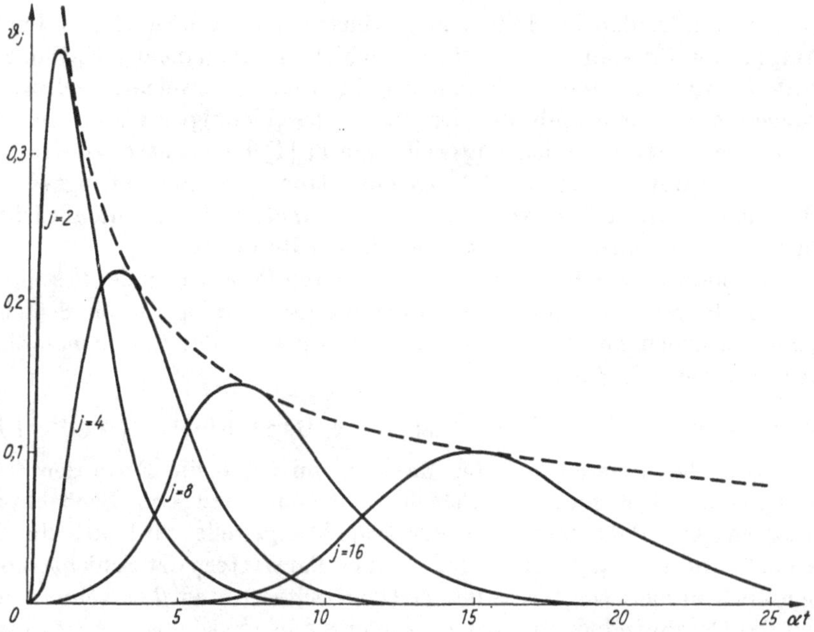

Abb. 4. Zeitlicher Verlauf der Abweichung der Lichtintensität in den hellen Stellen der Schichten für $A = 1$ und $A < 1$ [berechnet für den Fall (I)].

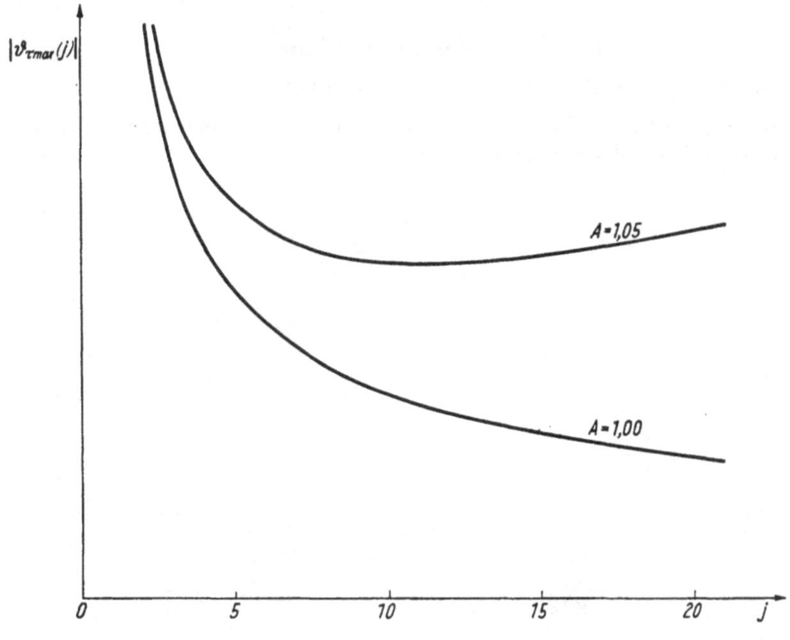

Abb. 5. Die Abhängigkeit der Helligkeitsmaxima der Schichten von der Ordnungszahl j für $A = 1$ und $A = 1{,}05$ [berechnet für den Fall (I)].

nehmen die Amplituden der Helligkeitsmaxima monoton ab. Für $A > \sim 1$ nehmen die Amplituden für kleine j (d. h. für die Schichten, die nahe der Kathode sind) auch ab, es wird aber mit wachsendem j ein Minimum erreicht, nach welchem mit wachsendem j die Amplituden der Maxima beschleunigt wachsen. Das ist der Fall einer verstärkten Schichtungswelle, die in [1] beobachtet wurde.

Für den zweiten Fall (Kette II), der einer langsamen Schichtungswelle entspricht, sind die Ausdrücke komplizierter und analytisch manchmal nicht darstellbar, sie führen aber zu qualitativ ähnlichen Resultaten.

Für eine quantitative Betrachtung von weiteren Parametern der Schichtungswellen, wie der Raumperiode λ, der Bewegungsgeschwindigkeit der Schichten v usw. muß natürlich eine Theorie geschaffen werden, die den räumlichen Charakter der Prozesse in Betracht zieht.

Die berechneten Abhängigkeiten $\tau_{\max}\left(\tau_{\max}=\frac{1}{\alpha}(j-1)\right)$, und $\Delta\tau\left(\Delta\tau=\frac{2}{\alpha}\sqrt{j-1}\right)$ von j, sowie die Abhängigkeit der Maxima von j und die Form der Zeitveränderungen der Helligkeit der Schichten stimmen mit den Beobachtungen gut überein. Die Phänomenologie der Schichtungswelle wird also durch die eingeführte Theorie gut beschrieben. Aus den Parametern der Schichtungswelle können auch numerische Werte der Zeitkonstanten α und β berechnet werden und so die Geschwindigkeiten der entsprechenden physikalischen Prozesse gemessen werden.

Literaturverzeichnis

[1] PEKÁREK, L., Czechosl. J. Physics 4, 221, 2 (1954).

In dieser Arbeit ist auch ein Verzeichnis von Arbeiten über laufende Schichten im stationären Zustand angegeben.

Über die Beweglichkeit der Elektronen im nichtisothermen Argonplasma

von K. WOJACZEK und K. RADEMACHER [1])

Unter der Voraussetzung einer MAXWELLschen Geschwindigkeitsverteilung wurde die Beweglichkeit der Elektronen im nichtisothermen Argonplasma in Abhängigkeit von der Elektronentemperatur unter Berücksichtigung der Geschwindigkeitsabhängigkeit des Transportquerschnittes berechnet. Den Rechnungen wurde die DRUDEsche, die LORENTZsche und eine dritte Beweglichkeitsformel zugrunde gelegt, die hergeleitet werden kann unter der Voraussetzung, daß die Elektronen in der Zeit zwischen zwei Atomstößen sehr intensiv miteinander wechselwirken. Die Werte differieren ihrer absoluten Größe nach etwa um den Faktor 2, zeigen aber gemeinsam ein Absinken der Elektronenbeweglichkeit mit wachsender Elektronentemperatur.

Experimentell konnte die Elektronenbeweglichkeit aus Entladungsstrom, Längsfeldstärke und Elektronenanzahl pro cm Säulenlänge der positiven Säule einer Argon-Niederdruckentladung bestimmt werden. Dabei wurde die Verteilung der Elektronenkonzentration über den Rohrquerschnitt mittels radial verschiebbarer Sonden nach der LANGMUIRschen Methode gemessen. Für Drucke größer als 1 Torr treten in den verwendeten weiten Rohren Abweichungen von der Besselverteilung auf, während die Elektronentemperatur über dem Rohrquerschnitt konstant bleibt. Bei den Messungen wurde auf Schwingungsfreiheit geachtet.

Die experimentell gefundenen Elektronenbeweglichkeiten fallen gut in den Bereich der theoretisch zu begründenden Werte und zeigen auch das Absinken der Beweglichkeit mit wachsender Elektronentemperatur. Die erreichte Meßgenauigkeit läßt allerdings noch keine eindeutige Entscheidung zwischen den verschiedenen Beweglichkeitsformeln zu.

Literaturverzeichnis

[1] WOJACZEK, K. u. RADEMACHER, K., Ann. Physik 18, 237 (1956).

---

[1]) Vorgetragen von K. WOJACZEK. Eine ausführliche Veröffentlichung ist in der Zeitschrift „Ann. Physik“ [1] erschienen.

Über das Spektrum des dichten Plasmas

von H. BARTELS, Hannover

In Abb. 1 wollen wir uns die Probleme, von denen hier gesprochen werden soll, an einem Beispiel deutlich machen. Die Abbildung zeigt einen Ausschnitt aus dem Spektrum eines extrem belasteten Quecksilberhöchstdruckbogens. Auf-

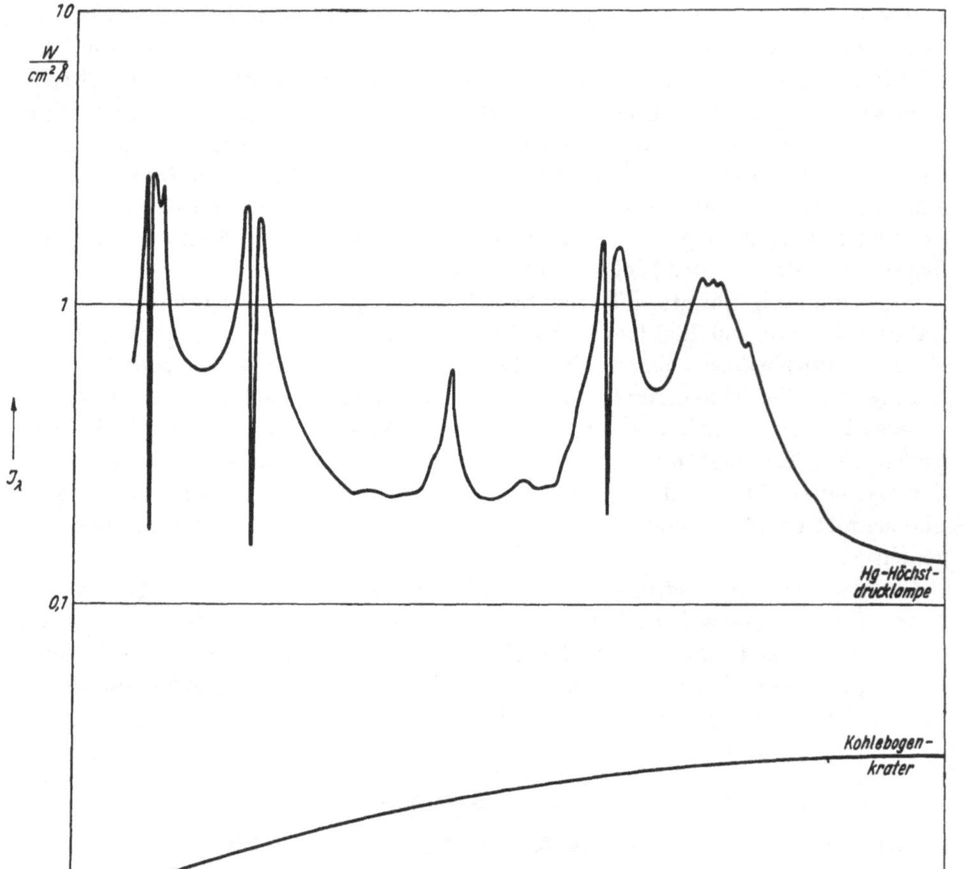

Abb. 1
Ausschnitt aus dem Spektrum eines extrem belasteten Quecksilberhöchstdruckbogens.

getragen ist die Strahldichte in Watt cm^{-2} $Å^{-1}$ pro Raumwinkeleinheit. Als Vergleichsobjekt dient die Strahldichte im positiven Krater eines Kohlebogens. In dem Spektrum des Höchstdruckbogens wird ein starker Grund überlagert durch breite Linienkonturen, von denen die stärkeren tief eingreifende Umkehrminima zeigen. Die Abbildung ist charakteristisch für die Spektren von Plasmen hoher Dichte. Bei ihnen kompliziert sich der Zusammenhang zwischen der Emission in der Säule und der aus der Säule emittierten Strahldichte durch eine starke Reabsorption in der Säule. Diese Absorption und ihre charakteristische Auswirkung in der inhomogenen Schicht, die sich so deutlich in den starken Linienumkehren zeigt, die aber, wenn auch weniger augenfällig, ebenfalls im Kontinuum wirksam werden kann, prägen weithin die Strahldichteverteilungen in diesen Spektren. Damit stellt sich nun unsere Aufgabe: Es sollen Emission und Absorption in einem dichten, inhomogenen Plasma zu der emittierten Strahldichte so in Beziehung gebracht werden, daß man unmittelbar aus der gemessenen Strahldichteverteilung Eigenschaften des Plasmas quantitativ erschließen kann. Wir haben uns in Hannover mit diesen Zusammenhängen sehr eingehend beschäftigt. Ich will heute in einem kurzen Überblick zunächst über die formalen Grundlagen sprechen und dann an einigen Beispielen deren Anwendung an dichten Plasmen hoher Temperatur zeigen.

Weil der Weg zu quantitativen Ergebnissen gezeigt werden soll, sind die formalen Grundlagen nicht zu entbehren. Aber es genügt, wenn sie unter Verzicht auf mathematische Beweise zusammengestellt werden. Der Beobachtungsstrahl, auf dem die Strahldichte gemessen wird, liege in einem zur Achse senkrechten Querschnitt durch die Säule (Abb. 2). Auf ihm messen wir die Tiefe t vom Säulenrand in die Säule hinein. Auf dem Tiefenelement Δt mit dem Emissionskoeffizient $\varepsilon_\lambda(t)$ wird in das Einheitsbündel, das die Strahldichte definiert, pro Å-Einheit die Leistung $\Delta L_\lambda = \varepsilon_\lambda \cdot \Delta t$ hineinemittiert. Man führt nun aber wie in der Astrophysik zweckmäßigerweise statt der geometrisch gemessenen Tiefe t mit dem Absorptionskoeffizienten $\varkappa$ die optische Tiefe $\tau = \int_0^t \varkappa\, dt$ ein, d. h. man mißt den Strahlenweg in mittleren freien Photonenweglängen $\frac{1}{\varkappa}$. Dann ist das Δt entsprechende Element der optischen Tiefe

$$\Delta\tau = \varkappa \cdot \Delta t$$

und die optische Schichtdicke auf dem Strahl

$$\tau_0 = \int_0^{t_0} \varkappa(t)\, dt.$$

Nun ist

$$\Delta L_\lambda = \frac{\varepsilon_\lambda}{\varkappa} \cdot \varkappa \Delta t = \frac{\varepsilon_\lambda}{\varkappa} \cdot \Delta\tau.$$

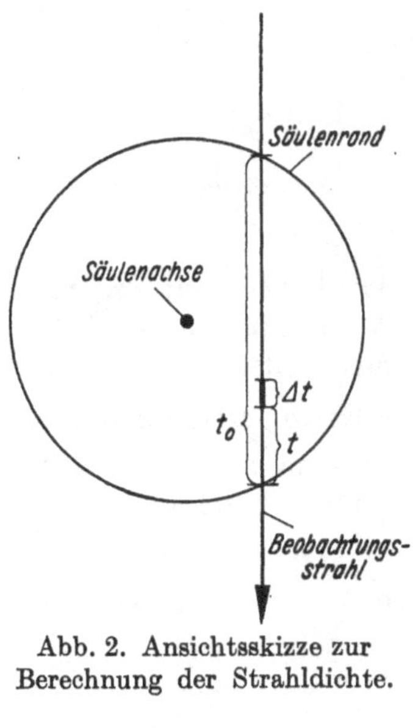

Abb. 2. Ansichtsskizze zur Berechnung der Strahldichte.

Wenn wir also bei Darstellung der emittierten Leistung von der geometrisch gemessenen Tiefe zur optischen Tiefe übergehen, tritt an Stelle des Emissionskoeffizienten ε_λ die Ergiebigkeit $\frac{\varepsilon_\lambda}{\varkappa} = J_\lambda$. Da von der in das Strahlenbündel hinein emittierten Leistung nur der Bruchteil $e^{-\tau}$ in der Strahldichte austritt, ergibt sich für die Strahldichte I_λ in gewohnter Form

$$I_\lambda = \int_0^{\tau_0} J(\tau) \cdot e^{-\tau} d\tau .$$

Aber diese Formulierung ist für die Lösung unserer Aufgabe nicht sehr fruchtbar. Wir fassen deshalb den gleichen Zusammenhang in einer anderen Form, indem wir ausgehen von der Leistung $L_\lambda = \int_0^{\tau_0} J(\tau)\, d\tau$, die auf dem Strahl insgesamt in das Einheitsstrahlenbündel emittiert wird, und von ihr den Bruchteil Φ nehmen, der in der Strahldichte aus der Säule austritt. Wir setzen also

$$I_\lambda = \Phi \cdot \int_0^{\tau_0} J(\tau) dt .$$

Der Bruchteil Φ hängt von τ_0 ab. Er konvergiert gegen 1 für beliebig kleine τ_0 und geht gegen Null, wenn τ_0 sehr groß wird, weil die Zone, deren Emission noch merklich zur Strahldichte beiträgt, immer stärker an den Säulenrand gedrängt wird. Damit ist auch leicht zu erkennen, daß die Verteilung der Ergiebigkeit relativ zum optischen Maßstab auf den Verlauf der Funktion $\Phi(\tau_0)$ Einfluß gewinnt. Nur von den Absolutwerten der Ergiebigkeit hängt Φ natürlich nicht ab. Für das Integral führen wir nun mit $\overline{J}^\tau$ den Mittelwert der Ergiebigkeit über dem optischen Maßstab ein. Da

$$\overline{J_\lambda}^\tau = \frac{1}{\tau_0} \int_0^{\tau_0} J_\lambda(\tau) d\tau$$

ist, wird nun

$$I_\lambda = \overline{J_\lambda}^\tau \cdot \tau_0 \cdot \Phi(\tau_0) .$$

Wir haben dann mit $\tau_0 \Phi(\tau_0) = Y(\tau_0)$ in I_λ den Faktor abgespalten, der vom Absolutwert der optischen Schichtdicke abhängt. Er wird für kleine Schichtdicken, da für sie Φ gegen 1 konvergiert, gleich τ_0. Über $\Phi(\tau_0)$ geht aber auch die relative Verteilung der Ergiebigkeit in $Y(\tau_0)$ ein. Da $\overline{J_\lambda}^\tau$ höchstens gleich $J_{\lambda_{\max}}$, dem Maximalwert der Ergiebigkeit auf dem Beobachtungsstrahl, werden kann, setzen wir weiterhin

$$\overline{J_\lambda}^\tau = J_{\lambda_{\max}} \cdot M$$

und bekommen dann endgültig

$$I_\lambda = J_{\lambda_{\max}} \cdot M \cdot Y(\tau_0) .$$

M hängt ausschließlich von der relativen Verteilung der Ergiebigkeit ab, die Absolutwerte der Ergiebigkeit werden nur noch durch den ersten Faktor repräsentiert.

Diese zunächst rein formale Beschreibung der Strahldichte gewinnt für unser Problem dadurch Bedeutung, daß sich schon unter physikalischen Voraussetzungen sehr allgemeiner Natur Aussagen über den Faktor M und die Funktion $Y(\tau_0)$ machen lassen, die recht differenzierter Natur sind und weitgehende Schlüsse aus gemessenen Strahldichteverteilungen zulassen. Es sei erstens angenommen, daß die Ergiebigkeit in der zur Achse senkrechten Ebene, in der unser Beobachtungsstrahl liegt, nur vom radialen Achsenabstand abhängt, daß sie in der Säulenachse am größten ist und mit wachsendem Abstand von der Achse monoton absinkt. Das hat zur Folge, daß die Ergiebigkeit auf jedem Beobachtungsstrahl von einem Maximalwert $J_{\lambda_{\max}}$ nach beiden Seiten hin symmetrisch abnimmt. Es sei zweitens angenommen, daß die korpuskulare Energieverteilung überall in der Säule einer BOLTZMANN-Verteilung entspricht, sich also durch eine örtlich variable Temperatur darstellen läßt. In diesem Fall läßt sich, wenn man einstweilen auf Berücksichtigung der erzwungenen Übergänge verzichtet, die Ergiebigkeit

$$J_\lambda = \frac{2\pi h\nu^3}{c^2} \cdot e^{-\frac{h\nu}{kT}}$$

setzen. Auch die Temperatur nimmt dann mit wachsendem Abstand von der Achse nach allen Seiten hin gleichmäßig ab. Während die erste Voraussetzung wesentlich eingeht, ist die zweite keineswegs so einschneidend, wie es zunächst scheinen möchte. Denn einmal wird sich ergeben, daß ihre Erfüllung an den jeweiligen Meßresultaten zu kontrollieren ist, zum andern bleibt eine unter dieser Voraussetzung auf einer bestimmten Wellenlänge gemessene Temperatur zum mindesten formal ein Maß für die Ergiebigkeit auf dieser Wellenlänge.

Um Aussagen über M zu gewinnen, formulieren wir den Mittelwert $\bar{J}^\tau$, indem wir wieder die *geometrische* Tiefe t einführen. Dann ist

$$\bar{J}_\lambda^\tau = \frac{\int\limits_0^{t_0} J_\lambda(t) \cdot \varkappa(t)\, dt}{\int\limits_0^{t_0} \varkappa(t)\, dt}.$$

Über t ist also $\bar{J}^\tau$ der Mittelwert, bei dem der Absorptionskoeffizient als Gewichtsfunktion eingeht. Daraus ist sofort zu ersehen: Bei gleicher örtlicher Verteilung der Ergiebigkeit wird M sich dem Wert 1 um so mehr nähern, je stärker sich die relative Verteilung des Absorptionskoeffizienten auf die Achse zu verlagert. M ist also unter sonst gleichen Umständen für die Resonanzlinie des Bogenspektrums am kleinsten, ist erheblich größer für Linien, die auf einem angeregten Term enden und wächst weiter für die Emission im Kontinuum und für Funkenlinien. Von Resonanzlinien des Bogenspektrums sei im weiteren abgesehen. In allen anderen Fällen nähert sich M für kleine Werte der Maximal-temperatur Grenzwerten, die vom relativen Verlauf der Temperatur in Umgebung des Maximums abhängen und leicht zu berechnen sind. Nehmen wir z. B. an, daß sich der Temperaturverlauf in Umgebung des Maximums durch eine

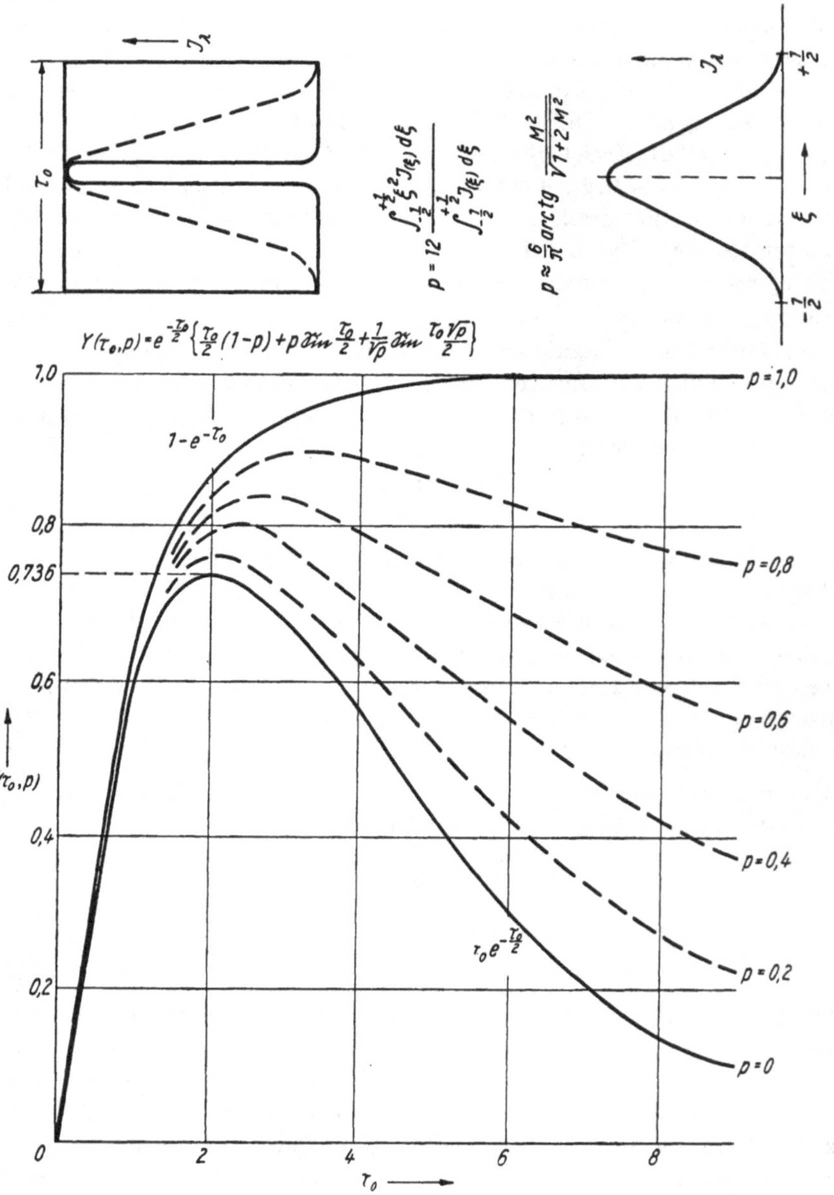

Abb. 3. Darstellung und Formel für das System der Y-Funktionen. In die Formel für p ist J_λ als Funktion von $\xi = \frac{\tau}{\tau_0}$ eingeführt, wie es die Figur oben veranschaulicht.

Parabel nähern läßt, so wird für eine Linie des Bogenspektrums, für die V die Anregungsspannung des unteren Terms ist

$$\lim_{\frac{kT}{eV}\to 0} M = \sqrt{\frac{V}{V + h\nu}}$$

Für Kontinuum und Funkenlinien ergeben sich ähnliche Ausdrücke. Eine nähere Untersuchung zeigt, daß diese Grenzwerte auch noch für verhältnismäßig hohe Temperaturen gute Näherungen ergeben, so zum Beispiel beim Quecksilberhöchstdruckbogen für Bogenlinien bis etwa 15000° K, für Funkenlinien bis zu wesentlich höheren Temperaturen.

Die Funktion $Y(\tau_0)$ läßt sich für zwei Grenzfälle, zwischen die sich alle nach unserer Voraussetzung zugelassenen Ergiebigkeitsverteilungen einordnen lassen, sofort hinschreiben: Für die homogene Schicht ist $Y(\tau_0)$ natürlich $1 - e^{-\tau_0}$, für den von nur absorbierender Schicht umgebenen leuchtenden Faden $\tau_0 \cdot e^{-\frac{\tau_0}{2}}$. Die beiden Grenzfälle und ihre Y-Kurven sind in Abb. 3 (ausgezogene Kurven) wiedergegeben. Nun läßt sich sehr leicht zeigen, daß die Y-Kurven für alle anderen Ergiebigkeitsverteilungen, soweit sie mit unserer Voraussetzung vereinbar sind, zwischen diesen beiden Grenzkurven liegen. Es läßt sich aber weiter zeigen — und das bedarf eines etwas größeren Aufwandes — daß die Y-Kurven, die zu der ganzen Mannigfaltigkeit der zugelassenen Ergiebigkeitsverteilungen gehören, bis zu erheblichen Schichtdicken — mindestens bis etwa $\tau_0 = 5$, stets aber wesentlich über das Maximum hinaus — in ausreichender Näherung durch eine einparametrige Kurvenschar darzustellen sind, bei der der Einfluß der relativen Verteilung der Ergiebigkeit auf $Y(\tau_0)$ nur noch durch den Parameter p eingeht. p ist ein quadratisches Moment dieser Verteilung und wächst wie M von dem Wert 0 für den einen Grenzfall (Leuchtfaden in absorbierender Hülle) bis zu 1 für den anderen Grenzfall (homogene Schicht). Abb. 3 gibt neben der Formel für die Kurvenschar und für p eine graphische Darstellung der zwischen den beiden Grenzfällen liegenden Kurven. Alle diese Kurven durchlaufen ein Maximum, dem jeweils eine bestimmte Schichtdicke $\hat{\tau}_0(p)$ zugeordnet ist. Ebenso ist der Maximalwert $Y_{\max}$ durch p eindeutig gekennzeichnet. Er kann im übrigen nur zwischen 0,736 und 1, also in verhältnismäßig engen Grenzen variieren, liegt im Grenzfall $p = 0$ bei $\hat{\tau}_0 = 2$ und wandert mit wachsendem p erst langsam, für hohe p dann schneller zu größeren Schichtdicken. Wie M läßt sich auch p weitgehend durch Grenzwerte für kleine Temperaturen nähern. Für eine Bogenlinie, die auf einem angeregten Term endet, ist unter gleichen Annahmen wie bei M

$$p = \frac{6}{\pi} \operatorname{arc\,tg} \frac{M^2}{\sqrt{1 + 2M^2}}.$$

Mit diesem Formalismus, der hier nur in groben Zügen skizziert wurde, haben wir ein Werkzeug gewonnen, das uns die Möglichkeit gibt, auch Spektren sehr dichter Plasmen in mannigfacher Weise zu entschlüsseln. Das sei nun an einigen Beispielen gezeigt[1]).

Der eben entwickelte Formalismus soll zunächst im Spektrum des Quecksilberhöchstdruckbogens in der Osram-Type HBO 200 erprobt werden. Abb. 4 gibt dessen Strahldichteverteilung im Sichtbaren: Ein nicht sehr starker Grund von gleicher Größenordnung wie im Kohlekraterspektrum wird von den Linienkonturen noch sehr hoch überragt. Die Linien des bekannten Tripletts 4076 Å, 4358 Å und 5461 Å ($6\,^3P_{0,1,2}$—$7\,^3S_1$) zeigen tiefgreifende Selbstumkehr. Abb. 5

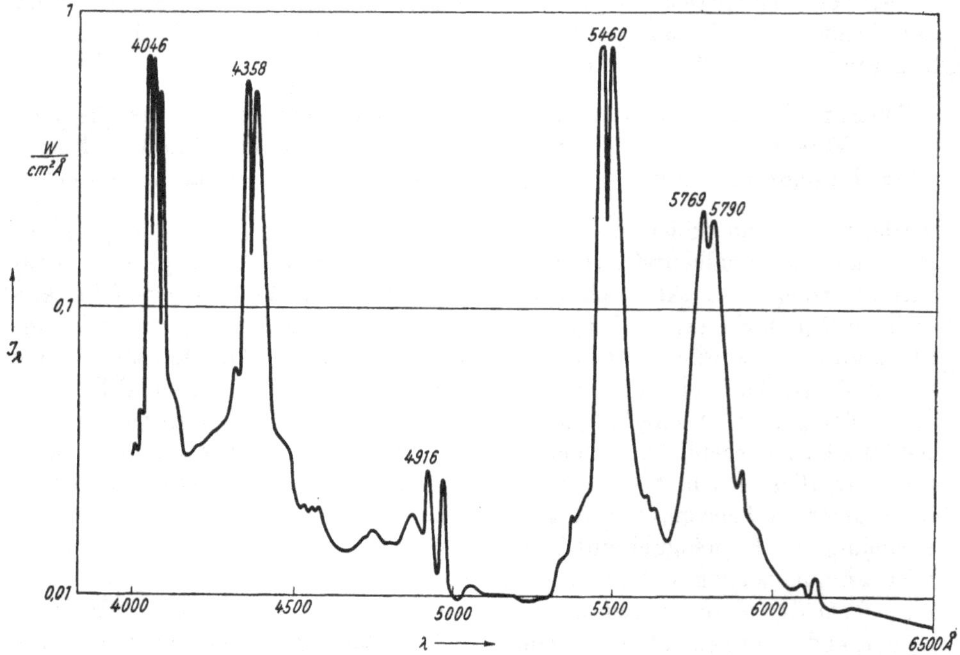

Abb. 4. Strahldichte im Spektrum der Quecksilberhöchstdrucklampe HBO 200.

zeigt eine dieser Linien in größerer Auflösung. An ihr sei zunächst die Selbstumkehr als solche unter dem Gesichtspunkt unseres Formalismus gedeutet. Wir nehmen an, daß M und p über den λ-Bereich der Linie praktisch konstant sind[2]). Auch $J_{\lambda_{\max}}$ ändert sich nur sehr wenig. Die relative Änderung der Strahldichte in der Kontur ist also im wesentlichen durch die zugeordnete Funktion $Y(\tau_0)$ bedingt, die im unteren Teil von Abb. 5 noch einmal für sich reproduziert ist. τ_0 nimmt von den Linienflügeln bis in die Linienmitte ständig zu. Damit ergibt sich die Deutung: Im Kontinuum ist τ_0 noch so klein, daß wir in den äußersten

[1]) Eine ausführliche Behandlung der Probleme ist in der Zeitschrift für Physik **149**, 594—623 (1937) erschienen.

[2]) Inwieweit diese Annahme, die die Diskussion sehr vereinfacht, im Einzelfall berechtigt ist, bedarf jeweils der Begründung. Im vorliegenden Fall ist sie ausreichend erfüllt.

Linienflügeln ganz unten im ansteigenden Ast der Y-Kurve liegen. Wandern wir von außen in die Linie hinein, so steigt mit wachsendem τ_0 die Funktion $Y(\tau_0)$ zunächst an, durchläuft ein Maximum und fällt dann wieder ab. In dem steilen Abfall des Umkehrminimums drängt sich ein sehr großer τ_0-Bereich unserer Y-Darstellung zusammen. Als wichtigstes Ergebnis dieser Betrachtung sei festgehalten: Die Strahldichtemaxima zu beiden Seiten des Umkehrminimums entsprechen dem Maximum $Y_{\max}$ der zugeordneten $Y(\tau_0)$-Kurve. Den Maxima der Linienkontur zugeordnet ist deshalb auch die Schichtdicke $\hat{\tau}_0$, bei der das Maximum der Y-Kurve erreicht wird.

Aus dieser Deutung ergibt sich die Möglichkeit, aus solchen Umkehrkonturen die Maximal-Temperatur T_m auf dem jeweiligen Beobachtungsstrahl zu bestimmen. Denn für die Strahldichte in den Maxima — die Kuppenstrahldichte — gilt nun

$$I_{\lambda_K} = \frac{2h\nu^3}{c^2} \cdot e^{-\frac{h\nu}{kT_m}} \cdot M \cdot Y_{\max}.$$

M und p und damit auch $Y_{\max}$ lassen sich in erster, aber schon sehr weitgehender Näherung aus den Anregungsspannungen der Linienterme berechnen. Damit ist aber T_m aus der gemessenen Kuppenstrahldichte I_{λ_K} bestimmbar. Variiert man nun bei den Messungen den Abstand zwischen Beobachtungsstrahl und Achse, so bekommt man in gleicher Näherung den radialen Temperaturverlauf, kann dann durch reguläre Integration M und p genauer bestimmen und mit diesen neuen Werten die Auswertung wiederholen. Schon beim zweiten Schritt dieses Iterationsverfahrens ist die Änderung sehr klein. Als Beispiel gibt die Tabelle in Abb. 5 die an einer HBO 200 an vier verschiedenen Linien gemessene Achsentemperatur. Die Unterschiede liegen innerhalb der Fehlergrenzen. Da die Messungen an den verschiedenen Linien voneinander ganz unabhängig sind, zeigen sie auch nachträglich, daß sich, wie wir zunächst angenommen haben, die Konzentration der angeregten Terme durch die einheitliche Temperatur beschreiben läßt, wie das bei diesen stationären Höchstdruckbogen auch nicht anders zu erwarten war.

Um die Entwicklung der Strahldichteverteilung bei wesentlich höherer Temperatur zu verfolgen, wurden Messungen an Stoßentladungen gemacht: Es wurde ein Kondensator (1 μF) auf Spannungen zwischen 300 Volt und 1200 Volt geladen und über den Bogen der stationär brennenden HBO 200 entladen. Das Spektrum wurde jeweils in dem Moment aufgenommen, in dem die Emission ihr Maximum erreichte (etwa 3 μ sec nach dem Einsetzen der Entladung) und die Belichtungszeit (etwa 1,5 μ sec) so bemessen, daß die Emission ausreichend definiert war. Auf die experimentelle Methodik kann hier nicht eingegangen werden. Auch hinsichtlich der Deutung beschränken wir uns auf einige Hinweise, die sich aus dem oben entwickelten Formalismus unmittelbar anbieten und damit seine Fruchtbarkeit zeigen. Abb. 6 zeigt die Strahldichteverteilung im Sichtbaren bei wachsenden Stoßspannungen. Im Groben ist die Entwicklung der Strahldichteverteilung dadurch gekennzeichnet, daß sich die tiefen

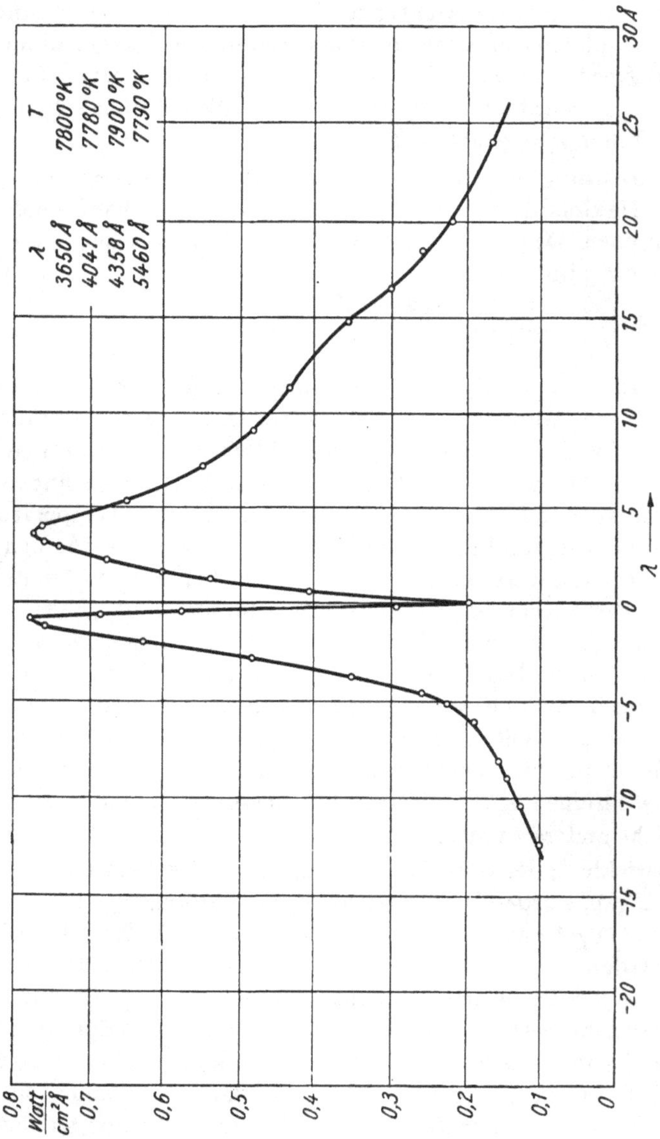

Abb. 5a. Linienkontur der Quecksilberlinie 4047 Å in der Quecksilberhöchstdrucklampe HBO 200.

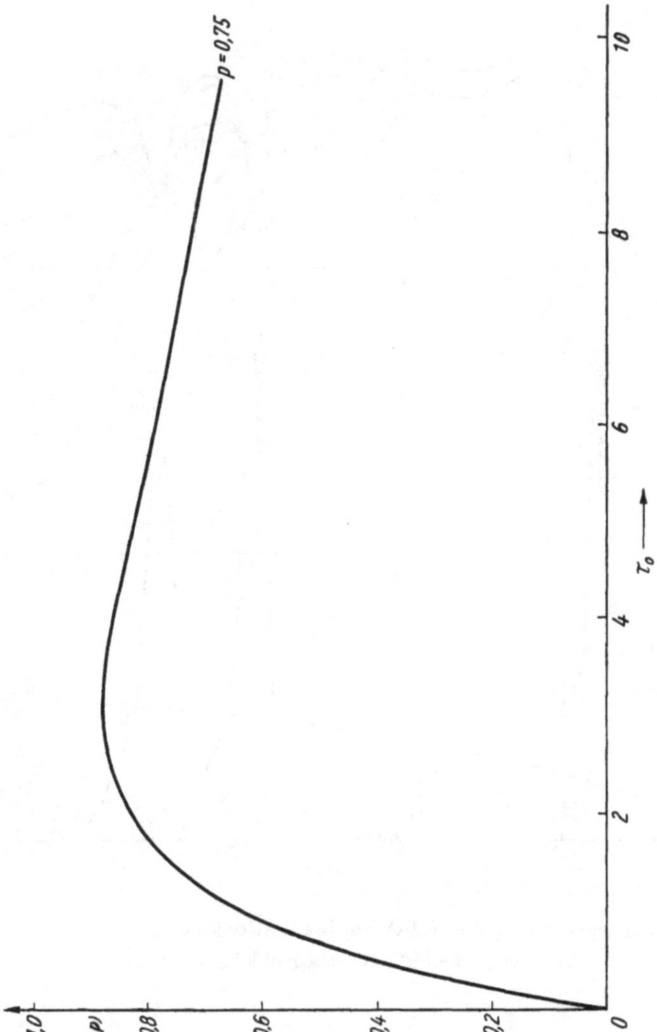

Abb. 5b. Y-Funktion für die Quecksilberlinie 4047 Å in der Quecksilberhöchstdrucklampe HBO 200.

Umkehrminima, die sich bereits im Spektrum der stationären Säule zeigten, mit wachsender Stoßspannung immer breiter öffnen, und daß die Strahldichte in den Umkehrkuppen wächst, daß aber die Strahldichten im kontinuierlichen Grund schneller größer werden und schließlich die Kuppen einholen, so daß sich

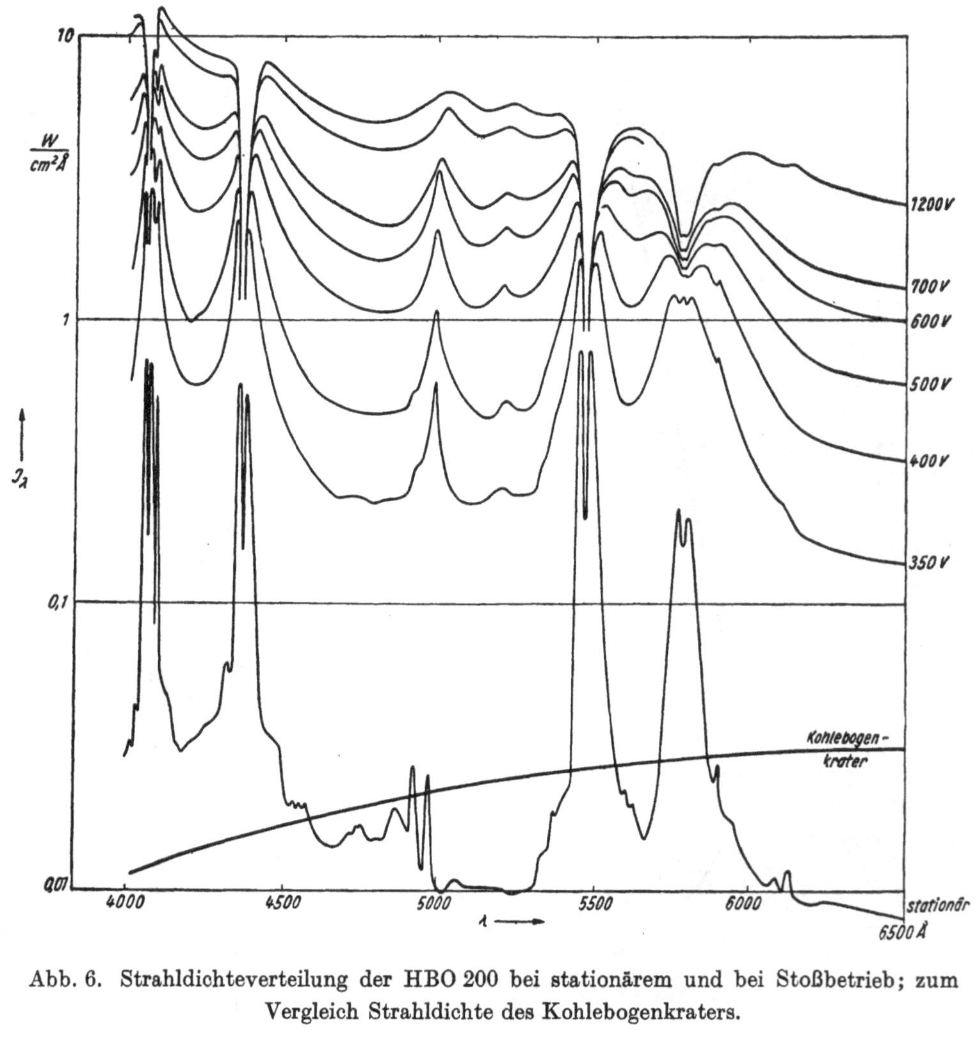

Abb. 6. Strahldichteverteilung der HBO 200 bei stationärem und bei Stoßbetrieb; zum Vergleich Strahldichte des Kohlebogenkraters.

am Ende die Linien nur noch als Absorptionslinien auf einem nahezu glatten Kontinium abzeichnen. Diese letzte Phase der Entwicklung zeigen besonders deutlich Messungen im nahen Ultraviolett (Abb. 7). Bei hohen Stoßspannungen beginnen auch Funkenlinien in Umkehr zu erscheinen, wie Sondermessungen an der Linie 3983 Å zeigen (Abb. 8).

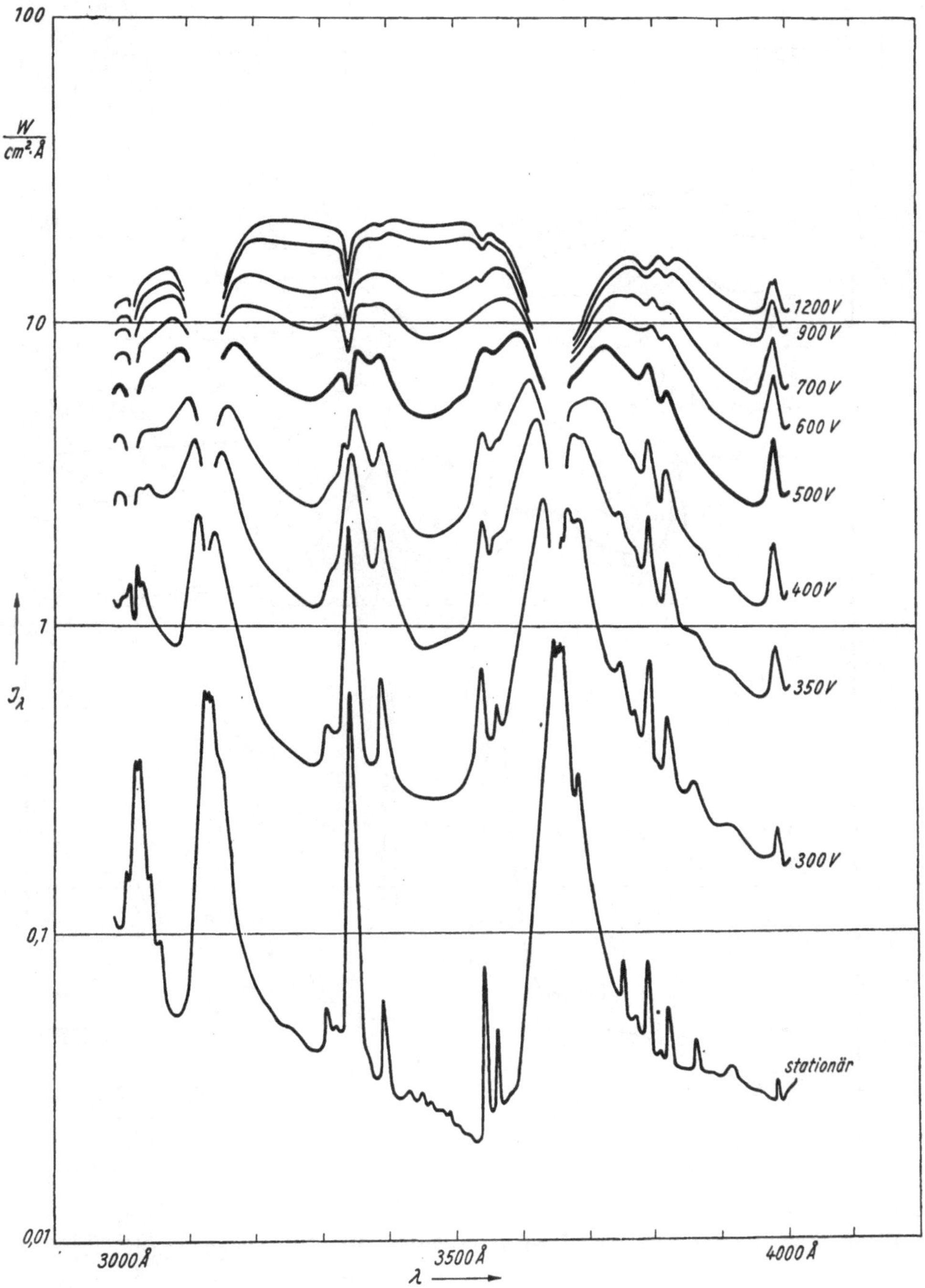

Abb. 7. Strahldichteverteilung der Stoßspektren im UV.

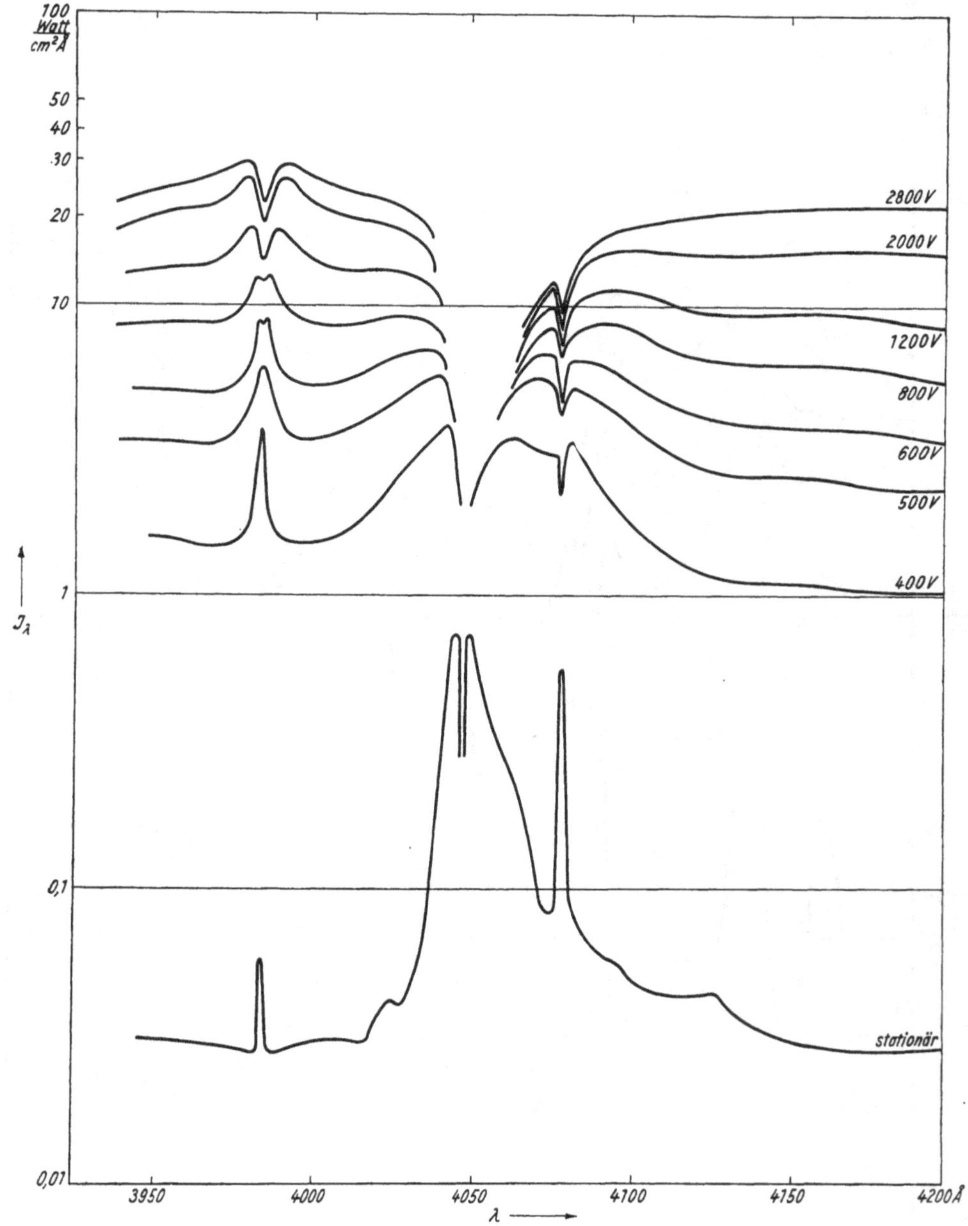

Abb. 8. Kontur der Hg II-Linien 3983 im stationären Spektrum und in den Stoßspektren.

Daß sich die Umkehrminima immer stärker öffnen, daß also die Umkehrkuppen mit wachsender Stoßspannung immer weiter nach außen wandern, ist nicht Zeichen einer wachsenden Linienverbreiterung, sondern dadurch bedingt, daß mit wachsender Temperatur die Konzentration der angeregten Zustände und damit überall im Spektrum, insbesondere aber in den Linien, die Absorption anwächst. Die Kuppen aber, die den Maxima der Y-Kurven entsprechen, sind an bestimmte Schichtdicken gebunden und müssen also mit ihren Schichtdicken nach außen wandern. Ebenso ist das schnellere Wachsen der Strahldichte zwischen den Linien keineswegs ein Spezifikum des Kontinuums, sondern erklärt sich rein phänomenologisch. Zwischen den Linien liegt die Schichtdicke zunächst noch im ansteigenden Ast der Y-Kurve. Hier wächst also die Strahldichte nicht nur mit der Maximalergiebigkeit wie in den Umkehrkuppen, sondern zusätzlich auch noch, weil Y mit τ_0 zunimmt. Wenn aber das Kontinuum die Umkehrkuppen eingeholt hat, hat auch im Kontinuum die Schichtdicke den Wert erreicht, der dem Maximum der Y-Kurve entspricht. Im nahen Ultraviolett, wo dieser Zustand bei den höchsten Stoßspannungen schon erreicht ist, liegt dann die optische Schichtdicke auch im Kontinuum zwischen 3 und 4. Bei weiterem Ansteigen der Schichtdicke würde also die Strahldichte im nunmehr durchlaufenden Kontinuum nur noch langsam anwachsen, weil dem Ansteigen der Ergiebigkeit das Absinken von Y entgegenwirkt.

Es liegt nahe, die Temperatur-Meßmethode, die oben an der stationären HBO 200 erprobt wurde, nun auch an diesen Stoßentladungen zu prüfen. Nun zeigt zwar eine eingehende theoretische Untersuchung, daß hier Messungen an Bogenlinien mit den oben entwickelten einfachen Auswertemethoden nur bis etwa 15000° K Aussicht auf Erfolg haben. Aber die gleichen Überlegungen zeigen auch, daß dieselben Methoden an Hg II-Linien bis etwa 25000° K brauchbar bleiben. Und gerade dort, wo die Möglichkeit, an Bogenlinien zu messen, aufhört, beginnt die Umkehr der Hg II-Linie 3983 Å und lädt zur Fortsetzung der Temperaturmessung ein. Das Ergebnis zeigt Abb. 9, wo die an allen vier Linien gemessenen Temperaturen über den Stoßspannungen aufgetragen sind. Die Messungen an der Funkenlinie schließen sich den Messungen an den Bogenlinien überraschend gut an[1]). Auch hier darf also angenommen werden, daß größere Abweichungen von der BOLTZMANN-Verteilung nicht auftreten.

In etwas anderer Form fand die Theorie Anwendung bei Temperaturmessungen an „explodierenden" Drähten. Es hatte sich ergeben, daß sich der Entladungszylinder bei „explodierenden" Drähten um so regelmäßiger ausbildet, je dünner die Drähte sind, und daß die Emission dann auch sehr reproduzierbar wird. Wie eine Reihe von Beobachtungen lehrt, handelt es sich in diesem Fall um eine Stoßentladung in Luft, bei der der Metalldampf des Drahtes eine untergeordnete Rolle spielt. Im wesentlichen vermittelt der Draht hier nur noch die Zündung, die damit über lange Strecken und auch bei hohen Drucken möglich wird. Das

[1]) Die Messungen an den drei Bogenlinien zeigen vom Mittel Abweichungen bis zu ± 5%, die zu einem Teil systematischen Charakter tragen. Doch liegen diese Abweichungen einstweilen noch an der Grenze möglicher Fehler.

Spektrum der Entladung wurde hier ebenfalls im Augenblick stärkster Emission aufgenommen. Emittiert wurde unter diesen Umständen ein strukturloses Kontinuum, also ein Spektrum, das für Temperaturmessungen der obigen Art keine Angriffspunkte bietet. Die gute Reproduzierbarkeit der Entladung und die Ebenmäßigkeit des Entladungszylinders bieten aber die Möglichkeit, die Strahldichteverteilung nicht nur auf einem Beobachtungsstrahl senkrecht zur Entladungsachse, sondern auch auf Strahlen zu messen, die gegen den Beobachtungsstrahl in dieser Ausgangsstellung um verschiedene Winkel φ_i gedreht

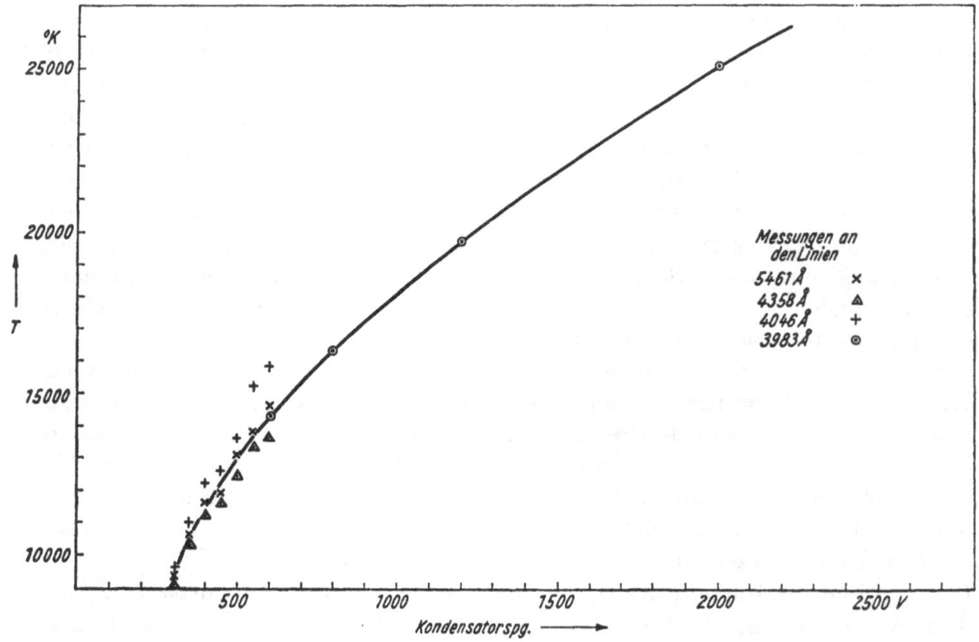

Abb. 9. Achsentemperatur als Funktion der Stoßspannung.

waren. Durch diese Drehungen wird die unbekannte Schichtdicke τ_0 in der Ausgangsstellung um den bekannten Faktor $\frac{1}{\cos \varphi_i}$ vergrößert, ohne daß die relative Verteilung der Ergiebigkeit über den optischen Maßstab geändert wird. Hier bleiben also M und p sowie $J_{\lambda_{\max}}$ in Strenge konstant. Dann entspricht die relative Änderung der Strahldichte ausschließlich der Änderung der Funktion $Y(\tau_0)$ durch die Änderung von τ_0. Mit der bekannten relativen Änderung von τ_0 kann man nun die relativen Strahldichtewerte so in das System der $Y(\tau_0)$-Kurven einpassen, daß sie mit möglichster Näherung auf der gleichen Y-Kurve liegen. Das zeigt an einem Beispiel Abb. 10 (Entladung eines Kondensators von 1,5 μF bei 50000 Volt über einen 7,5 cm langen Kupferdraht von 0,03 mm $\varnothing$). Die Striche deuten die Streuung der Meßpunkte an. Beobachtung auf

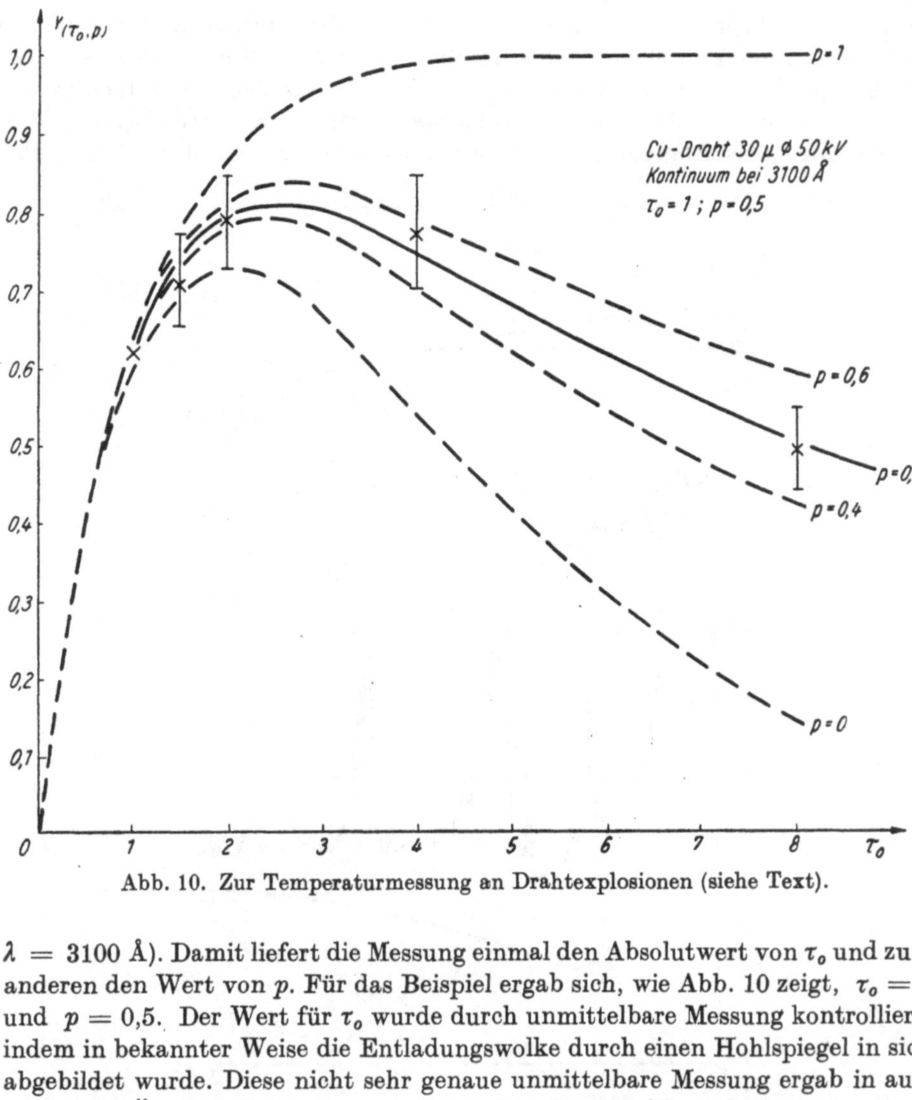

Abb. 10. Zur Temperaturmessung an Drahtexplosionen (siehe Text).

$\lambda = 3100$ Å). Damit liefert die Messung einmal den Absolutwert von τ_0 und zum anderen den Wert von p. Für das Beispiel ergab sich, wie Abb. 10 zeigt, $\tau_0 = 1$ und $p = 0{,}5$. Der Wert für τ_0 wurde durch unmittelbare Messung kontrolliert, indem in bekannter Weise die Entladungswolke durch einen Hohlspiegel in sich abgebildet wurde. Diese nicht sehr genaue unmittelbare Messung ergab in ausreichender Übereinstimmung $\tau_0 = 0{,}9 \pm 0{,}2$. Da sich M aus dem gemessenen p ausreichend genau abschätzen ließ, konnte auch die Achsentemperatur berechnet werden. Für das oben herangezogene Beispiel ergab sie sich zu 63000° K. Für höhere Stoßspannungen (60000 Volt) wurden Werte über 70000° K errechnet.

Bei den Temperaturmessungen an „explodierenden" Drähten muß zunächst noch eine größere Unsicherheit in Kauf genommen werden als bei den anderen Temperaturmessungen. Die Ursache dafür ist weniger theoretischer als meßtechnischer Natur. Sie wird sofort verständlich, wenn jetzt abschließend noch einmal die Größenordnungen der gemessenen Strahldichten veranschaulicht werden.

Abb. 11 zeigt in etwas schematisierter Darstellung die Strahldichte der HBO 200 bei stationärem Betrieb sowie bei Stoßbetrieb und die Strahldichte bei einer Drahtexplosion zusammen mit der Strahldichte des Kohlebogenkraters, die bei allen Messungen als Strahldichtenormal dienen mußte. Es waren bei dem Vergleich mit der Drahtexplosion bis zu 5 Größenordnungen zu überbrücken. Das

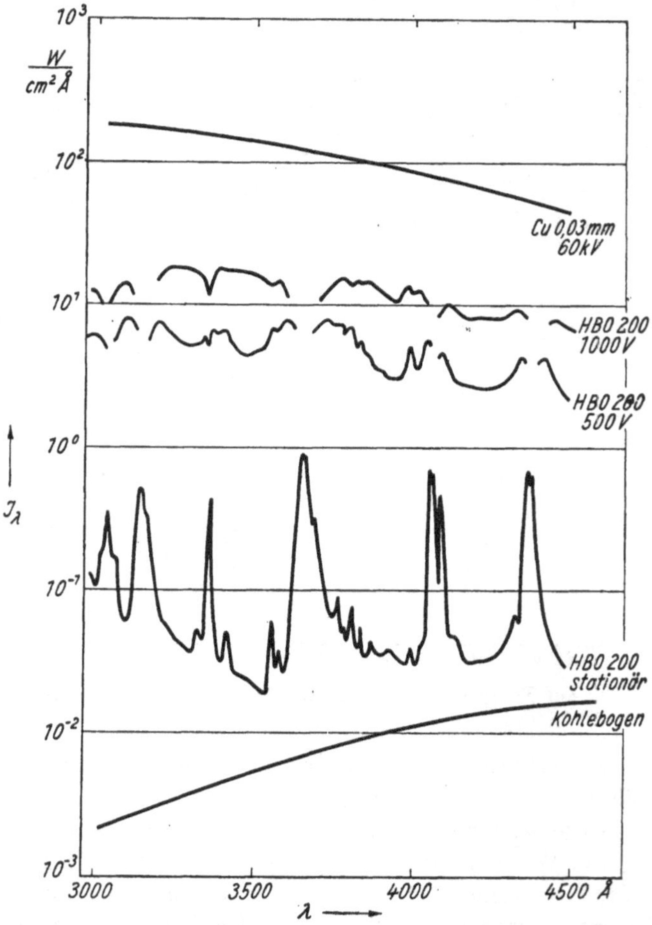

Abb. 11. Zur Illustration der Strahldichteabsolutwerte.

war bei photographischen Messungen nur durch die Einschaltung von Zwischenstufen möglich, die die Messung erschweren. Gleichzeitig gibt die Darstellung ein anschauliches Bild vom Absolutwert der emittierten Strahldichten. Er steigt bei den Drahtexplosionen bis zu 0,2 kW cm^{-2} Å^{-1}. Daß die Strahldichte bei den Drahtexplosionen trotz des großen Temperaturunterschiedes gegenüber den Quecksilberstoßentladungen nicht noch stärker ansteigt, erklärt sich aus der wesentlich kleineren Schichtdicke und der ungünstigeren Verteilung der Ergiebigkeit in der Säule.

Bestimmung der Elektronentemperatur aus dem hochfrequenten 20 cm-Rauschen

von L. MOLLWO, Berlin

Die Elektronentemperatur eines Plasmas kann als Integralwert über einen größeren Bereich mit Hilfe von Rauschmessungen bestimmt werden. Es gilt folgende Beziehung, die verschiedene theoretisch behandelte Rauschkomponenten zusammenfaßt

$$\frac{P}{\Delta f} = 4k\left\{T_e + \frac{1}{\mathrm{k}}\frac{P_o}{V n_e z}\left[1 + \frac{2}{1+\left(\frac{\omega}{\mathrm{z}}\right)^2}\right] + \frac{1}{\mathrm{k}}\frac{P_o \tau}{V \overline{n}_e}\frac{1}{1+(\omega\tau)^2}\right\}. \tag{1}$$

P Rauschleistung in dem erfaßten Volumen,
Δf erfaßtes Frequenzband,
k BOLTZMANN-Konstante,
T_e Elektronentemperatur,
P_o zugeführte Leistung,
V erfaßtes Plasma-Volumen,
n_e als konstant vorausgesetzte Elektronendichte,
$\overline{n}_e$ Mittelwert der wirklichen, statistisch schwankenden Elektronendichte,
z Mittlere Stoßzahl der Elektronen je s, als unabhängig von der Elektronengeschwindigkeit angenommen,
τ Mittlere Lebensdauer der Elektronen, als klein gegen die Laufzeit von Elektrode zu Elektrode angenommen,
ω Meß-Kreisfrequenz.

Bei einem Winkel $\vartheta \neq 0$ zwischen den Richtungen der Anregungsfeldstärke und der ausgekoppelten Rauschspannung tritt bei den Gliedern mit P_o der Faktor $\cos^2 \vartheta$ hinzu. Der Teil des Rauschens, der von diesen Gliedern erfaßt wird, wird wegen seiner Abhängigkeit vom Strom als Schrotrauschen bezeichnet. Die Berechnung ist von PARZEN und GOLDSTEIN [1] bzw. v. D. ZIEL [2] durchgeführt. Das thermische Rauschen nach NYQUIST wird durch das erste Glied mit T_e wiedergegeben.

Die Summe aller 3 Terme in der Klammer ist die ganze Rauschtemperatur, die mit den Mitteln der Hochfrequenztechnik, insbesondere mit den hochentwickelten Verfahren der Radioastronomie gemessen werden kann. Bei genügend hoher Meßfrequenz wird der 3. Term unmerklich, der 2. Term verschwindet nicht. In der vorliegenden Arbeit wurde versucht, den 2. Term durch Messungen bei verschiedener zugeführter Leistung zu eliminieren.

Es wurden Messungen an der Elektronenfackel, einer mit Hochfrequenz bei Atmosphärendruck erzeugten flammenähnlichen Gasentladung durchgeführt. Zur Anregung wurde eine Wellenlänge von etwa 32 cm, zur Rauschmessung eine Wellenlänge von 20 cm benutzt. Um eine Substitutionsmessung gegen einen üblichen Rauschgenerator mit einer gesättigten Diode von 70 Ω Ausgangswiderstand vornehmen zu können, mußte dafür gesorgt werden, daß auch die Gasentladung als Rauschquelle mit 70 Ω Widerstand wirksam wurde. Als Auskoppel- und Anpaßglied wurde ein konzentrischer Resonator benutzt, der auf

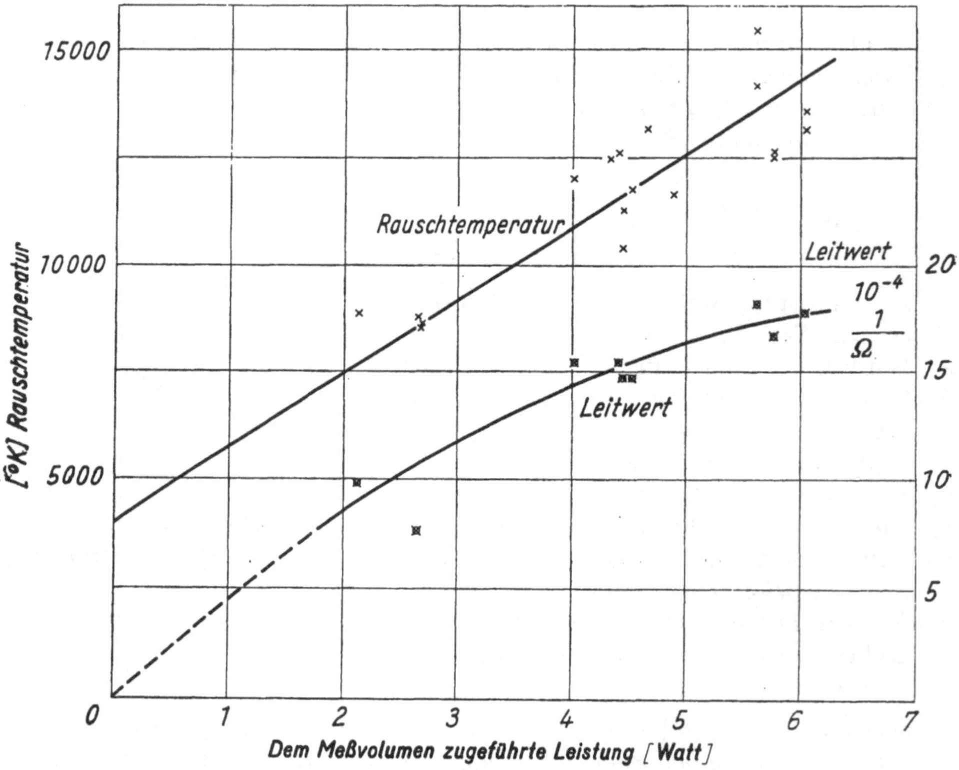

Abb. 1. Meßergebnisse an der Fackelentladung in Luft.

die Meßwellenlänge abgestimmt war. Die Flamme trat durch eine seitliche Öffnung ein; der Flammenkern berührte mit seiner Spitze den Mittelleiter des Resonators. Bei insgesamt 4 mm Kernlänge lagen 3 mm im Resonatorraum, elektrisch wirksam war davon nur ein kleineres Gebiet nahe dem Mittelleiter. Auch die Flammenaureole war nicht wirksam. Der Resonator war mit einem regelbaren kapazitiven Ausgang versehen, mit dem der Ausgangswiderstand 70 Ω eingestellt wurde.

Die Abb. 1 zeigt die Meßergebnisse an einer Entladung in Luft. Abszisse ist die dem erfaßten Meßvolumen zugeführte Leistung. Sie ist mehr als eine Größenordnung kleiner als die ganze zugeführte Leistung, die hauptsächlich im Elektrodenfleck am generatorseitigen Fußpunkt des Flammenkerns umgesetzt wird. Die aufgetragenen Leistungen wurden vom Ausgang des Resonators her bestimmt. Die gemessenen Rauschtemperaturen steigen praktisch linear mit der Leistung. Diese Abhängigkeit läßt sich einfach auf Grund der theoretischen Beziehung (1) deuten, wenn ein Plasmazustand ähnlich wie in der positiven Säule einer Gleichstromentladung im Übergangsgebiet Glimmentladung-Bogenentladung angenommen wird. Dann sind bei Atmosphärendruck die Elektronentemperatur T_e, die Stoßzahl z und die Elektronendichte n_e im wesentlichen unabhängig von der zugeführten Leistung und es ist nahezu thermisches Gleichgewicht vorhanden. Die Beobachtung der Flamme zeigte ergänzend dazu, daß das Plasmavolumen V im angewandten Leistungsbereich ebenfalls nur wenig veränderlich war; leistungsabhängig war in der Hauptsache allein die Berührungsfläche des Flammenkerns mit dem Resonator-Mittelleiter, die als Rekombinationsfläche wirkte. Die einzige Veränderliche in der Beziehung (1) ist unter diesen Umständen die zugeführte Leistung P_0, die im 2. und 3. Term unmittelbar als Koeffizient erscheint. Der Charakter der Meßkurve ist damit verständlich. Extrapolation nach $P_0 = 0$ liefert die Elektronentemperatur $T_e \approx 4500°$. Sie stimmt tatsächlich sehr nahe mit der Gastemperatur von 4000° überein, die von CRISTESCU und GRIGOROVICI [3] spektroskopisch bestimmt und durch eigene Messungen bestätigt wurde.

Die Flammenleitwerte in der Abb. 1 sind durch Messung der Halbwertsbreite des Resonators vom Ausgang her bestimmt. Bei dem angenommenen Plasmazustand sollte der Leitwert nahezu konstant sein. Der beobachtete Abfall nach kleinen Leistungen dürfte auf den starken Einfluß der Berührungsfläche des Flammenkerns mit dem Resonator-Mittelleiter zurückzuführen sein. Mit dem Leitwert und den geschätzten Dimensionen des wirksamen Kernabschnitts ergibt sich bei 6 W zugeführter Leistung eine Leitfähigkeit

$$\varkappa \approx 3{,}2 \cdot 10^{-2}\,\Omega^{-1}\,\mathrm{cm}^{-1}$$

Aus der Gas- und Elektronentemperatur und dem bekannten Wirkungsquerschnitt der Neutralteilchen läßt sich andererseits die mittlere Stoßzahl z errechnen

$$z \approx 4{,}0 \cdot 10^{10}\,\mathrm{sec}^{-1}$$

Nach bekannten Beziehungen folgt aus $\varkappa$ und z die mittlere Elektronendichte

$$n_e \approx 4{,}5 \cdot 10^{12}\,\mathrm{cm}^{-3}$$

Alle diese Zahlen passen gut zu dem angenommenen Plasmazustand. Sie reichen außerdem aus, um näherungsweise den 2. Term der Beziehung (1) zu berechnen der wegen der hohen benutzten Meßfrequenz neben dem 1. Term allein eine Rolle spielt. Es wird

$$T_{\text{Schr}} = \frac{1}{\text{k}} \frac{P_0}{V n_e z} \left[1 + \frac{2}{1 + \left(\frac{\omega}{z}\right)^2} \right] \approx \frac{3}{\text{k}} \frac{P_0}{V n_e z} \approx 3200^\circ .$$

Aus Abb. 1 folgt bei $P_0 = 6\ W$ $T_{\text{Schr}} \approx 10000^\circ$. Die Größenordnung stimmt; wegen des starken Einflusses des geschätzten Volumens V, das gleichsinnig auch über n_e eingeht, ist nicht mehr zu erwarten.

Die Messungen, die mit ganz ähnlichem Ergebnis auch an Stickstoff durchgeführt wurden, zeigen folgendes:

1. Auf Grund der Theorie von Parzen und Goldstein scheint das Schrotrauschen genügend stark zu sein, um den gemessenen Anstieg der Gesamt-Rauschtemperatur mit der zugeführten Leistung zu erklären.

2. Wird der ganze Anstieg der Rauschtemperatur durch Schrotrauschen erklärt, so ergibt sich für den Kern der Elektronenfackel im ganzen Leistungsbereich annähernd thermisches Gleichgewicht bei etwa 4500° Elektronen- und etwas niedrigerer Gastemperatur. Das sollte man, abgesehen von einem Bereich in Elektrodennähe, nach den heutigen theoretischen Vorstellungen über Hochfrequenz-Gasentladungen auch erwarten[1]). Die Sondenmessungen von Cobine und Wilbur [4] an der Elektronenfackel, die 80000°—130000° K Elektronentemperatur ergaben, sind wegen der zahlreichen, gerade in diesem Fall gegebenen Fehlermöglichkeiten recht zweifelhaft. Es gelang auch nicht, diese Messungen zu reproduzieren.

3. Die Ermittlung der Elektronentemperatur aus dem Rauschen erfordert einen beträchtlichen meßtechnischen Aufwand und genaue Diskussion der Ergebnisse, führt aber dann auch unter recht kritischen Bedingungen zu vertrauenswürdigeren Ergebnissen als die Sondenmethode.

Diskussion

Frage: Wie hoch ist die Güte des Resonators? Besteht nicht die Gefahr von Meßfehlern dadurch, daß der Resonator durch die dielektrischen Eigenschaften des Plasmas verstimmt wird?

Antwort: Das Plasma wirkt wegen des hohen Drucks und der hohen Stoßzahl im wesentlichen als elektrischer Leiter, nicht als Dielektrikum. Zu einer Verstimmung des Resonators kann es dabei natürlich ebenfalls kommen. Um immer auf dem Maximum der Resonanzkurve zu bleiben, wurde bei jedem Meßpunkt der Oszillator der Mischstufe am Empfängereingang entsprechend neu eingeregelt.

Prof. Mandelstam: Bis zu welcher tiefsten Temperatur ist das Verfahren noch anwendbar? Läßt sich z. B. die Temperatur eines Bunsen-Brenners messen?

[1]) Die Fortsetzung der Untersuchungen machte inzwischen einen Anstieg der Elektronentemperatur mit der Leistung wahrscheinlich.

Antwort: Die untere Grenze dürfte bei 2000° K liegen, vielleicht sogar noch höher. Nachträglicher Zusatz: Die Schwierigkeit bei niedrigen Temperaturen beruht darauf, daß der Ionisationsgrad niedrig wird und es daher große Mühe macht, genügend breitbandig auf den richtigen Anpassungswiderstand an die Apparatur zu transformieren.

Prof. ROMPE: Besteht die Möglichkeit, daß ein Teil des beobachteten Rauschens durch makroskopische Entladungsschwankungen verursacht wurde?

Antwort: Es ergaben sich gelegentlich Betriebszustände mit Entladungsschwankungen verschiedener Frequenzen, die entweder von dem selbsterregten Sender allein oder im Zusammenwirken mit der Flamme verursacht wurden. Auffällige Änderungen des Rauschens wurden dabei nicht beobachtet, solche Betriebszustände wurden aber sicherheitshalber bei den Messungen vermieden. Es war also wohl sicher kein makroskopischer Schwankungsanteil im gemessenen Rauschen. Wegen der sehr hohen Meßfrequenz sind solche Anteile auch recht unwahrscheinlich.

Dr. LARENZ: Die Theorie des Schrotrauschens von PARZEN und GOLDSTEIN sollte auch für metallische Leiter genau so wie für Gase gelten. Bei den Metallen wird aber immer nur das reine thermische NYQUIST-Rauschen ohne stromabhängiges Zusatzglied beobachtet, sehr genaue Messungen sind kürzlich von BITTEL gemacht worden. Sollte man deswegen nicht gewisse Bedenken gegen die Richtigkeit der von PARZEN und GOLDSTEIN angegebenen Formel haben?

Antwort: Die Formel sollte in der Tat auch für Metalle gelten. Im Unterschied zu einem Entladungsplasma ist dort die Elektronendichte n_e um viele Größenordnungen höher, die zugeführte Leistung P_0 aber bei den üblichen Strombelastungen ganz wesentlich niedriger. Beide Unterschiede wirken im gleichen Sinne so, daß die Formel von PARZEN und GOLDSTEIN eine ganz wesentlich niedrigere Äquivalenttemperatur des Schrotrauschens liefert. Ich möchte annehmen, daß eine so kleine Temperatur herauskommt, daß sie sich der Beobachtung entzieht. Das müßte allerdings noch quantitativ nachgerechnet werden. Nachträglicher Zusatz: Für die Nachrechnung formt man zweckmäßig die Formel von PARZEN und GOLDSTEIN um, indem man einführt

$$z = \frac{n_e e^2}{m_e \varkappa}$$

e Elementarladung,
m_e Elektronenmasse,
$\varkappa$ Leitfähigkeit,

$$\frac{P_0}{V} = \frac{i^2}{\varkappa}$$

i Stromdichte.

Wie sich zeigen wird, ist für Meßwellenlängen bis 20 cm, wie sie hier diskutiert sind,

$$\frac{\omega}{z} \ll 1 \qquad 1 + \frac{2}{1 + \left(\frac{\omega}{z}\right)^2} \approx 3\,.$$

Es folgt für die äquivalente Rauschtemperatur des Schroteffekts

$$T_{\text{Schr}} \approx \frac{3\,\mathrm{m}_e}{\mathrm{k}e^2}\left(\frac{n_e}{i}\right)^2$$

Die folgende Tabelle enthält die zahlenmäßige Auswertung für Silber und für Germanium mit einer heute technisch verwendeten Dotierung

	$\varkappa$ $\Omega^{-1}\,\mathrm{cm}^{-1}$	n_e cm^{-3}	z sec^{-1}	i $\mathrm{A\,cm}^{-2}$	T_{Schr} °K
Ge	0,6	$1 \cdot 10^{15}$	$4{,}7 \cdot 10^{11}$	10	$7{,}7 \cdot 10^{-2}$
Ag	$6{,}7 \cdot 10^{5}$	$5{,}9 \cdot 10^{22}$	$2{,}5 \cdot 10^{13}$	10^{4}	$2{,}2 \cdot 10^{-11}$

Man sieht, daß in beiden Fällen trotz der sehr hoch gegriffenen Stromdichte die Rauschtemperatur T_{Schr} experimentell nicht faßbar ist. Von der zuletzt angegebenen Form der Beziehung für T_{Schr} kommt man übrigens mit

$$i = n_e e v_e \qquad v_e \text{ Driftgeschwindigkeit der Elektronen.}$$

auf

$$T_{\text{Schr}} = \frac{3\,m_e}{k} v_e^2 \qquad \text{für} \quad \omega \ll z$$

$$T_{\text{Schr}} = \frac{m_e}{k} v_e^2 \qquad \text{für} \quad \omega \gg z.$$

Zwischen der thermodynamischen Elektronentemperatur T_e und dem Effektivwert der thermischen Geschwindigkeitskomponente der Elektronen in einer Richtung $v_{\text{eff}\,x}$ besteht bekanntlich die sehr ähnliche Beziehung

$$T_e = \frac{m_e}{k} v_{\text{eff}\,x}^2.$$

T_e ist zugleich ein Maß für die elektrische Wirkung der Mikrostruktur der thermischen Elektronenbewegung. T_{Schr} ist nach dem Ansatz von Parzen und Goldstein das entsprechende Maß für die elektrische Wirkung der Mikrostruktur der Driftbewegung der Elektronen. Die Gegenüberstellung der Formeln macht die Richtigkeit der Rechnung von Parzen und Goldstein unmittelbar plausibel.

Literaturverzeichnis

[1] Parzen, P. u. Goldstein, L., Physic. Rev. **79**, 190 (1950); **82**, 724 (1951).
[2] v. d. Ziel, A., J. appl. Physics **24**, 223 (1953).
[3] Cristescu, G. u. Grigorovici, R., Naturwissenschaften **29**, 571 (1941).
[4] Cobine, J. D. u. Wilbur, D. A., J. appl. Physics **22**, 835 (1951).

Postluminescences provoquées par des ondes de choc lors de décharges condensées dans les gaz

par M. CLOUPEAU, Paris

De nombreuses recherches ont été effectuées sur les «lampes flash», non seulement en raison de leur intérêt comme sources d'impulsions lumineuses très brèves, mais aussi parce que la décharge dans un tube à gaz d'un condensateur chargé sous haute tension, permet d'obtenir en laboratoire des gaz fortement ionisés, comme on en observe dans les étoiles.

On a étudié en particulier l'influence des paramètres électriques sur l'intensité des raies et du fond continu observés dans le spectre de la lumière émise, et plusieurs théories ont été élaborées pour expliquer l'origine de ce continu.

On a d'autre part évalué les densités ioniques et la température du gaz par diverses méthodes, notamment en étudiant l'élargissement des raies de l'hydrogène par effet STARK. Etant donné les variations des conditions électriques (courant et tension) au cours de la décharge, ces mesures spectroscopiques ne sont utilisables pour l'interprétation théorique que si elles donnent la répartition de l'énergie dans le spectre aux différents instants de la décharge, concuremment avec les valeurs instantanées des paramètres électriques. Les mesures d'intensité lumineuse instantanée sont en général effectuées en utilisant un monochromateur et une cellule photoélectrique de manière à obtenir sur l'écran d'un tube cathodique la courbe $E_{\lambda,\lambda+d\lambda}(t)$ représentant en fonction du temps l'intensité de la lumière émise dans une étroite bande du spectre.

Toutefois cette méthode est incommode du fait qu'elle nécessite d'établir ces courbes pour un très grand nombre de longueurs d'onde si l'on veut obtenir l'évolution de tout le spectre au cours d'une décharge.

Aussi la méthode du miroir tournant est-elle préférable car elle permet d'enregistrer tout le spectre en fonction du temps sur une même plaque photographique. Dans cette méthode (fig. 1) on forme par exemple l'image d'un point du tube à décharge sur la fente d'entrée F du spectrographe au moyen d'un miroir tournant concave de sorte que la fente est balayée, au cours de l'éclair, dans le sens de sa hauteur, par cette image d'un élément du tube. Ce procédé a été utilisé par différents auteurs pour l'étude de décharges suffisamment intenses, pour qu'un seul éclair permette d'impressionner la plaque photographique.

Pour des décharges peu intenses, il est nécessaire de pouvoir superposer un grand nombre d'éclairs, ce qui exige que le début des émissions lumineuses successives se produise toujours au même point de la fente d'entrée du spectrographe. Le problème de la synchronisation rigoureuse des éclairs avec la position du miroir tournant est compliqué par le fait qu'il existe un retard variable entre le moment où l'on envoie sur le tube flash une impulsion de déclenchement, et le moment où le tube s'allume.

Nous avons résolu ce problème en utilisant le montage suivant: (fig. 1).

Le tube à décharge T est monté en série avec un thyratron Th shunté par une grande résistance R, de sorte que le tube fonctionne de façon permanente en régime luminescent. L'impulsion de déclenchement envoyée sur la grille du Thyratron est donnée par une cellule photoélectrique qui n'est éclairée par une lampe à incandescence L que pour une position bien déterminée du miroir tournant M. Lorsque le Thyratron est débloqué par cette impulsion, le condensateur se décharge sans retard appréciable dans le tube T, du fait que le gaz y est déjà ionisé par la décharge luminescente. Nous avons pu ainsi obtenir une bonne synchronisation des décharges: les fluctuations sont très inférieures à 10^{-6} secondes.

Dans les premiers spectres que nous avons obtenus par cette méthode, nous avons constaté que pour des décharges électriques non oscillantes il peut exister une série de maxima d'intensité lumineuse dont certains surviennent d'ailleurs après la fin de la décharge électrique (photo 1). La position dans le temps de ces maxima d'intensité lumineuse étant la même pour toutes les longueurs d'onde, nous avons étudié ce phénomène en plaçant une plaque photographique à la place de la fente d'entrée du spectrographe (fig. 2) de manière à obtenir l'évolution dans le temps de l'émission «globale» sur toute la largeur d'une section du tube à décharge.

Nous avons alors obtenu la photo 2 qui peut s'interpréter de la façon suivante: l'expansion initiale du canal de la décharge produit une onde de choc qui se réfléchit sur les parois du tube, revient vers le centre d'où elle repart à nouveau sur les parois et ainsi de suite: l'intensité lumineuse au centre du tube présente ainsi une série de maxima. Cet enregistrement correspond à la décharge d'un condensateur de 0,3 μF chargé sous 4000 volts, dans un tube de 4,8 mm. de diamètre rempli de Xénon à une pression de 10 mm. de Hg. La photographie 2' correspond à une décharge de plus grande énergie dans un tube analogue. On voit en particulier que l'onde de choc précède le front d'expansion du gaz ionisé et d'autre part que l'intensité du maximum observée au centre du tube $\sim$ 2,8 μs après le début de l'éclair correspond au premier retour de l'onde de choc vers le centre; elle serait beaucoup moins élevée dans le cas d'un tube de grand diamètre car le retour de l'onde de choc surviendrait longtemps après la fin de la décharge électrique.

Plusieurs auteurs ont étudié les phénomènes accompagnant les ondes de choc provoquées par les décharges condensées dans les gaz. Il semble toutefois qu'on n'ait pas tenu compte de l'existence de ces ondes de choc dans l'étude spectrographique des décharges et nous voudrions montrer à quel point l'évolution dans

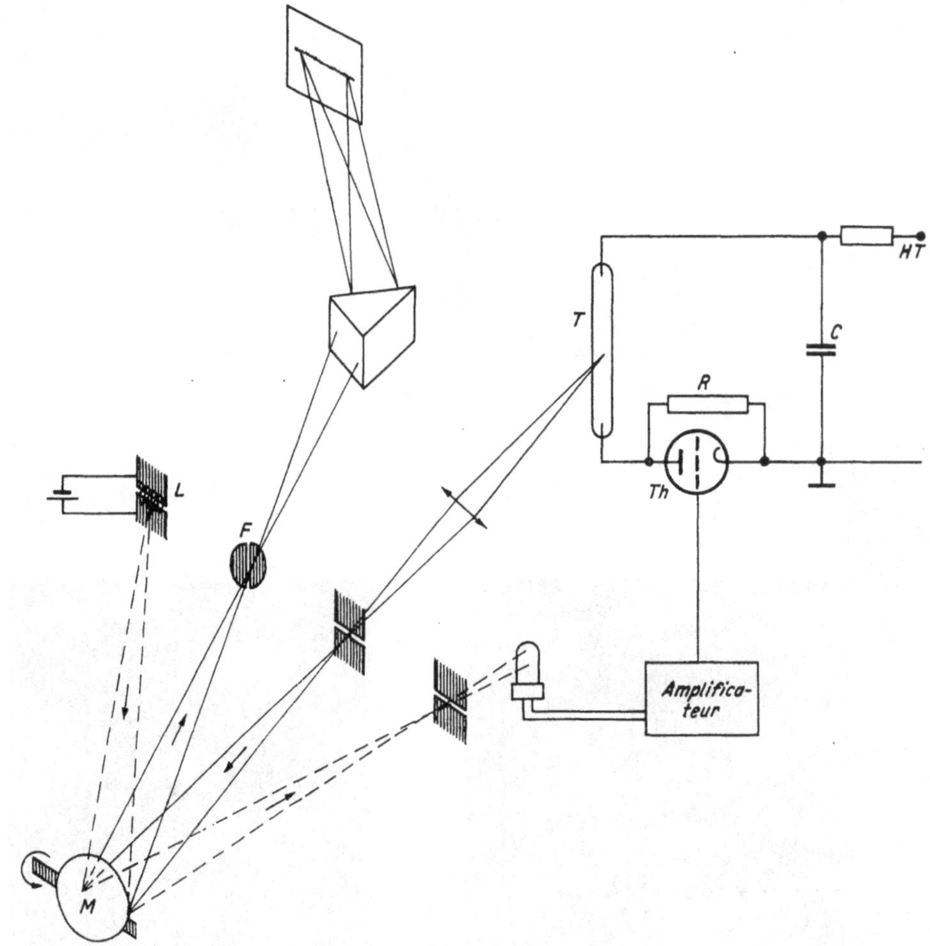
HT
C
T
R
Th
L
F
Amplifica-
teur
M

Fig. 1

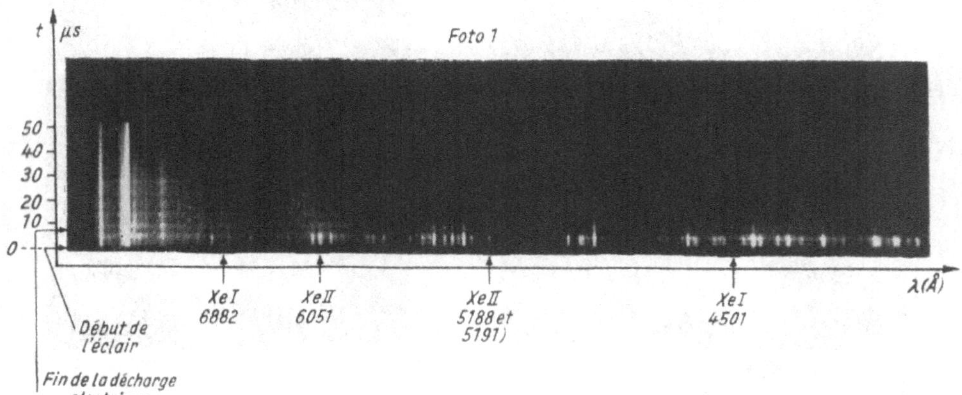
t
μs
Foto 1
50
40
30
20
10
0
λ(Å)
XeI
6882
XeII
6051
XeII
5188 et
5191)
XeI
4501
Début de
l'éclair
Fin de la décharge
electrique

Foto 1

Tafel 7

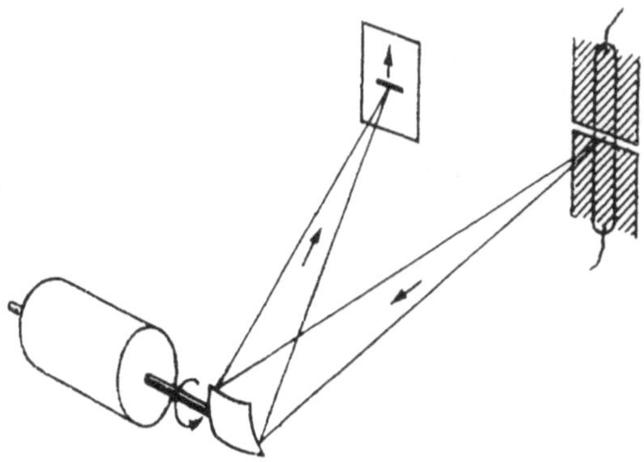

Fig. 2

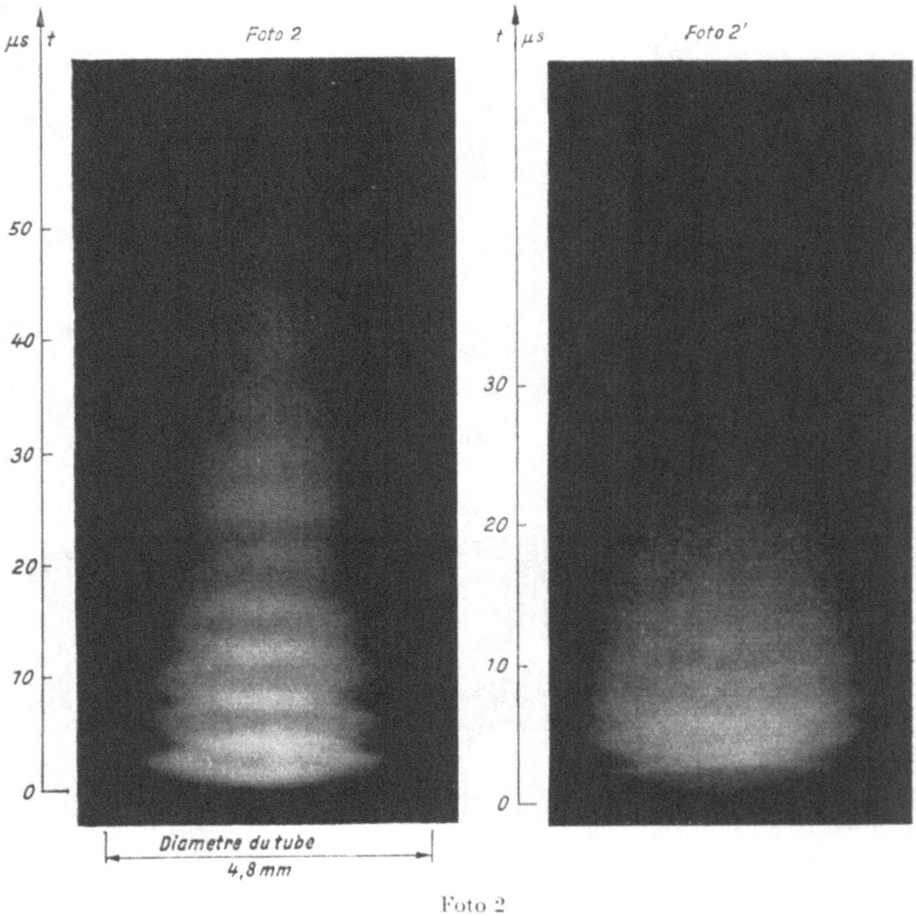

Foto 2

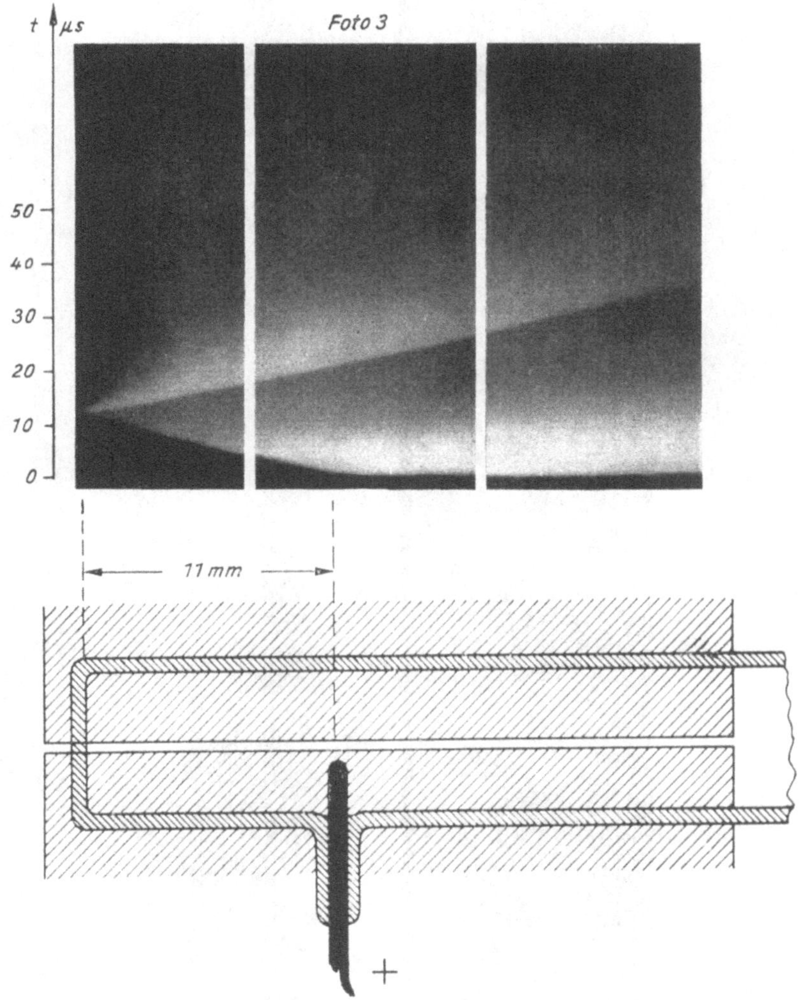

Fig. 3

Tafel 9

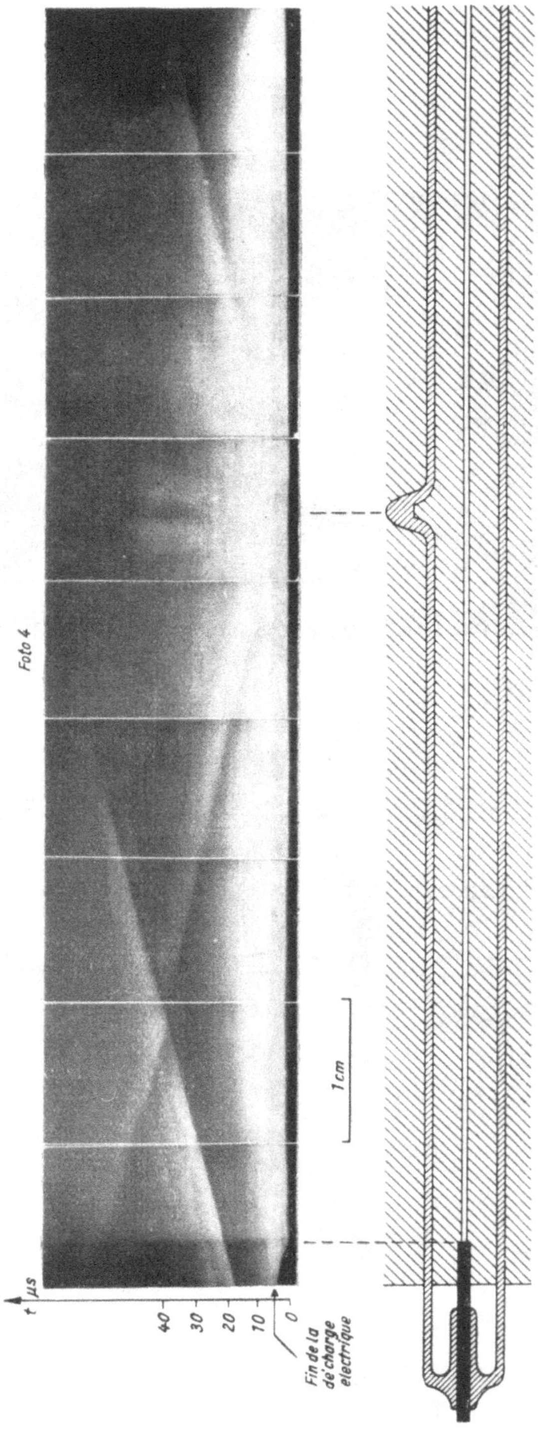

Fig. 4

le temps des phénomènes lumineux peut être influencée par les formes géométriques données au tube à décharge:

On remarque en effet sur les photos 2 et 2' que vers la fin de la série des maxima provenant des réflexions successives sur les parois du tube de l'onde de choc cylindrique initiée par la décharge, il existe encore dans la postluminescence un ou plusieurs maxima de l'intensité lumineuse qui ne peuvent pas s'expliquer par les ondes transversales. Ces maxima correspondent aux passages des ondes de choc réfléchies aux extrémités du tube et qui se propagent longitudinalement d'une électrode à l'autre.

La photo 3 montre la propagation d'une telle onde de choc près de l'anode d'un tube droit (fig. 3) à électrodes latérales.

Enfin la photo 4 montre l'évolution de l'intensité lumineuse le long d'un tube cylindrique au voisinage de son axe (fig. 4): il apparait que la simple existence du tube latéral fermé ayant servi au remplissage, provoque une onde de choc qui se propage vers les électrodes, de part et d'autre du queusot. La photo 4 correspond à un tube droit dont les caractéristiques sont les suivantes:

— Distance entre électrodes: 100 mm.
— Diamètre intérieur: 4,8 mm.
— Gaz de remplissage: Xénon sous une pression de 10 mm. de Hg.
— Paramètres électriques: Condensateur de $2 \mu F$ chargé sous 3000 volts.
Résistance de 0,55 ohms en série avec le tube, de manière à rendre la décharge électrique apériodique.

En conclusion, ces expériences montrent qu'il n'est pas possible de négliger les phénomènes dus aux ondes de choc lorsqu'on étudie les décharges dans les gaz. Les résultats concernant les valeurs instantanées de l'émission lumineuse, de la densité ionique, de la température etc., doivent préciser à quelle partie du tube à décharge elles se rapportent: par exemple lorsque on étudie l'évolution du spectre au cours de l'éclair, par la méthode oscillographique, on place souvent le tube devant la fente d'entrée du spectrographe; un volume important du tube à décharge participe alors à l'éclairement de la cellule photoélectrique et l'on obtient seulement une valeur moyenne de l'émission lumineuse de tous les éléments de ce volume qui est loin de constituer un milieu homogène.

Bien que les photographies présentées se rapportent à des tubes à deux électrodes et remplies de Xénon, on peut tirer des conclusions assez générales des résultats obtenus: il semble en particulier qu'ils peuvent expliquer, au moins en partie, le maximum d'intensité observé par divers auteurs dans la post-luminescence de divers gaz excités — soit par des impulsions haute-fréquence dans des tubes sans électrode, — soit par décharge d'un condensateur comme dans nos expériences:

On a notamment cherché à expliquer ce maximum par la variation des coefficients de recombinaison avec la vitesse des électrons dans le gaz; il est possible qu'il soit du simplement au passage d'une onde de choc, qui a pour effet:

— d'une part d'exciter le gaz.
— d'autre part d'augmenter localement la densité du gaz postluminescent et par conséquent sa brillance.

Zusammenfassung

Nachleuchten, hervorgerufen durch Stoßwellen in kondensierten Gasentladungen

von M. CLOUPEAU

Es wurden Impulsentladungen (0,3 μF und 4000 V; 2 μF und 3000 V) in geraden Entladungsrohren von 4,8 mm Durchmesser bei einem Elektrodenabstand von 10 cm und 10 torr Xenon-Füllung untersucht. Der elektrische Kreis wurde so bemessen, daß die Entladung aperiodisch verlief. Mit Hilfe einer phasensynchronisierten Drehspiegelanordnung vor einem Spektrographen wurden zeitlich aufgelöste Spektrogramme aufgenommen. Es zeigte sich, daß nach dem Abklingen der Entladung ein periodisch zu- und abnehmendes Nachleuchten auftritt. Dieses Nachleuchten wurde Stoßwellen zugeschrieben, die dann auch photographisch nachgewiesen werden konnten. Es wird darauf hingewiesen, daß man bei Untersuchungen an elektrischen Impuls-Gasentladungen unbedingt die durch Stoßwellen hervorgerufenen Effekte berücksichtigen muß.

Über die Plasmatron-Ionenquellen und einige ihrer Anwendungen

von M. von Ardenne, Dresden, Weißer Hirsch

Die Probleme des Plasmas gewinnen in der Kernphysik eine ständig wachsende Bedeutung; einerseits durch die in verschiedenen Staaten erfolgenden großen Bemühungen um die Erschließung der Energiegewinnung aus der geregelten Vereinigung leichter Kerne (Kernfusion) und andererseits durch zunehmende Verbreitung der Plasma-Ionenquellen in der physikalischen Forschung und Technik. Hier soll über Arbeiten auf dem an zweiter Stelle genannten Gebiet berichtet werden. Das Eingehen auf Plasma-Ionenquellen im Rahmen dieser Arbeitstagung ist auch deswegen gerechtfertigt, weil die Plasma-Ionenquellen für sehr hohen Strahlstrom und hohen Nutzeffekt in späterer Zukunft vielleicht auch für das an erster Stelle genannte Gebiet, das heißt für die Kernfusions-Versuche, Bedeutung erlangen können.

In einem Buche des Verfassers [1] wurde vor kurzem eine Zusammenstellung der verschiedenen Plasma-Ionenquellen der Literatur sowie ihrer charakteristischen Daten gegeben. Um Wiederholungen zu vermeiden, soll daher heute nur auf die 1948 vom Verfasser angegebenen und in der Sowjetunion entwickelten, sowie dann nach der Rückkehr weiter vervollkommneten *Unoplasmatron- und Duoplasmatron-Ionenquellen* eingegangen werden, da diese sich durch einige wichtige Eigenschaften von anderen Plasma-Ionenquellen unterscheiden.

I. Das Plasma als Quelle positiver Ionen

Durch die wechselseitige Kompensation der positiven und negativen Raumladungen ist bekanntlich im Plasma eine sehr hohe Ladungsträgerdichte erzielbar. Das Plasma wird dann zum idealen Lieferanten für Ionenströme großer Stromstärke und großer Stromdichte, wenn mit Hilfe geeigneter Gasentladungsanordnungen die hohe Ladungsträgerdichte bereits bei geringer Neutralteilchendichte erzielt wird, wenn also gleichzeitig ein sehr hoher Ionisierungsgrad im Plasmaraum vorliegt. Erst dieser hohe Ionisierungsgrad sichert einen guten Nutzeffekt der Ionenquelle und gewährleistet bei Gasionenquellen eine möglichst geringe unproduktive Belastung der Strahlraum-Vakuumpumpen.

Die an der Plasmagrenzschicht gegebene Emissionsstromdichte positiver Ionen läßt sich wie bekannt[1]) nach folgender Gleichung abschätzen:

$$j_i = n_i \cdot e \cdot \sqrt{\frac{k\,T_e}{m_i}} = 1{,}45 \cdot 10^{-15}\, n_{i\,[\mathrm{cm}^{-3}]} \sqrt{\frac{T_e\,[^\circ\mathrm{K}]}{M_i}}\ [A \cdot \mathrm{cm}^{-2}] \qquad (1)$$

$n_i \approx n_e$ = Ladungsträgerdichte im Plasma an der Grenzschicht,
e = $1{,}602 \cdot 10^{-19}$ C = Elementarladung,
k = $1{,}38 \cdot 10^{-16}$ erg. grad^{-1} = BOLTZMANN-Konstante,
T_e = Temperatur der Plasmaelektronen,
m_i = Ionenmasse,
M_i = Massenwert der Plasmaionen.

Wenn in einem Plasma als Folge starker innerer Potentialgradienten die Elektronenströmung überwiegend gerichtet erfolgt, wie bei dem Plasma der unten besprochenen Duoplasmatron-Ionenquelle, so geht der physikalische Sinn des Begriffes der Elektronentemperatur T_e der Plasmaelektronen verloren, und es kann die Stromdichte nicht mehr nach der vorausgehenden Gleichung (1) abgeschätzt werden. Auch und sogar besonders in solchen Fällen baut sich aus der Energie der Elektronen an der Plasmagrenzschicht ein Potentialgefälle auf, dessen Größe $\Delta U \approx$ Potentialgefälle des negativen Anodenfalles U_{An} ist. Es besteht an der Plasmagrenzschicht nach unveröffentlichten Untersuchungen von H. FRÖHLICH dann die durch das Potentialgefälle $\Delta U \approx U_{\mathrm{An}}$ gerichtete Ionenstromdichte j_i der folgenden Gleichung:

$$j_i = n_i \cdot e \cdot v_i \approx 2{,}2 \cdot 10^{-13}\, n_{i\,[\mathrm{cm}^{-3}]} \cdot \sqrt{\frac{U_{\mathrm{An}}\,[\mathrm{V}]}{M_i}}\ [A \cdot \mathrm{cm}^{-2}] \qquad (2)$$

$$v_i = 1{,}38 \cdot 10^6 \sqrt{\frac{U_{\mathrm{An}}\,[\mathrm{V}]}{M_i}}\ [\mathrm{cm} \cdot \mathrm{s}^{-1}]$$ = Geschwindigkeit der durch den negativen Anodenfall beschleunigten Ionen.

Vorstehende Gleichung erlaubt die Abschätzung der Ladungsträgerdichte $n_i \approx n_e$ in Plasmen mit überwiegend gerichteter Elektronenströmung, wenn man aus Messungen des Plasmapotentials durch Aufnahme von Sondencharakteristiken die absolute Größe U_{An} des negativen Anodenfalles bestimmt und aus Messungen der Ionenemission einer Öffnung bekannter Fläche die gerichtete Ionenstromdichte ermittelt. Das Ergebnis solcher Messungen am Entladungsplasma der beiden Plasmatron-Ionenquellen wird weiter unten referiert werden.

Für die Herbeiführung des guten Nutzeffektes einer Plasma-Ionenquelle ist nicht nur eine hohe Stromdichte, sondern auch eine hohe Energie der ionisierenden Elektronen notwendig. Es kann sich dann ein gegenüber dem Neutralgasdruck hoher Elektronen-Partialdruck und damit eine starke Neutralgasverdrängung im Plasmaraum ergeben und als Folge hiervon wieder ein guter Nutzeffekt der Quelle. — In einem Plasma mit überwiegend gerichteter Elektronen-

---

[1]) Siehe z. B. in [2].

strömung lassen sich mit Hilfe magnetischer Erhöhung der Elektronenstromdichte und hoher Energie der ionisierenden Elektronen (Größenordnung 50 Volt), wie wir unten sehen werden, sogar Ionisierungsgrade bis nahe an 100% bei H_2-Neutralgasdrucken außerhalb des Plasmaraumes von wenigen 10^{-2} Torr realisieren.

Das dichte Plasma als Quelle positiver Ionen hat den weiteren Vorzug, daß die Streuung der Ionenanfangsgeschwindigkeiten relativ niedrig bleibt. Die Voltgeschwindigkeitsstreuung von Ionen durch die Plasma-Übergangsschicht berechnet sich nach folgender Gleichung[1]):

$$\Delta U_i \approx \frac{1}{2} \cdot \frac{k T_e}{e} = \frac{\overline{U_e}}{3} 4{,}3 \cdot 10^{-5}\, T_{e[^\circ \mathrm{K}]} \quad [\mathrm{V}]. \tag{3}$$

$\overline{U_e}$ = Mittlere thermische Voltgeschwindigkeit von Plasmaelektronen der Temperatur T_e.

Bei einem Plasma mit überwiegend gerichteter Elektronenströmung erreicht die Voltgeschwindigkeitsstreuung nicht ganz die Größe des negativen Anodenfalles und läßt sich nach folgender Beziehung abschätzen.

$$\Delta U_i \approx \tfrac{2}{3}\, U_{\mathrm{An}[\mathrm{V}]} \quad [\mathrm{V}]. \tag{4}$$

Für das Plasma als Ionenquelle, aber auch für viele Bereiche der Plasmaphysik ist eine möglichst gründliche Kenntnis der Stärke (evtl. auch der Richtung) von Ionenplasmaschwingungen (bzw. Elektronenplasmaschwingungen) an den verschiedenen Orten des vom Plasma erfüllten Raumes wünschenswert. Lehrt doch die neuere Plasmaforschung, daß der Plasmaschwingungszustand von entscheidendem Einfluß auf die Größe der Relaxationsstrecke eingeschossener Elektronen, auf die Plasmabilanz, auf die Elektronendrift in Magnetfeldern und sogar auf die Stromdichte und Geschwindigkeitsstreuung abgesaugter Ionenströme ist.

Von besonderer praktischer Bedeutung ist der Plasmaschwingungszustand für den Grad der automatischen Raumladungskompensation in aus dem Plasma abgesaugten Ionenstrahlen, das heißt z. B. für die Größe des am Auffänger magnetischer Iosotopentrenner fokussierbaren Ionenstromes[2]).

Man hat versucht, den Plasmaschwingungszustand durch isolierte Messung der Schwankungsamplitude im Sondenstrom („hash“-Amplitude) zu charakterisieren[3]).

Ein anderer Weg, der den Vorzug hat, den Plasmaschwingungszustand im direkten Zusammenhang mit der Sondencharakteristik zu kennzeichnen, besteht darin, die Sondencharakteristik und ihre Feinstruktur mit einem Präzisions-Elektronenstrahl-Oszillographen [3] aufzunehmen. Abb. 1 zeigt das Ergebnis einer solchen Messung mit dem Präzisions-Elektronenstrahl-Oszillographen.

---

1) [2], S. 82.
2) [1], S. 529.
3) [2], Kapitel 9.

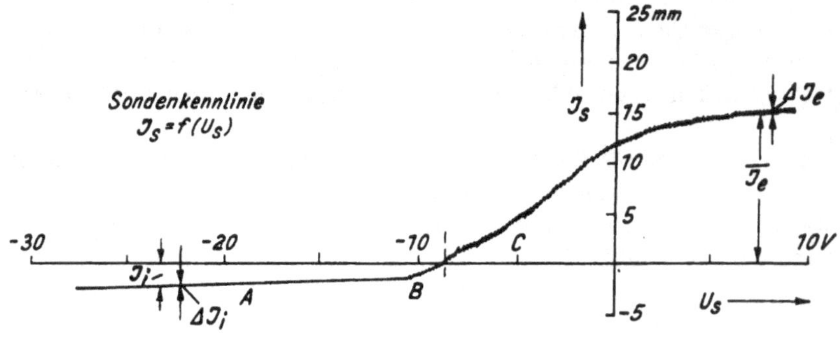

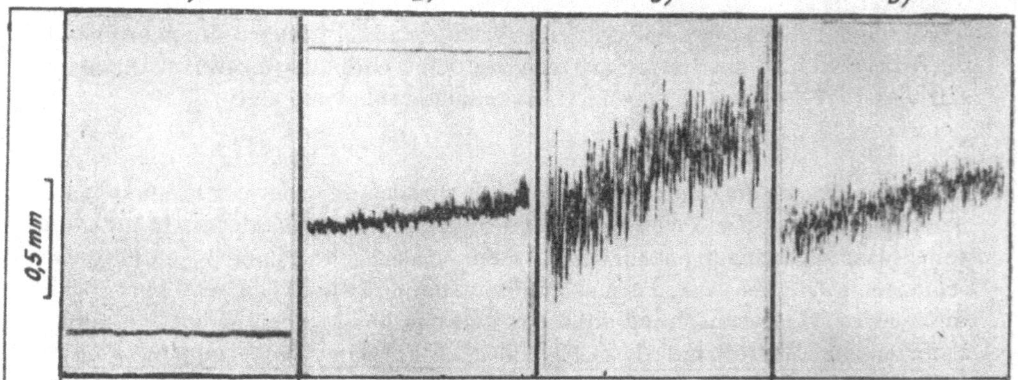

	A)	B)	C)	D)
	Ionen-Sättigungsstrom	Übergangsgebiet mit Modulationsgraden bis zu 1, bedingt durch Schwankungen von Te im Rhythmus der Plasmaschwingungen		Elektronen-Sättigungsstrom
ΔJ_s	0,026	0,05 ÷ 0,10	0,75	0,21
$\overline{J_s}$	2	0,75 0,58	4,0	14
M	0,013	0,068 0,17	0,19	0,015

Abb. 1. Mit Hilfe des Präzisions-Elektronenstrahl-Oszillographen aufgenommene Sondenkennlinie einer Gasentladung und mikrophotographische Ausschnitte mit der durch Plasmaschwingungen bedingten Feinstruktur.

Dank des Oszillographen-Schreibfleckes von nur etwa 3 μ wird sowohl im Elektronen- als auch im Ionenast der Sondenkennlinie die Größe des Bereiches der Sättigungsstromdichteschwankungen Δj_i infolge von Plasmaschwingungen sichtbar und meßbar. Indem man diesen Schwankungsbereich in Verhältnis setzt zum Mittelwert j_i der Sättigungsstromdichte, läßt sich ein Modulationsgrad M definieren[1]), der für praktische Zwecke meist ein hinreichend genaues Maß für den Plasmaschwingungszustand darstellt.

$$M = \frac{\Delta j_i}{\bar{j}_i}. \tag{5}$$

Tabelle 1

Durch Plasmaschwingungen bedingter Modulationsgrad des abgesaugten Ionenstromes bei einigen typischen Entladungsformen.

Richtwert für M bei einigen typischen Entladungsformen

Entladungstyp	Penning (H = 1000 Oer)	Niedervolt ohne Magnetfeld	Hochvolt mit axialem Magnetfeld (H = 4000 Oer)		
Kathodenart	Kaltkathode	Glühkathode	Unterheizte Glühkathode		
Gasart	Hg	Hg	Hg		
p	$2 \cdot 10^{-3}$	$2 \cdot 10^{-3}$	$2 \cdot 10^{-3}$		Torr
I_A	0,1	1	0,2		A
U_A	1700	6	300		V
M	$\approx 0{,}4$	$\approx 0{,}02$	$\approx 0{,}008$		

Δj_i = Bereich der Schwankung der Ionenabsaugstromdichte infolge von Plasmaschwingungen,
$\bar{j}_i$ = Mittelwert der Ionenabsaugstromdichte,
p = Gasdruck,
I_A = Entladungsstrom, U_A = Entladungsspannung } Regie ohne Anfachung plasma-akustischer Schwingungen (evtl. Abdämpfung!). Kontrolle durch I_A-Oszillogramm.

Das Ergebnis solcher Messungen und die aus ihnen abgeleiteten Richtwerte für einen Modulationsgrad M bei einigen typischen Entladungsformen bringt Tab. 1. Diese Untersuchungen zeigen, daß der Modulationsgrad je nach Art der Entladung zwischen einem Wert von $M \approx 0{,}4$ bei einer PENNING-Entladung und $\approx 0{,}008$ bei einer Hochvoltentladung schwanken kann. Besonders kleine Modulationsgrade wurden bei Entladungsformen mit Glühkathode beobachtet, wo hohe Elektronengeschwindigkeiten entweder durch leichte Unterheizung der metallischen Glühkathode (künstliche Heraufsetzung des Kathodenfalles auf einige 100 Volt) oder durch künstlich bewirkte hohe Potentialgradienten im

[1]) Im Grenzfall kann der so definierte Modulationsgrad den Wert 2 annehemen. Diese Definition wurde im Hinblick auf die Verhältnisse bei der Raumladungskompensation im abgesaugten Ionenstrahl gewählt.

Plasma (Potentialsprünge an Doppelschichten bzw. Potentialanstiege an Kapillaren) herbeigeführt wurden. Wir sehen also, daß der Modulationsgrad mindestens im Verhältnis 1:50 bei verschiedenen Entladungsformen schwanken kann. Es ist daher leicht einzusehen, daß dieser weitere Plasma-Parameter besonders bei der Verwendung des Plasmas als Ionenquelle große Aufmerksamkeit verdient.

Fassen wir die bisherigen Betrachtungen über das Plasma als Quelle positiver Ionen zusammen, so zeigt sich, daß relativ hohe Energien der ionisierenden Elektronen vorteilhaft sind für die erzielbare Ionenemissionsstromdichte [Gleichung (1) bzw. (2)], für den erzielbaren Nutzeffekt und für die Kleinhaltung von Plasmaschwingungen, d. h. für den Grad der automatischen Raumladungskompensation in abgesaugten Ionenstrahlen. Nachteilig sind die hohen Elektronenenergien nur insofern, als sie den Bereich der Voltgeschwindigkeitsstreuung abgesaugter Ionen vergrößern [Gleichung (3) bzw. (4)]. Doch bleibt praktisch diese Streuung auch bei den weiter unten besprochenen Extremfällen bei Werten um $\Delta U_i = 1{,}3$ bzw. 6 Volt, d. h. die Voltgeschwindigkeitsstreuung bleibt so niedrig, daß sie für die meisten Anwendungen ohne Nachteile in Kauf genommen werden kann. Diese Streuung ist sogar kleiner als die Streuung bei sehr vielen Ionenquellenarten der Literatur. In den folgenden beiden Abschnitten wird auf zwei Typen von Ionenquellen eingegangen, bei denen mit relativ hohen Energien der ionisierenden Elektronen gearbeitet wird und deren Systemgestaltung im Einklang mit den vorstehenden grundsätzlichen Überlegungen erfolgte.

Zuvor sei jedoch zum besseren physikalischen Verständnis der bei diesen Quellen gewählten Systemformen auf einige Besonderheiten hingewiesen, die den Plasma-Ionenstrahler von dem bekannten Elektronenstrahler mit thermischer Kathode unterscheiden. Diese Unterschiede zwingen bei der Systemgestaltung zu speziellen Maßnahmen:

1. Während bei der thermischen Emission von Elektronen oder Ionen die Form der Emissionsfläche festliegt, bzw. durch Wahl der Geometrie des Emitters ionenoptisch günstig bestimmt werden kann, ist das beim Plasma als Quelle von Ionen nicht der Fall. Die Form der Emissionsfläche regelt sich hier nach dem Gleichgewicht zwischen Ionenstromdichte an der Grenzschicht des Plasmas und der Raumladungsstromdichte der Absaugstrecke[1]). Theoretisch einfach zu übersehen ist der Fall, wo in der Fläche der Emissionsöffnung die Raumladungsstromdichte der Absaugung gerade gleich der Ionenstromdichte an der Plasmagrenzschicht wird. Dann liegt die wirksame Emissionsfläche als ebene Fläche in der Emissionsöffnung. Praktisch wird häufig mit einer solchen Regie gearbeitet.

2. Eine Art WEHNELT-Zylinder zur Richtung des abgesaugten Ionenstrahles ist beim Plasma als Quelle der Ionen kaum anwendbar, weil bei einer gegenüber dem Plasma positiven WEHNELT-Elektrode ein starker Elektronenzustrom zu

---

[1]) [1], Bd. II, S. 843.
Zur Absaugung von positiven Ionen aus einem Plasma siehe auch [4], [5].

dieser Elektrode aus dem Plasma stattfindet, welcher die Plasmadaten ungünstig beeinflussen würde. Wünscht man daher eine Cross over-Bildung auf der Ionenabsaugstrecke, so wird es notwendig, das sammelnde Potentialfeld durch eine Zweipol-Absaugoptik[1]) nach Art des in Abb. 2 abgebildeten Systems herzustellen.

3. Die aus dem Plasma abgesaugten Ionenstrahlen ergeben eine um viele Größenordnungen stärkere Ionisation des Restgases als durch gleiche Potentiale beschleunigte Elektronen. Diese stärkere Restgasionisation hat die günstige Folge, daß fast stets genügend langsame Elektronen zur Kompensation der

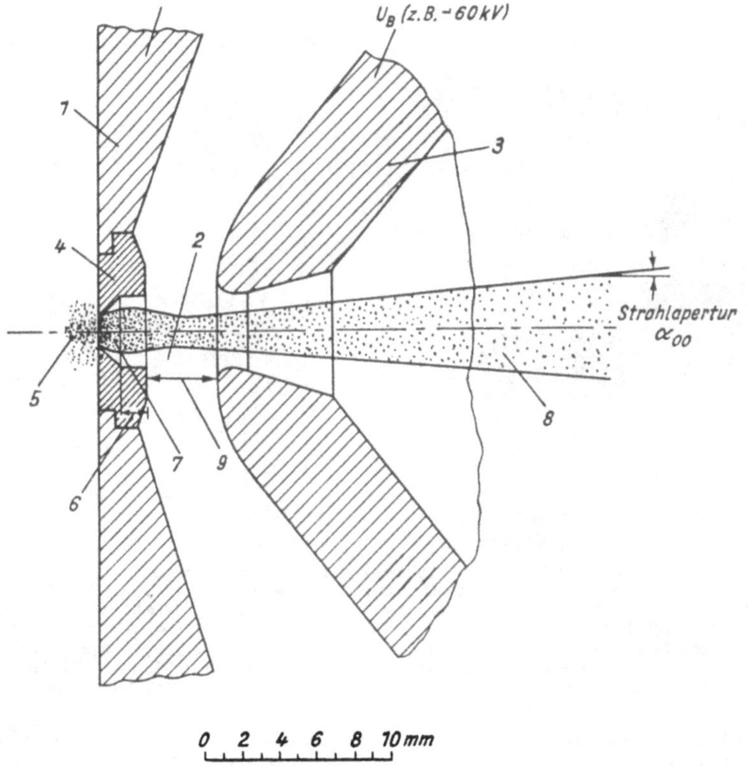

Abb. 2. Plasma-Strahlrichtoptik mit Cross over-Bildung im Beschleunigungsraum und sehr hohem Potentialgradienten auf der Ionenabsaugstrecke.

1 – Wassergekühlte Elektrode; *2* – Sichtbarer Cross over (Radius r_{00}); *3* – Abgerundete polierte Nickelelektrode mit selbsttätiger Oberflächenreinigung durch vom Ionenstrahl erzeugte schnelle Sekundärteilchen (Metallzerstäubung). Öffnung $D_2 = 4$ mm; *4* – Gekühlter W-Einsatz mit Emissionsöffnung ($D_{em} = 1{,}2$ mm); *5* – Dichtes Plasma mit schwach konvexer wirksamer Emissionsfläche (z. B. Plasma eines Duoplasmatrons); *6* – Dieses Maß wird zum Teil kleiner gewählt als hier gezeichnet; *7* – In diesem Raum stark sammelndes elektrostatisches Feld (und abklingendes axiales Magnetfeld beim Duoplasmatron); *8* – Ionenstrahl (z. B. H_1^+, 100 + 150 mA); *9* – Kleinster Beschleunigungselektroden-Abstand 4 mm. Die wirksame Länge der Beschleunigungsstrecke auf der Achse bleibt trotz der großen Öffnung D_2 infolge der kanalartigen Ausführung dieser Öffnung mit $d_{1,2} \approx 6{,}5$ mm relativ klein.

[1]) [1], Bd. II, S. 845.

positiven Strahlraumladungen im Strahlraum zur Verfügung stehen. Sie bedingt aber folgende Nachteile, die durch entsprechende Maßnahmen bekämpft werden müssen:

Die überschüssigen, aus dem Restgas gebildeten Elektronen verursachen im Ionenabsaug- und Fokussiersystem parasitäre Ströme, die u. a. zu kritischen Erhitzungen (bis zur Anschmelzung wassergekühlter Wolframelektroden bei Ionenströmen um 100 mA und parasitären Elektronenströmen um z. B. 20 mA)

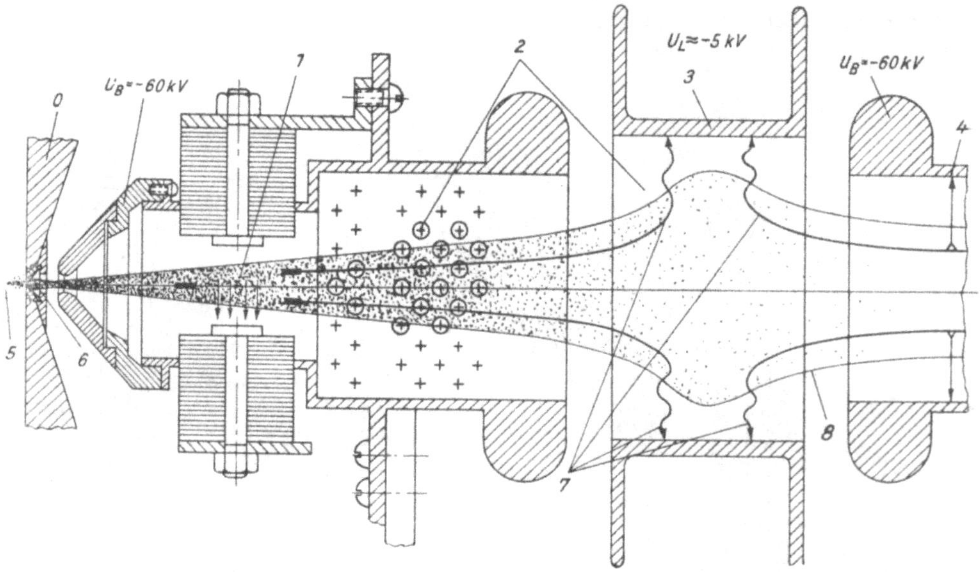

Abb. 3. Absaug- und Fokussiersystem der Plasmatron-Ionenquellen mit Ionenstrahl (und den auftretenden parasitären Elektronenströmen).

1 – Magnetfeld $H \approx 300$ Oer zur Minderung des Abflusses parasitärer Elektronenströme über die Absaugstrecke; *2* – Kleiner Restgasdruck $p \approx 10^{-5}$ Tor im ganzen Strahlraum; *3* – $U_L \approx -5$ kV gegen Strahl positive Mittelelektrode; *4* – $U_B = -60$ kV Vom Strahl abgeschlossene Restgasionen; *5* – Plasma; *6* – Auf den Wolframeinsatz auftreffende Anteile der parasitären Ströme negativer Ladungsträger bedingen: Erhitzung, harte Röntgenstrahlung, schwache Zerstäubung; *7* – Die vom Ionenstrahl (H_1^+, $J_B \approx 100 + 150$ mA!) am Restgas gebildeten parasitären Elektronen fließen überwiegend zur Mittelelektrode der Einzellinse ab: (Erhitzung, auf Rotglut. Starke Röntgenstrahlung. Kein kritisches Elektronenpendeln); *8* – Kontur des Ionenstrahles.

führen können[1]). Aus diesem Grunde wird bei dem in Abb. 3 dargestellten Absaug- und Fokussiersystem durch eine magnetische Sperre verhindert, daß wesentliche Stromanteile über die störungsempfindliche Ionenabsaugstrecke abfließen, und der Hauptfluß einer großflächigen, gut strahlungsgekühlten Elektrode (Mittelelektrode der elektrostatischen Einzellinse) zugeleitet.

Die parasitären Elektronenstrahlen erfahren bei dem hochgezüchteten System Abb. 3 eine Beschleunigung auf etwa 60 keV. Die entstehende kräftige Röntgenstrahlung mittlerer Härte erfordert entsprechend abgestimmte Strahlenschutzmaßnahmen.

---

[1]) [1], Bd. I, S. 524f.

Bei der intensiven Restgasionisation durch den Strahl erfolgt eine Kräckung der durch organische Dämpfe (Öldämpfe, Dichtungsmitteldämpfe) bedingten Restgasanteile[1]). Diese Dämpfe bestehen aus Molekülen mit Molekulargewichten zwischen 300 und 400, die durch den Stoß der schnellen Ionen in sehr viele Bruchstücke (mittlere Maße 12 bis 16, Zahl der Bruchstücke etwa 50) zerlegt werden. Die Gasentwicklung aus der Kräckung kann z. B. bei einem 50 keV-Protonenstrom von 100 mA, 70 cm Strahlweg und einem Öldampfpartialdruck von $1{,}5 \cdot 10^{-5}$ Torr einen Wert von 100 cm³ [760 Torr] · h^{-1} annehmen. Sie kann daher merklich größer sein als die durch den Protonenstrom selbst in den Strahlraumrezipienten gelangende Gasmenge. Auf diese Art der Gasentwicklung, die bei Elektronenstrahlern vernachlässigbar klein ist, muß bei Ionenstrahlern durch Wahl günstiger Pumpentypen (Ionen-Getter-Pumpen, Hg-Diffusions-Pumpen mit Maschinenkühlfallen) Rücksicht genommen werden. Weiterhin ist es ratsam, alle solche Maßnahmen anzuwenden, die auf bequeme Weise eine Absenkung des Partialdruckes organischer Dämpfe ergeben (Metalldichtungen usw.).

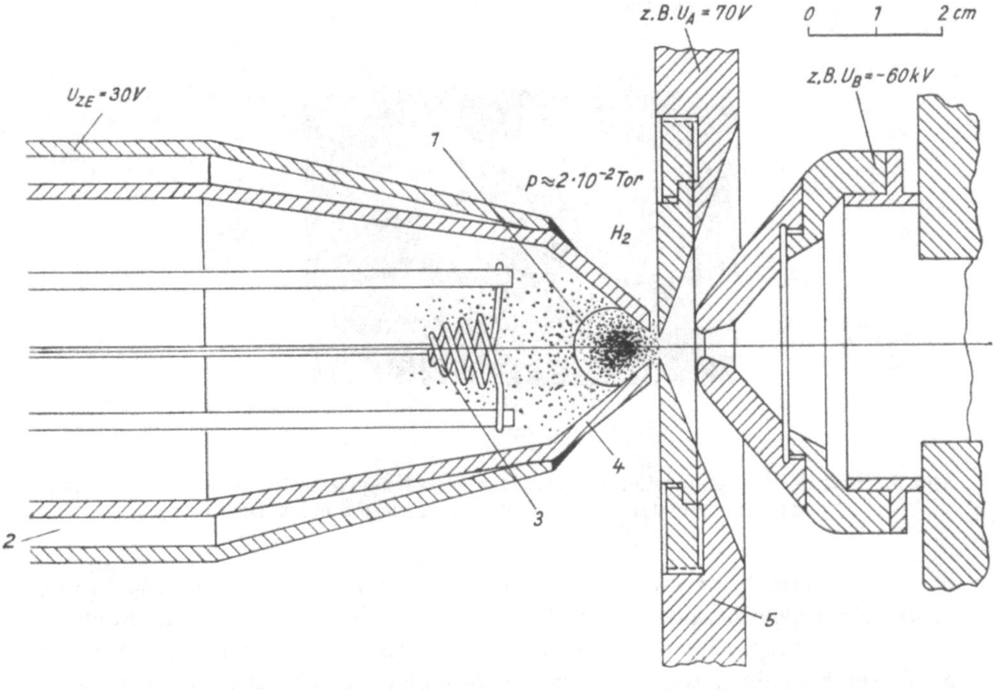

Abb. 4. System und Entladung der Unoplasmatron-Ionenquelle.

1 – Durch Einschnürung der Entladung entstehende Doppelschichtblase mit hoch verdichtetem, etwa auf Anodenpotential befindlichem Plasma; 2 – Kühlung; 3 – Bifilar-Drahtkathode (Wolfram ∅ 0,8 ÷ 1 mm); 4 – Zwischenelektrode zur Einschnürung der Entladung (Öffnung ∅ 5 mm); 5 – Anode, Emissionsöffnung D_{em} = 1 ÷ 2,5 mm.

---

[1]) [1], Bd. II, S. 681.

II. System und Plasmadaten der Unoplasmatron-Ionenquelle

Die Abb. 4 bringt den Schnitt durch das System der *Unoplasmatron-Ionenquelle* mit einfacher Entladungsverdichtung. Bei dieser Ionenquelle wird eine Niederdruck-Glühkathodengasentladung durch eine Zwischenelektrode mit Durchtrittsöffnung (Loch von 5 mm ∅ oder Spalt von 3 mm Breite) eingeschnürt. Die entstehende Entladungsform und die dabei auftretenden Phänomene sind an sich schon seit langem bekannt [6]. Dieser Entladungsform wurde damals besonderes Interesse im Rahmen der Entwicklung von Gasentladungs-Verstärkerröhren gewidmet. In dem System Abb. 4 wird der durch die Einschnürung bedingte Entladungsmechanismus dazu verwendet, um unmittelbar vor der Ionen-Emissionsöffnung einer Ionenquelle ein dichtes Plasma mit relativ hoher Elektronentemperatur zu erzeugen.

Zum besseren Verständnis wird in Abb. 5 ein Photo der eingeschnürten Gasentladung gebracht. Die Aufnahme wurde gewonnen an einem unter einer Glasglocke offen aufgebauten Versuchssystem. Wie das Bild erkennen läßt, greift

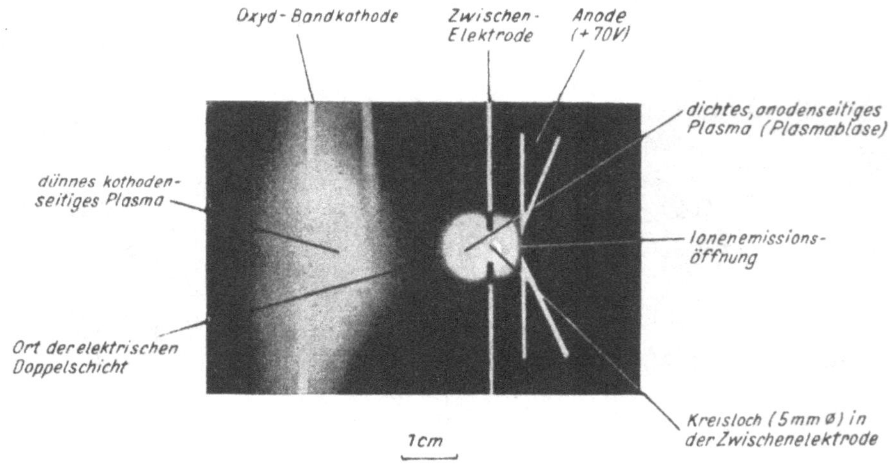

Abb. 5. Photo der eingeschnürten Gasentladung eines Unoplasmatron-Systemes mit dem an das Anodenpotential angeschlossenen Plasma hoher Dichte.

das höher verdichtete anodenseitige Plasma durch die Einschnürungsöffnung in der Zwischenelektrode hindurch in den kathodenseitigen Raum. Auch die weiter unten besprochene Untersuchung über den Verlauf des Plasmapotentials bei dieser Entladung zeigt, daß das in Blasenform leuchtende an das Anodenpotential angeschlossene Plasma durch eine elektrische Doppelschicht begrenzt ist. In dieser Doppelschicht, deren Potentialsprung mit zunehmender Einschnürung ansteigt, werden Elektronen des dünneren kathodenseitigen Plasmas beschleunigt und bei der in Abb. 4 gezeichneten Geometrie geradezu auf den Raum vor der Ionenemissionsöffnung fokussiert. Daher entsteht in diesem Raum fast automatisch ein besonders dichtes Plasma. Hierauf ist die hohe Ionenemissionsstromdichte und der gute Nutzeffekt dieser ohne Hilfsmagnetfeld arbeitenden Ionenquelle zurückzuführen.

Um den Mechanismus dieser wichtigen Entladungsform besser kennenzulernen, wurde eine eingehende *Analyse der Plasmadaten unter verschiedenen Entladungsbedingungen und Systemgeometrien* veranlaßt. Die betreffenden Sondenmessungen wurden von H. Fröhlich und R. Demirchanow 1953 in der Sowjetunion durchgeführt. Eines der Ergebnisse dieser Untersuchungen bringt Abb. 6. Wir sehen hier für die Standard-Geometrie der Unoplasmatron-Ionenquelle sowie für durchschnittliche Entladungsdaten den axialen Verlauf des Plasmapotentials U (oben), des Ionen-Sättigungsstromes zur Sonde (Mitte) und der Elektronentemperatur T_e.

Die Plasmapotentialmessung zeigt deutlich den Potentialsprung des Kathodenfalles, den Potentialanstieg am kathodenseitigen Plasma, den Potentialsprung am Ort der Doppelschichtblase, ferner den Potentialberg mit seiner Kuppe am Ort des Zentrums der Plasmablase und schließlich den negativen Anodenfall von etwa —2 V.

Die Messung des Ionen-Sättigungsstromes zur Sonde zeigt die geringe Dichte im Raum des kathodenseitigen Plasmas, die hohe Dichte in der Ebene der Ionenemissionsöffnung sowie das ausgeprägte Maximum im Zentrum der Blase.

Bei logarithmischer Auftragung der Sondenstrommessungen im Blaseninnern haben sich deutlich drei Gruppen von Elektronengeschwindigkeiten abgehoben:

1. eine Gruppe schneller, in der Doppelschicht beschleunigter Elektronen, ziemlich einheitlicher Geschwindigkeit;

2. eine Gruppe sekundärer und tertiärer Elektronen;

3. eine stark ausgeprägte Gruppe der auf Maxwellsche Geschwindigkeiten abgebremsten Plasmaelektronen.

Die Elektronentemperatur für diese 3. Gruppe von Elektronengeschwindigkeiten ist in Abb. 6 unten in ihrem axialen Verlauf aufgetragen. Wir erkennen, daß die Elektronentemperatur im Raum des kathodenseitigen Plasmas und in der Ebene der Ionenemissionsöffnung ungefähr 30000° K beträgt und im Blasenzentrum bis auf etwa 75000° K ansteigt.

Die *Emissionsdaten der Unoplasmatron-Ionenquelle* bei Speisung mit H_2-Gas sind in der dritten vertikalen Spalte der später gebrachten Tab. 2 angeführt und den entsprechenden Daten von bekannten Ionenquellen der Literatur gegenübergestellt.

Die hohe Protonen-Emissionsstromdichte von 1 A · cm^{-2} ist nur bei Absaugung mit hoher Absaugspannung und mit kleinem Absaugabstand ausnutzbar, da sonst die virtuelle Ionenemissionsfläche eine ungünstige konvexe Form annimmt. Diese bereits im Absatz I angedeuteten Zusammenhänge werden durch die in Abb. 4 mitgezeichnete Geometrie und Potentialwahl der Absaugelektrode berücksichtigt.

(Zugeordnete Entladungsdaten: Gaszufuhr $H_2 \cdot p = 3 \cdot 10^{-2}$ Torr. $I_A = 1$ A, $U_A = 60$ V)

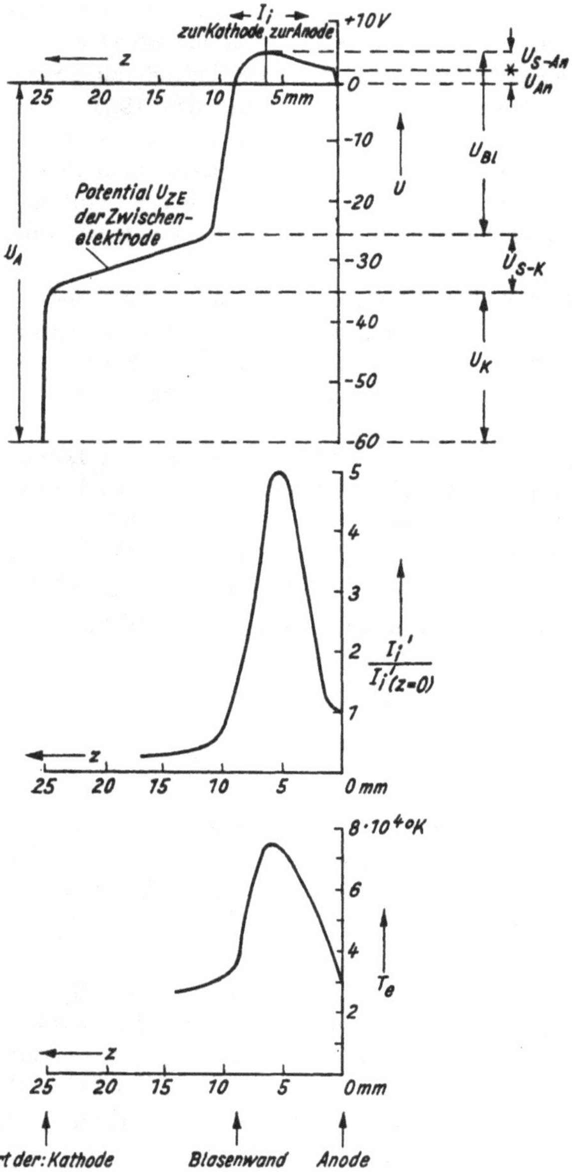

Plasmapotential U relativ zur Anode der Entladung als Funktion des axialen Abstandes z von der Anodenebene.

$U_{S \cdot An}$ = Fall an anodenseitiger Plasmasäule
U_{An} = Anodenfall
U_{BL} = Fall an der Blasendoppelschicht
$U_{S \cdot K}$ = Fall an kathodenseitiger Plasmasäule
U_K = Kathodenfall
U_A = Entladungsspannung

Ionensättigungsstrom zur Sonde I_i, bezogen auf den Wert in der Anodenebene als Funktion des axialen Abstandes z von der Anodenebene.

Zylindersonde aus W-Draht, Zylinderdurchmesser 0,3 mm, Zylinderlänge (Mikrosonde) 0,3 mm.

Elektronentemperatur T_e als Funktion des axialen Abstandes z von der Anodenebene.

Abb. 6. Axialer Verlauf von Plasmadaten im Unoplasmatron.

Das System der Unoplasmatron-Ionenquelle wird auch in zweidimensionaler Bauart ausgeführt. In diesem Fall beträgt die Breite des Zwischenelektrodenspaltes und des Emissionsspaltes 3 mm und die Länge beider Spalte beispielsweise 100 bis 120 mm. In dieser Sonderform wird die Quelle bei dem weiter unten erwähnten magnetischen Isotropentrenner vereinfachter Bauart benutzt.

III. System und Plasmadaten der Duoplasmatron-Ionenquelle

Die Abb. 7 bringt den Schnitt durch das System der *Duoplasmatron-Ionenquelle* mit doppelter Entladungsverdichtung. Bei dem Duoplasmatron ist der besprochene Entladungsmechanismus des Unoplasmatrons kombiniert mit der

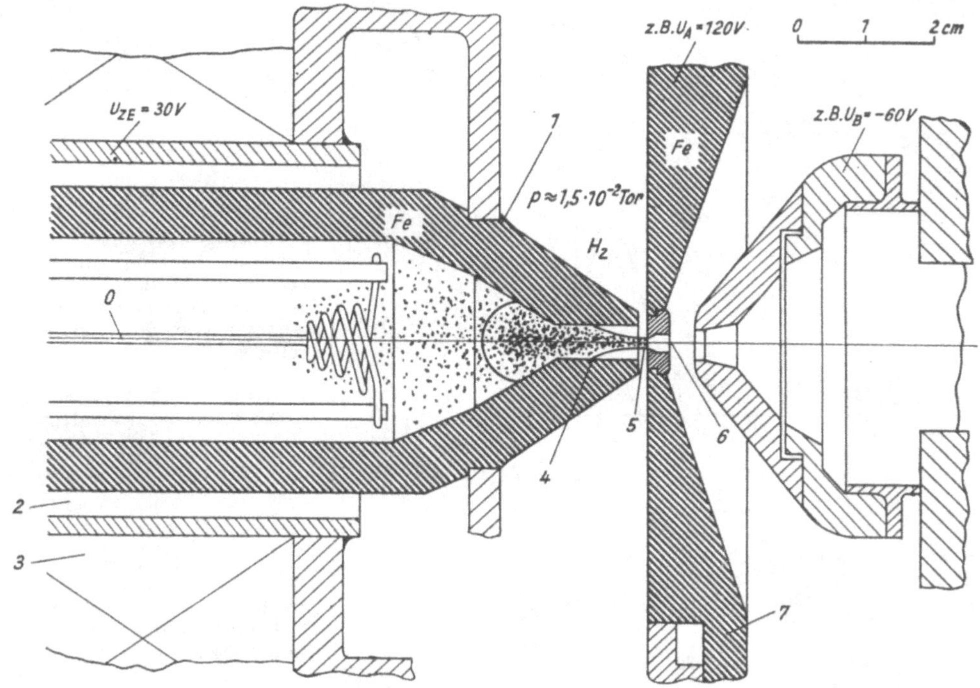

Abb. 7. System und Entladung der Duoplasmatron-Ionenquelle.

1 – Polschuh I (zugleich Zwischenelektrode); *2* – Wasserkühlung; *3* – Erregerspule (300 Windungen); *4* – Kapillare ∅ 5 mm mit so abgestimmter Länge, daß die Blasenbildung nicht durch das ausklingende Magnetfeld gestört wird; *5* – Zusätzliche magnetische Einschnürung durch das inhomogene Feld einer magnetischen Polschuhlinse; –*6* Plasmastrahlrichtoptik; *7* – Anode, wassergekühlt. Emissionsöffnung D_{em} = 1,2 mm (Polschuh II)

Methode zur zusätzlichen Entladungsverdichtung durch das inhomogene Magnetfeld einer magnetischen Polschuhlinse. Die Kapillare im Magnetpolschuh I hat einen Durchmesser von etwa 5 mm. Ihre Länge ist so bemessen, daß der Entladungsmechanismus im Bereich der Doppelschichtblase (Entladungsmechanismus des Unoplasmatrons!) gerade noch nicht durch das anklingende Magnetfeld der Polschuhlinse gestört wird. Der Polschuh I ist elektrisch von dem

(Zugeordnete Entladungsdaten! Gaszufuhr $H_2 \cdot p = 2 \cdot 10^{-2}$ Torr. $I_A = 120$ V. $H_0 = 4000$ Oer)

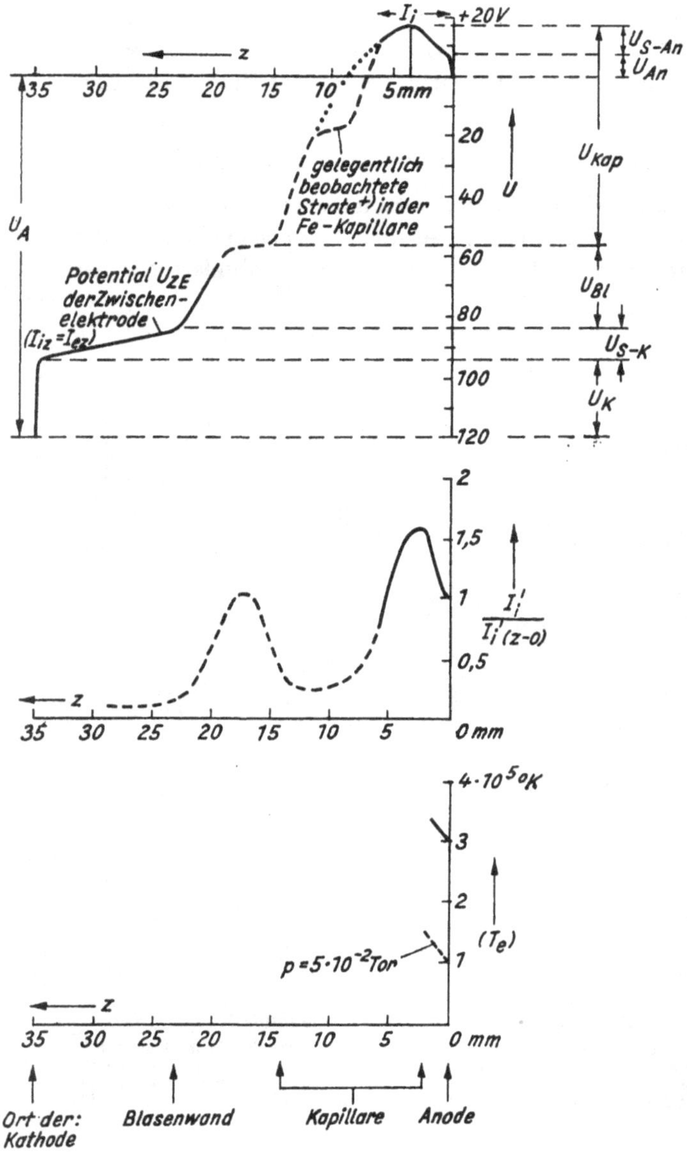

Plasmapotential U relativ zur Anode der Entladung als Funktion des axialen Abstandes z von der Anodenebene.

Beziehungen wie beim Unoplasmatron.

U_{Kap} = Fall innerhalb der Kapillare (im anklingenden Magnetfeld).

Ionensättigungsstrom zur Sonde I_i, bezogen auf den Wert in der Anodenebene als Funktion des axialen Abstandes z von der Anodenebene.

Mikrosonde mit Abmessungen wie beim Unoplasmatron.

Äquivalente Elektronentemperatur (T_e) als Funktion des axialen Abstandes z von der Anodenebene.

Abb. 8. Axialer Verlauf von Plasmadaten im Duoplasmatron.

als Entladungsanode dienenden Polschuh II isoliert und ist zugleich die Zwischenelektrode für den Unoplasmatronenladungsmechanismus. Der Maximalwert der axialen Feldstärke der Polschuhlinse beträgt $H_0 = 2000 \div 5000$ Oerstedt. Die Ionenemissionsöffnung liegt nahe dem axialen Feldmaximum der Polschuhlinse. In der Ebene der Ionenemissionsöffnung wird die Entladung auf einen Durchmesser von nur wenig mehr als 1 mm weiter verdichtet. Hier herrscht daher bei Entladungsströmen von beispielsweise 2 Ampere eine Entladungsstromdichte von etwa 200 A · cm^{-2}.

Auch bei der Duoplasmatron-Entladung wurde eine Analyse der Plasmadaten unter verschiedenen Entladungsbedingungen und Systemgeometrien vorgenommen. Das Ergebnis für die Standardgeometrie der Duoplasmatron-Ionenquelle sowie für durchschnittliche Entladungsdaten bringt Abb. 8. Die Sondenmessungen mußten wegen der hohen Plasmadichte und Stromdichte oszillographisch im Impulsbetrieb durchgeführt werden, um ein Anschmelzen der Sonden zu vermeiden.

Die Plasmapotentialmessung in Abb. 8 oben läßt gegenüber der entsprechenden Messung am Unoplasmatron den zusätzlichen Potentialanstieg im Bereich der Kapillare erkennen. Außerdem ist der Potentialberg, dessen Kuppe beim Duoplasmatron im Gebiet der magnetischen Einschnürung liegt, fast doppelt so hoch wie beim Unoplasmatron. Schließlich sehen wir aus der Messung, daß der negative Anodenfall den Wert von etwa —8 Volt erreicht.

Die Messung des Ionensättigungsstromes zur Sonde läßt beim Duoplasmatron zwei Maxima erkennen, ein schwächeres Maximum etwa im Zentrum der Doppelschichtblase und ein zweites höheres Maximum dicht vor der Ionenemissionsöffnung etwa am Ort des Feldstärke-Maximums der Polschuhlinse.

Für das Gebiet der magnetischen Einschnürung läßt sich infolge der vorwiegend gerichteten Elektronenströmung keine Elektronentemperatur angeben; erst in der Ebene der Ionenemissionsöffnung ist infolge der starken Wechselwirkung der ursprünglich gerichteten Elektronen mit dem dichten Plasma eine solche Abbremsung und Richtungsstreuung eingetreten, daß an die Anwendung des Begriffes „Elektronentemperatur" wieder gedacht werden kann.

Die *Emissionsdaten der Duoplasmatron-Ionenquelle* bei Speisung mit H_2-Gas werden in den vertikalen Spalten auf der rechten Seite der Tab. 2 angeführt, und zwar für verschiedene Entladungsströme, welche bei Dauerbetrieb oder Impulsbetrieb einer Quelle praktisch zur Anwendung kommen. Besonders sei die Aufmerksamkeit auf den hohen Wert der Protonenemissionsstromdichte (bis zu 42 A · cm^{-2}), des abgesaugten Ionenstrahlstromes (bis zu 530 mA) und des Nutzeffektes gelenkt. Beispielsweise gelang es, mit dem Duoplasmatron Protonenströme von einigen 100 mA aus Emissionsöffnungen von nur 1,2 mm Durchmesser abzusaugen und Nutzeffekte von fast 100% zu realisieren.

Der hohe Nutzeffekt bei der Ionisierung ist geradezu eine Voraussetzung für die Absaugung und Fokussierung so hoher Ionenströme. Dank des hohen Nutzeffektes tritt aus der engen Ionenemissionsöffnung nur sehr wenig Neutralgas aus. Fast der gesamte Gastransport aus dem Entladungsraum der Quelle erfolgt in Form von Ionen, die bei dem verwendeten sehr hohen Absauggradienten (fast 150 kV · cm^{-1}) die Emissionsöffnung innerhalb eines bestimmten Aperturwinkels gerichtet verlassen. So kommt es, daß die Gasentwicklung, die die Hoch-

Tabelle 2

Daten der Plasmatron-Ionenquelle im Vergleich mit Daten von Standard-Ionenquellen

Typ der Quelle	Kapillar-Ionenquelle	Magnetische Ionenquelle	Unoplasmatron (Einfache Verdichtung)	Duoplasmatron (Doppelte Verdichtung)				
Bauart	Lamar Buechner van de Graaff 1941	Bailey Drukey Oppenheimer 1949	von Ardenne 1948	von Ardenne 1948				
Emissionsöffnung ϕ	0,8	1,55	1	1,2			1	mm
Absaugspannung U_B	10	20	60	60			60	KV
Gasdruck p	2	2	2	1,5			5	10^{-2} Torr
Entladungsstrom I_A	1,5	(1)	1	0,6	1	2	15 Impuls	A
Entladungsspg. U_A	100	(100)	70	100	120	120	130	V
Richtstrahlwert R			33	90	52	32		$A \cdot cm^{-2}$
Cross over-Radius r_{oo}	0,4	0,78	0,5	0,6	0,75	0,9		mm
Ionenstrahlstrom I_B	0,32	0,5	7,5	33	57	80	530 Impuls	mA
Emissionsstromdichte j_{em}	0,06	0,026	1	3,0	5,1	7,3	42 Impuls	$A \cdot cm^{-2}$
Ionenstrahlapertur α_{oo}			10	10,5	14	18		10^{-2}
Geschwindigkeitsstreuung ΔU_i	20	(2)	1,3	6	6	6	10	V
Nutzeffekt η	3,6	3	19	51	73	95		%

vakuumpumpe belastet, erst in einem Raum stattfindet, der von der Emissionsöffnung weit entfernt ist und wo leicht eine große wirksame Sauggeschwindigkeit der Hochvakuumpumpe erzielbar ist. In unmittelbarer Nachbarschaft der Emissionsöffnung herrscht daher nur eine sehr geringe Neutralgasdichte, die die Absaugung mit dem genannten hohen Potentialgradienten ohne Gefahr kritischer Spannungsdurchschläge gestattet. Den Schnitt durch das Absaug- und Fokussiersystem des Duoplasmatrons zeigten bereits die Abb. 2 und 3. Bei der Besprechung der letzteren wurde auch schon auf die wichtigsten Erscheinungen bei der Absaugung und Fokussierung starker Ionenströme hingewiesen.

Ein Bild der in Dresden von dem VEB Vakutronik hergestellten Duoplasmatron-Ionenquelle bringt die Photographie Abb. 9. Bei ihr kommt zur Vereinfachung der Bedienung eine magnetostatische Polschuhlinse zur Anwendung. Rechts vom Flansch sind Teile des Absaugsystemes und die Mittelelektrode der zur Strahlfokussierung benutzten elektrostatischen Einzellinse sichtbar.

Abb. 9. Ansicht der Duoplasmatron-Ionenquelle mit magnetostatischer Polschuhlinse und Absaugsystem (Bauart VEB Vakutronik Dresden).

Eine interessante Variante der Duoplasmatron-Ionenquelle zeigt die Schnittzeichnung Abb. 10 einer *Ausführungsform für die Emission mehrfach geladener mittelschwerer Ionen.* Diese gemeinsam mit R. DEMIRCHANOW und H. FRÖHLICH ausgebildete Quelle liefert unter geeigneter Regie und einem Stickstoffdruck von $6 \cdot 10^{-3}$ Torr N^{3+}-Ionen bei einer Emissionsdichte von 95 mA/cm² und N^{4+}-Ionen bei einer Emissionsstromdichte von 6 mA/cm². Die Größe der Emissionsfläche beträgt etwa 0,5 bis 1 mm². Die vorstehenden Zahlen gelten bei Impulsbetrieb; der Bogenstrom im Impuls betrug 75 A, die Bogenspannung etwa 750 V, die Impulsdauer 10 μs, die Impulsfrequenz 20 Hz.

IV. Einige Anwendungen der Plasmatron-Ionenquellen

Die *Unoplasmatron-Ionenquelle* hat auf dem Gebiet der Präzisions-Massenspektrographie und der magnetischen Isotopentrennung interessante Möglichkeiten erschlossen. In der *Präzisions-Massenspektrographie* erlaubte sie die Entwicklung von Anlagen, bei denen dank der hohen Ionenströme bzw. Ionenstromdichten das Massenspektrum vor und zum Teil während der Aufnahme auf einem Ionenbildwandler sichtbar gemacht wird. So gelang bei Kombination des Ionenbildwandlers mit einem kleinen Immersions-Elektronenmikroskop sogar die Sichtbarmachung von Multipletts im Bereich mittlerer Massen. Dieses

Sichtbarwerden der einzelnen Linien erleichtert den erforderlichen Intensitätsabgleich sowie Justierung und Einstellung der Anlagen ungemein. Als weitere Folge der hohen Ionenstromdichten sind die kurze Belichtungszeit von etwa 1 sec für Präzisionsspektrogramme und die Anwendungsmöglichkeit kleiner durch Ausblendung herbeigeführter Strahlaperturen zu nennen. Das Arbeiten mit kleinen Strahlaperturen bringt die Vorteile, daß die Abbildungsfehler höherer Ordnung leicht sehr niedrig zu halten sind und daß die Einjustierung

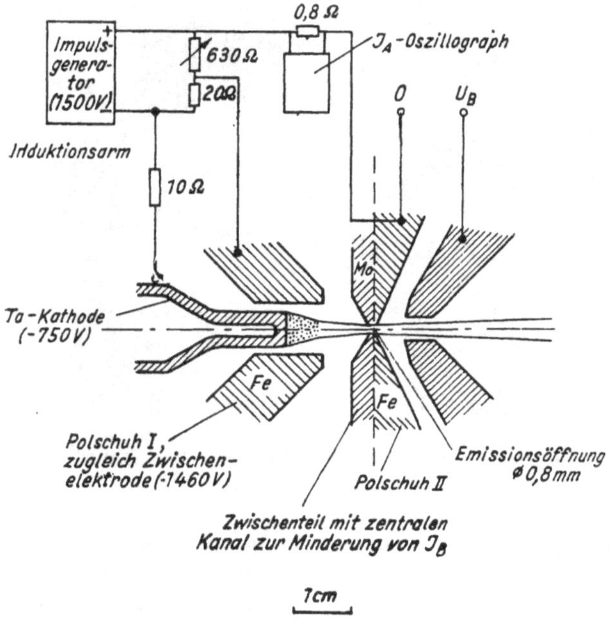

Duoplasmatron-Ionenquelle für Emission mehrfach geladener Ionen (Impulsbetrieb).

$\Delta U_i < \approx$ 10 V
U_A = 750 V
J_A = 75 A
P_{N_2} = $6 \cdot 10^{-3}$ Torr (kritisch)
H_0 = 600 Oer (830 AW)
J_B = 35 mA
$j_i^{N^{3+}}$ = 95 mA · cm^{-2}
$j_i^{N^{4+}}$ = 6 mA · cm^{-2}
U_B = 20 bis 50 KV

Abb. 10. System und Daten der Duoplasmatron-Variante für Emission mehrfach geladener Ionen (Impulsbetrieb).

der Anlage relativ einfach wird. Die Herstellung der kleinen Aperturen durch polarisationsladungsfreie Abblendung bringt den Vorzug mit sich, daß für alle Ionenarten der gleiche Aperturwert besteht, so daß eine wichtige, insbesondere durch H. EWALD erforschte Quelle bestimmter systematischer Meßfehler [7] vermieden werden kann. — Den Horizontalschnitt durch einen Präzisions-Massenspektrographen mit Unoplasmatron-Ionenquelle und Ionenbildwandler bringt Abb. 11, die Außenansicht der gleichen Anlage Abb. 12. Weitere Einzelheiten über mit dieser Anlage erzielte Ergebnisse sind an anderer Stelle publiziert[1]). Mit der abgebildeten Anlage wurde ein Auflösungsvermögen von 110000 erreicht. Eine neue größere Anlage, von der ein Auflösungsvermögen von 1 Million erwartet wird, wurde konstruiert.

---

[1]) [1], Bd. I, Bd. 593f. und Bd. II, S. 1206ff. und [8].

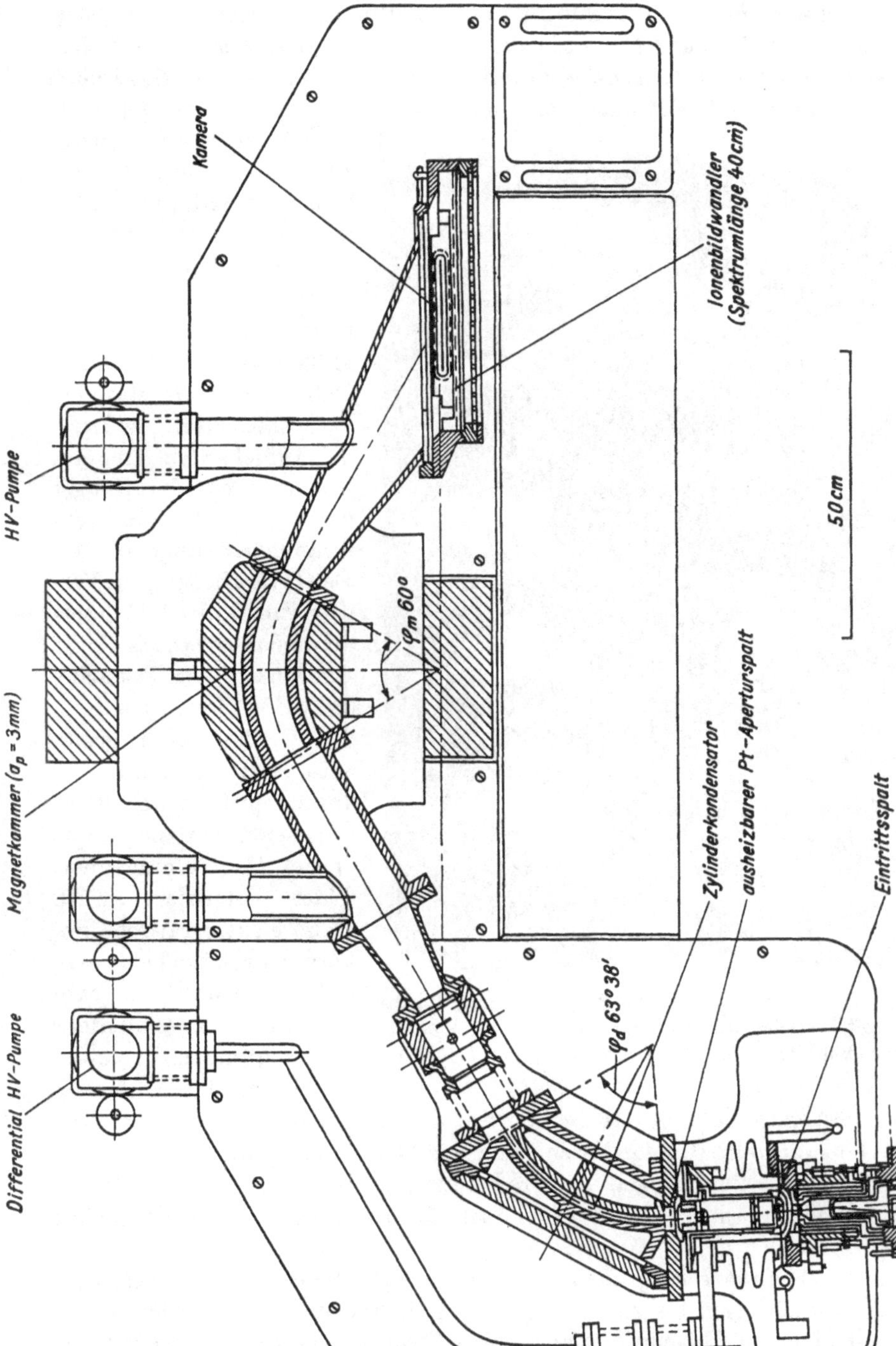

Abb. 11
Schnitt durch einen Präzisions-Massenspektrographen mit Unoplasmatron-Ionenquelle und Ionenbildwandler.

Durch konsequente Ausnutzung der Eigenschaften der *Unoplasmatron-Quelle in zweidimensionaler Bauart* konnte der in Abb. 13 skizzierte *magnetische Isotopentrenner vereinfachter Bauweise* gestaltet werden. Gegenüber der klassischen Ausführungsform mit Fokussierung nach DEMPSTER ist hier das Magnetgewicht auf etwa $^1/_{10}$ reduziert. Diese starke Reduktion wird dadurch ermöglicht, daß die Unoplasmatron-Quelle zur Erzielung eines guten Nutzeffektes keines Magnetfeldes oder Hilfsmagnetfeldes bedarf. Daher befinden sich bei dem skizzierten, in Dresden aufgebauten, Trenner, Ionenquelle und Auffänger weit außerhalb des massentrennenden Magnetfeldes. Den Hauptbeitrag zur Verringerung des Magnetvolumens verdankt die Anordnung der Tatsache, daß die Ionenstrahlung der Quelle durch geeignete Gestaltung der Ionenabsaugoptik in der Richtung senkrecht zur Hauptebene des Trennmagnetfeldes fokussiert wird. Diese elektrostatische Fokussierung ist so bemessen, daß der Strahl-Cross over (wie auch experimentelle Beobachtungen zeigten) gerade in der Mitte des Trennmagnetfeldes liegt, so daß sich dort also eine besonders geringe Höhe des Ionenfächers einstellt. Infolgedessen kann der Polschuhabstand bei dieser Anlage auf einen relativ geringen Wert reduziert und damit der Magnetaufwand in dem schon erwähnten Maße gegenüber der klassischen Anlage reduziert werden.

Abb. 12. Ansicht einer Präzisions-Massenspektrographen-Anlage mit Unoplasmatron-Ionenquelle und Ionenbildwandler (Baujahr 1952; Auflösungsvermögen 110000).

Die *Duoplasmatron-Ionenquelle* kommt gegenwärtig bereits bei Ringbeschleunigern für Endenergien bis zu 10 Milliarden Volt und darüber zur Anwendung und erlaubt hier die Erzielung relativ hoher Strahlströme bei minimalster Belastung des Evakuierungssystemes (Synchro-Phasotron, Bewatron, Kosmotron). Darüber hinaus ist sie für die verschiedensten anderen Arten von Teilchenbeschleunigern, wie Kaskadengeneratoren, lineare Resonanzbeschleuniger, VAN DE GRAAFF-Generatoren, anwendbar. Sie ist für Dauerbetrieb und Impulsbetrieb geeignet. Die Anpassung des Duoplasmatrons an die jeweilige An-

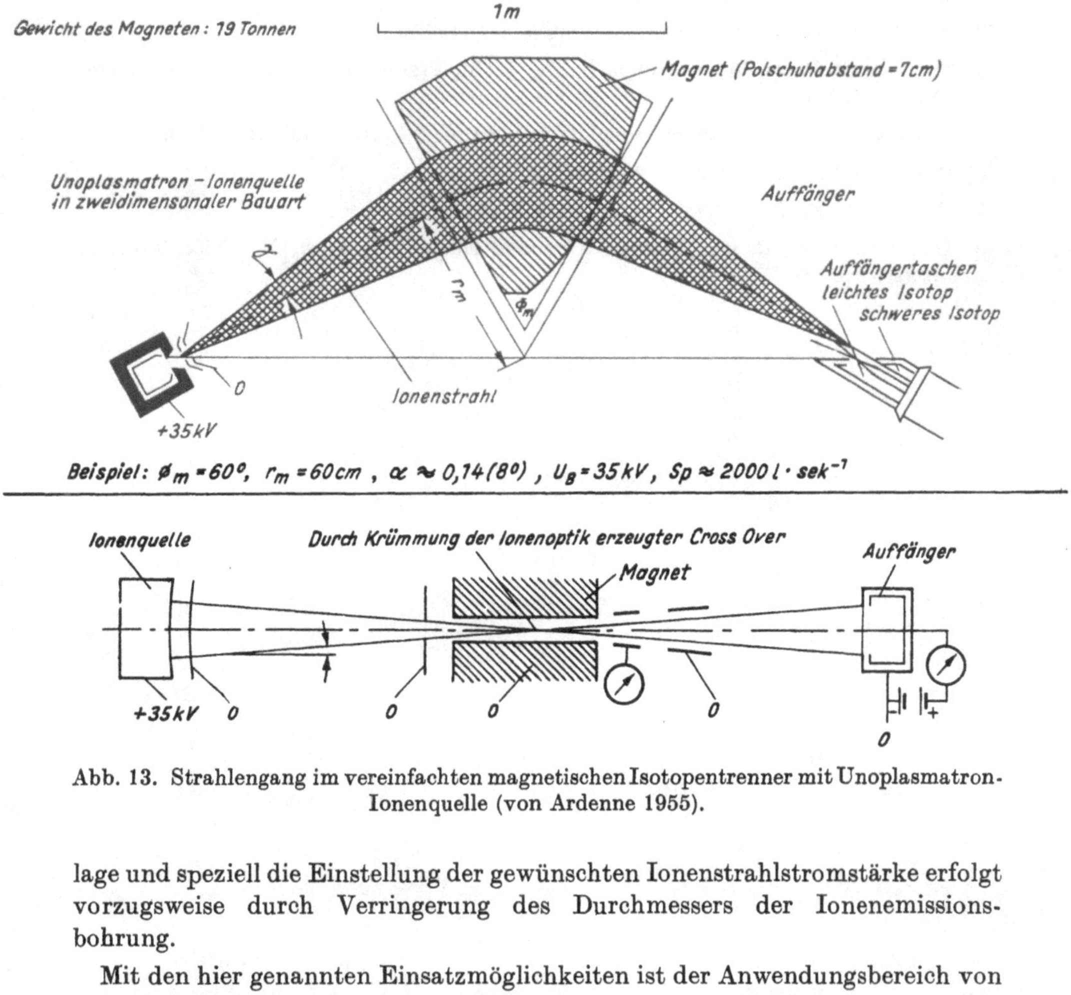

Abb. 13. Strahlengang im vereinfachten magnetischen Isotopentrenner mit Unoplasmatron-Ionenquelle (von Ardenne 1955).

lage und speziell die Einstellung der gewünschten Ionenstrahlstromstärke erfolgt vorzugsweise durch Verringerung des Durchmessers der Ionenemissionsbohrung.

Mit den hier genannten Einsatzmöglichkeiten ist der Anwendungsbereich von Plasma-Ionenquellen keineswegs erschöpft. In diesem Zusammenhang sei als weiteres Beispiel ihr Einsatz für Versuche zur Synthese des Diamanten durch Kondensation von Kohlenstoffionen genannt.

Literaturverzeichnis

[1] VON ARDENNE, M., Tabellen der Elektronenphysik, Ionenphysik und Übermikroskopie. Deutscher Verlag der Wissenschaften, Berlin, Bd. I, S. 531ff.

[2] GUTHRIE-WAKERLING, The characteristics of electrical discharges in magnetic fields. McGraw-Hill, New York, 1949, S. 95.

[3] VON ARDENNE, M., Nachrichtentechnik **5**, 481 (1955).

[4] THONEMAN, Progr. in Nucl. Phys. **3**, 219 (1953); FISCHER-WALCHER, Z. Naturforsch. **10a**, 857 (1955).

[5] KAMKE in FLÜGGE, Handbuch der Physik. Springer Verlag, 1956, Bd. 33, S. 47ff.

[6] FETZ, H., Ann. Physik **37**, 1, V (1940).

[7] EWALD, H., Z. Naturforsch. **2a**, 384 (1947), **5a**, 1 (1950).

[8] DEMIRCHANOW, R. und Mitarb., Atomnaja Energija **1**, Nr. 2, 21 (1956), Tabelle 3, unterste Spalte.

Sich selbst aufrechterhaltende Elektronenspeichen in Magnetrons

von A. RAEV, Sofia

Es ist bekannt, daß bei magnetischen Feldern, die stärker als das kritische sind, die Elektronenraumladung in Magnetrons eine Reihe von Eigentümlichkeiten aufweist, welche von der Theorie noch nicht völlig geklärt sind. Gegenstand meines Berichtes ist eine Erscheinung, die in der Elektronenraumladung in Magnetrons älterer Konstruktion mit dünner Kathode von mir und meinen Mitarbeitern festgestellt und untersucht worden ist [1, 2, 3]. Zuerst wurde die betreffende Erscheinung in Schlitzmagnetrons beobachtet. Es ist bekannt, daß diese Magnetrons heute zur Erregung der sogenannten Schwingungen höherer Ordnung oder Travelling Wave Oscillations weitgehend verwendet werden. Zu diesem Zweck wird das Magnetron mit einem Schwingungssystem verbunden. Das elektrische Wechselfeld des Schwingungssystems bildet Verdichtungen oder — besser gesagt — Elektronenspeichen in der Elektronenwolke im Magnetron. Diese Speichen erhalten ihrerseits die Schwingungen des Schwingungssystems aufrecht, indem sie bei ihrer Drehung um die Kathode in dem Schwingungssystem Wechselströme induzieren.

Auf Grund einiger Untersuchungen über das Verhalten von Magnetrons in starken magnetischen Feldern *ohne angeschaltete Schwingungskreise* habe ich mit meinen Mitarbeitern festgestellt, daß bei gewissen Verhältnissen die Elektronenspeichen in Magnetrons auch ohne irgendwelche Schwingungssysteme bei aperiodischem äußeren Kreis entstehen und sich selbst aufrecht erhalten. Dabei verhält sich die Elektronenwolke im Magnetron wie ein Schwingungskreis, in dem ungedämpfte Schwingungen erregt und aufrecht erhalten werden, und das Magnetron strahlt elektromagnetische Wellen mit konstanter Amplitude aus, deren Frequenz durch die Winkelgeschwindigkeit der Elektronenspeichen, also nur durch die Anodenspannung und das magnetische Feld bestimmt ist.

Unsere Untersuchungen dieser Erscheinung zwingen uns, folgenden Mechanismus zu ihrer Erklärung anzunehmen. Denken wir uns ein Schlitzmagnetron, z. B. ein Zweischlitzmagnetron in einem magnetischen Feld, welches stärker als das kritische ist. Zwischen den Segmenten dieses Magnetrons ist ein Ohmscher Widerstand eingeschaltet (Abb. 1). Jetzt nehmen wir an, daß aus irgend einem Grunde die in bezug auf die Kathode symmetrische Verteilung der Elektronen in diesem Magnetron gestört ist und dadurch eine Verdichtung oder Speiche entstanden ist. Mit der ganzen Elektronenwolke zusammen dreht sich diese

Speiche um die Kathode herum. Wenn auf diese Speiche keine besonderen Einwirkungen ausgeübt werden, wird sie sich zerstreuen, bis die symmetrische Verteilung der Elektronen wieder hergestellt ist. Es sei hier bemerkt, daß die Möglichkeit der Entstehung einer dauernden stationären Speiche zeigt, daß der Zerstreuungsprozeß hier langsam vor sich geht. Das heißt, daß die Zeit, in welcher sich die Speiche zerstreut, länger ist als die Periode ihrer Drehung um die Kathode. Die Möglichkeit für ein dauerndes Aufrechterhalten der Speiche entsteht dadurch, daß die Speiche bei ihrer Drehung um die Kathode Wechselstrom im äußeren aperiodischen Kreis induziert. Dieser Wechselstrom erzeugt einen Spannungsabfall zwischen den Segmenten, wodurch im Inneren des Magnetrons ein veränderliches elektrisches Feld entsteht. Die Veränderungen dieses Feldes verlaufen synchron zur Drehung der Speiche. Nach der Theorie der Schwingungen höherer Ordnung ist ein derartiges Feld imstande, eine Elektronenspeiche aufrechtzuerhalten.

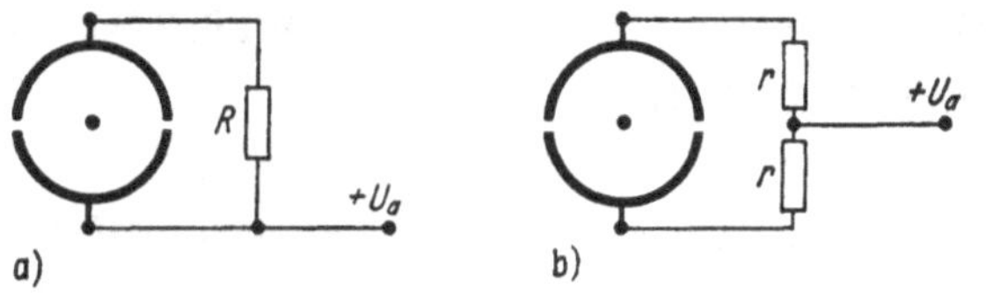

Abb. 1

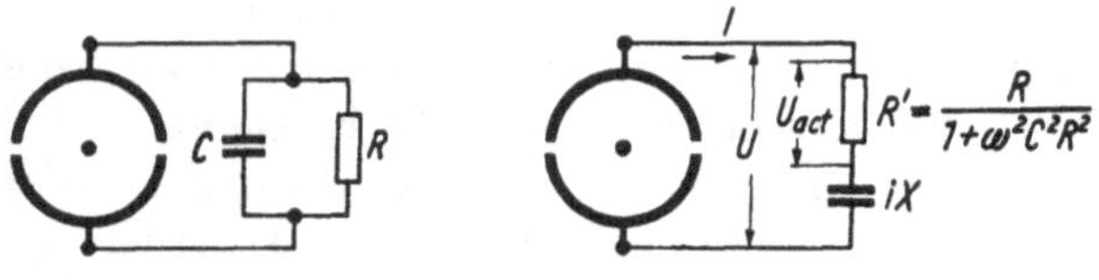

Abb. 2

Um eine nähere Betrachtung der Einwirkung des Wechselfeldes auf die Speiche durchzuführen, denken wir uns die Kapazität C zwischen den Segmenten in den äußeren Kreis eingeschaltet. Da wir uns hauptsächlich auf verhältnismäßig niedrige Frequenzen beschränken, können wir die Selbstinduktion des äußeren Kreises vernachlässigen. Dann denken wir uns die Impedanz des äußeren Kreises in zwei in Reihe geschaltete Komponenten zerlegt (Abb. 2): eine Wirkkomponente R' und eine Blindkomponente, wobei die Wirkkomponente R' aus der Beziehung $R' = \frac{R}{1 + \omega^2 C^2 R^2}$ berechnet werden kann. Auf diese Weise zerlegt sich die Wechselspannung zwischen den Segmenten auch in zwei Komponenten: eine aktive Komponente U_{act} und eine reaktive. Im Einklang mit der Theorie der Elektronenbewegung im Magnetron zeigen unsere Untersuchungen, daß für das Aufrechterhalten der Elektronenspeiche nur die aktive Komponente U_{act} verantwortlich ist. Kurz gesagt, die Möglichkeit zur Bildung einer sich selbst aufrechterhaltenden Speiche besteht darin, daß die Speiche bei ihrer Drehung um die Kathode Wechselspannung zwischen den Segmenten erzeugt und die aktive Komponente dieser Spannung ihrerseits die Speiche aufrecht erhalten kann. In der Tat, es wurde von uns zuerst bei Zweischlitzmagnetrons festgestellt, daß bei Erfüllung einer bestimmten Bedingung in diesen

Magnetrons bei aperiodischem äußeren Kreis Schwingungen auftreten, welche in der Annahme einer sich selbst aufrecht erhaltenden Speiche ihre Erklärung finden können. Diese Schwingungen treten aber nur dann auf, wenn der Wert R' der Wirkkomponente des äußeren aperiodischen Kreises größer ist als ein bestimmter Wert, den wir mit $R'_{\min}$ bezeichnen. Daher ist $R' \geqq R'_{\min}$ die Bedingung für die Entstehung einer sich selbst aufrechterhaltenden stationären Elektronenspeiche. Dieser minimale Wert $R'_{\min}$ ist seinerseits sowohl von der Stärke der elektrischen und magnetischen Felder, dem Heizstrom und dem Winkel zwischen der Kathode und dem Magnetfeld, als auch von der geometrischen Konstruktion des Magnetrons abhängig. Bei Zweischlitzmagnetrons, bei nicht zu niedrigen Elektronenemissionen ist dieser Wert von der Größenordnung von hunderten oder tausenden Ohm.

Sehr typisch ist das Auftreten der Schwingungen und der entsprechenden Speichen, wenn man den zwischen den Segmenten eingeschalteten Widerstand R kontinuierlich verändert. Die Schwingungen entstehen nur dann, wenn der Wert dieses Widerstandes in einem Bereich zwischen zwei Grenzwerten R_1 und R_2 liegt; denn nur in diesem Bereich ist die Wirkkomponente größer als der Minimalwert $R'_{\min}$. Bei Erregung der Schwingungen nimmt der sonst schwache Anodenstrom sprunghaft zu.

Bei Magnetrons mit einem Anodenradius von etwa 0,5 cm und einer Anodenspannung von mehreren hundert Volt kann die Amplitude der Wechselspannung zwischen den Segmenten etwa zehn Volt erreichen. Im Einklang mit der Annahme einer zykloidalen Bewegung der Elektronen um die Kathode ist die Frequenz der Schwingungen und die entsprechende Wellenlänge λ durch den Ausdruck $\lambda = K \dfrac{r_a^2 B}{U_a}$ bestimmt, wo r_a den Anodenradius in Zentimetern, B die magnetische Induktion in Gauß und U_a die Anodenspannung in Volt bezeichnen. Der Wert von K beträgt ungefähr 1600. Bei schwächeren Emissionsströmen steigt dieser Wert bis auf ungefähr 1800. Da die Schwingungen auch bei sehr starken magnetischen Feldern und niedrigen Anodenspannungen bestehen, kann bei Röhren mit einem Anodenradius von annähernd 0,5 cm durch Veränderung der Anodenspannung und der magnetischen Induktion die Wellenlänge der Schwingungen in einem sehr weiten Bereich von einigen bis zu hunderten Metern stetig variiert werden.

Es besteht eine bemerkenswerte Abhängigkeit des Minimalwertes der Wirkkomponente des äußeren Kreises $R'_{\min}$ von dem Emissionsstrom der Kathode des Magnetrons oder vom Heizstrom I_h. Es erweist sich nämlich folgendes: während $R'_{\min}$ bei einem Emissionsstrom der Ordnung 100 mA hunderte und tausende Ohm beträgt, nimmt $R'_{\min}$ bei einer Verminderung des Emissionsstromes ebenso ab. Bei genügend schwachen Emissionsströmen nimmt $R'_{\min}$ so stark ab, daß die Elektronenspeichen und die von ihnen induzierten Schwingungen sogar auch bei kurzgeschlossenen Segmenten auftreten, wenn auch in geringerer Intensität. In diesem Falle spielt wahrscheinlich der Strahlungswiderstand der die Segmente kurzschließenden Leitung die Rolle der aktiven Komponente R'. Abb. 3 zeigt eine Abhängigkeit des Mininmalwertes $R'_{\min}$ der Wirkkomponente von dem Heizstrom bei einem Zweischlitzmagnetron (Philips TAM 1,5/50 L). Bei $I_h = 4{,}0$ A und einem Emissionsstrom von rund 100 mA beträgt $R'_{\min}$ 1400 Ohm. Bei $I_h \approx 2{,}85$ A und einem Emissionsstrom von rund 0,3 mA treten die Schwingungen auch bei kurzgeschlossenen Segmenten auf. In dem Falle der Abb. 3 verschwinden die Schwingungen bei kurzgeschlossenen Segmenten, wenn der Emissionsstrom auf den Wert von rund 4 μA fällt.

Wir haben weiter festgestellt, daß dieselben stationären Schwingungen ohne Schwingungskreis und folglich auch die sich selbst aufrecht erhaltenden Elektronenspeichen ebenso in Vierschlitzmagnetrons mit dünner Kathode auftreten. Es erweist sich aber, daß eine derartige Speichenbildung in Vierschlitzmagnetrons nur bei schwachen Emissionsströmen und dementsprechend

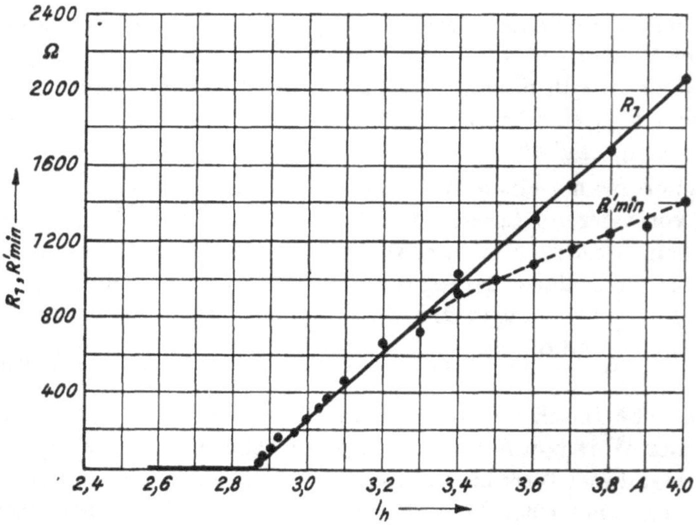

Abb. 3. Abhängigkeit $R_{\min}$ und R_1 von I_h beim Zweischlitzmagnetron mit $r_a = 0{,}5$ cm bei $U_a = 260$ V und $B = 2750$ G. Wellenlänge $\lambda = 42{,}5$ m.

bei schwachen Heizströmen auftritt. Die Ursache dafür liegt im besonderen Charakter der Abhängigkeit des Minimalwertes der Wirkkomponente $R'_{\min}$ vom Heizstrom in diesen Magnetrons, und zwar wächst die minimale Wirkkomponente $R'_{\min}$ rasch mit zunehmendem Heizstrom und erreicht bereits bei niedrigen Heizstromwerten jenen Höchstwert, den die Wirkkomponente des äußeren Kreises durch Einschaltung von Ohmschen Widerständen zwischen den Segmenten überhaupt erreichen kann. Bei höheren Werten des Heizstromes können sich in Vierschlitzmagnetrons keine sich selbst aufrecht erhaltenden Elektronenspeichen bilden, da die dafür notwendigen Werte der Wirkkomponente R' durch Einschaltung von Ohmschen Widerständen zwischen den Segmenten nicht erreicht werden können.

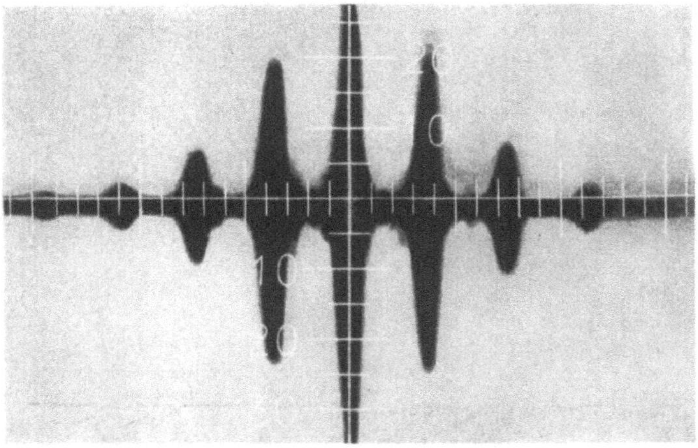

Abb. 4a

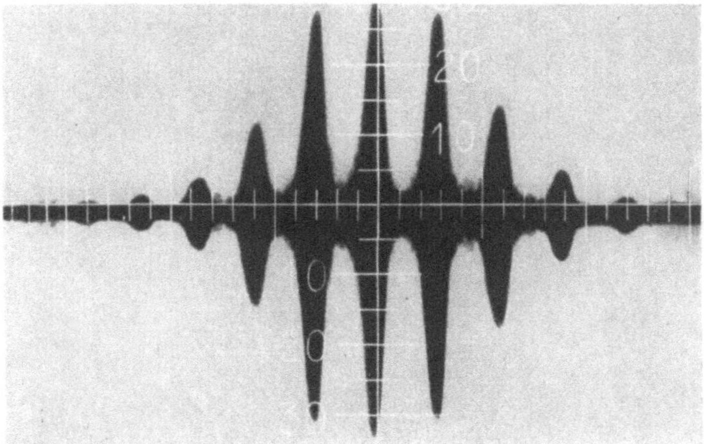

Abb. 4b

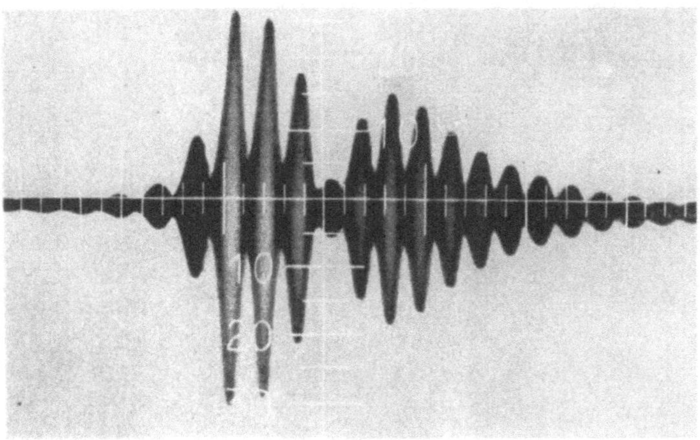

Abb. 4c

Wir haben weiter noch festgestellt, daß die Elektronenspeichen und die entsprechenden stationären Schwingungen nicht nur in Schlitzmagnetrons, sondern auch in Magnetrons mit voller Anode auftreten. Offenbar ist dieser Fall dem Auftreten der Elektronenspeichen in Schlitzmagnetrons mit kurzgeschlossenen Segmenten analog, da das Magnetron mit voller Anode als Schlitzmagnetron betrachtet werden kann, dessen Segmente *stark* kurzgeschlossen sind. Auch bei diesen Magnetrons wie bei Schlitzmagnetrons mit kurzgeschlossenen Segmenten bildet sich eine Elektronenspeiche jedoch nur bei schwächeren Emissionsströmen.

Zum Schluß möchte ich noch etwas hinzufügen. Da die bewußten Schwingungen ohne die Teilnahme irgendeines Schwingungssystems erregt werden, sind die Eigenschaften dieser Schwingungen mit dem Verhalten der Elektronenwolke engstens verbunden, und die Untersuchung dieser Eigenschaften kann zu neuen Erkenntnissen über das Verhalten der Elektronenwolke in Magnetrons führen. So z. B. kann man leicht eine interessante Erscheinung beobachten und untersuchen, wenn man auf bekannte Weise die Schwingungen in ein Spektrum zerlegt. Von den Oberschwingungen abgesehen ist die Grundschwingung monochromatisch, und man bekommt auf dem Schirm des Oszillographen eine einzige Spektrallinie. Bei Veränderung der Stärke des Heizstromes oder der Stärke des elektrischen oder magnetischen Feldes beobachtet man oft ein plötzliches Auftreten von mehr oder weniger verwickelten Spektren (Abb. 4). Unsere Untersuchungen haben gezeigt, daß die Ursache dieser Erscheinung in einer Frequenzmodulation der Schwingungen mit einer verhältnismäßig niedrigen Frequenz liegt. Man muß annehmen, daß in diesem Falle in der Elektronenwolke spontane periodische niederfrequente Schwankungen der Raumladungsverteilung entstehen, welche entsprechende Schwankungen der elektrischen Feldstärke in dem Magnetron verursachen. Da die Frequenz der Schwingungen von der Winkelgeschwindigkeit der Elektronenspeiche bestimmt ist und diese Winkelgeschwindigkeit ihrerseits der elektrischen Feldstärke proportional ist, haben die Schwankungen der Feldstärke eine Frequenzmodulation der Schwingungen zur Folge. Aus dem Verhältnis der Amplituden der Seitenbandfrequenzen zu der Amplitude der Trägerfrequenz kann man den Modulationsindex und dadurch auch die Amplitude der Feldstärkeschwankungen berechnen. Wir haben gefunden, daß die Amplitude dieser Schwankungen höchstens ein Prozent des Wertes der elektrischen Feldstärke beträgt. Nähere Untersuchungen dieser Erscheinung sind jetzt im Gange und sollen nach ihrer Beendigung veröffentlicht werden.

Literaturverzeichnis

[1] Raev, A. u. Usunov, I., C. R. de l'Acad. bulg. des sciences **8**, 2, 1 (1955).

[2] Raev, A. u. Angelov, A., Ebenda **8**, 4, 9 (1955).

[3] Raev, A., Usunov, I. u. Angelov, A., J. of Electronics **1**, 452 (1956).